U0068870

C 程式語言導論與實例設計

呂慈純、蔡文輝、張真誠　編著

 全華圖書股份有限公司　印行

序

　　放眼望去許多大型的系統、驅動程式都是利用C語言所開發的，到底它有什麼迷人的地方能夠讓這個從 70 年代就已經存在的程式語言，這麼的歷久不衰呢？

　　主要的原因是因為C語言一方面能兼具高階語言的優點，例如可讀性高、開發工具多、除錯容易等，同時又能顧及低階語言的特性，例如可直接管理記憶體配置、執行速度快等。這些優點及特性，使得C語言成為程式設計師不得不學的一門基本功。

　　但是，由於科技的神速進步及物件導向觀念的引進，使得C語言轉變成具有物件導向概念的C++語言，開發的工具也從 Turbo C到Visual C、Borland C、Visual C++、Borland C++等。讀者不妨查看一下坊間跟C語言有關的書籍，就不難發現大部分都是針對C++的部分做討論，同學們的基本功可能還沒有練紮實，就已經被一堆物件導向的招式給嚇倒了！

　　此外，或許讀者可能會質疑，C++已經這麼盛行了，單純的C語言是不是還有學習或存在的價值呢？這點是不用擔心的，因為C++為了讓程式開發便利，需要引用許多的物件，導致程式負擔大，程式檔案也相對的較大。然而，大部分的驅動程式(driver)追求的目標是執行速度快且程式短小精短，在這樣的要求條件下，C語言就成了不二人選。

　　因此，「C程式語言導論與實例設計」一書的主要目的，是讓剛接觸程式語言的同學們，能夠從最基本的C語言架構、語法、敘述、指令、程序等認識起，先建立起對寫程式的信心，再慢慢的引入較深奧的函數、字串、指標、結構等概念。讓同學們先學會走路，再進階學習飛的能力。

　　模仿是最佳學習方式之一，本次改版我們在每一章的綜合練習單元增加了許多範例，讀者可以從眾多的範例演練中，達到快速學習效果。

　　本書之編校雖力求完美，但難免仍有少許謬誤之處，歡迎國內外專家、學者予以指教。

編者　謹識於台中

中華民國101年8月於台中

目錄 CONTENTS

Chapter 3　資料型態與變數

Chapter 4　敘述、運算式與運算子

Chapter 5 格式化輸入與輸出

Chapter 6 結構化程式設計與選擇結構

Chapter 7　重複結構

Chapter **8** 函 數

Chapter **9** 陣　列

Chapter 10　字　串

Chapter 11　指　標

Chapter **12** 結構與聯合

13 Chapter　資料檔案管理

1 Chapter

軟體開發的基本概念

1.1 前言

在正式學習C程式語言之前，經由本章的介紹，讀者將可以對軟體的種類和特性有概念性的了解。除了用各種程式語言來撰寫程式外，軟體的開發也是遵照生命週期程序來進行。

除此之外，軟體開發流程、軟體開發會遭遇哪些挑戰、以及軟體開發的迷思等議題都是本章強調的重點。

根據統計，大部分的軟體開發專案都是在功能不足、經費超支、時程延後的情況下勉強上線，或終致宣告失敗。

一個成功的軟體開發專案必須具備三項要素：

1. 在規劃的時程內完成。
2. 在預算(成本)內完成。
3. 所完成的資訊系統，其功能必須滿足「需求規格」的要求，換句話說，軟體功能必須符合、滿足客戶所需。

我們發現，軟體開發專案失敗的例子比比皆是，因此，我們也詳列了軟體開發的成功守則供讀者參考，以避免重蹈覆轍。

本章學習主題包括：

➨ 認識電腦硬體與軟體

➨ 軟體的種類

➨ 軟體的特性

➨ 程式語言的演進過程

➨ 資訊系統開發生命週期

➨ 軟體開發流程

➨ 軟體開發會遭遇哪些挑戰

➨ 軟體開發的迷思

➨ 軟體開發的成功守則

1.2 電腦硬體和軟體

電腦硬體

電腦硬體可以區分成輸入、輸出、記憶、算術與邏輯、中央處理、儲存等六大單元。

1. **輸入單元**：如鍵盤、滑鼠、掃描器等。

2. **輸出單元**：如螢幕、印表機、喇叭等。

3. **記憶單元**：如記憶體。

4. **算術與邏輯單元**：負責加減乘除等算術運算，以及邏輯比較等運算。

5. **中央處理單元**：負責管理、監督及協調其他單元的運作。

6. **儲存單元**：如硬碟、光碟、磁帶等。

電腦硬體乃是根據作業系統及軟體的指揮來運作。

電腦軟體

在電腦中，為著特定的目的來控制及指揮電腦硬體運作的程式(Program)統稱為電腦軟體。嚴格來說，除了程式之外還包括程式所要處理的資料(Data)以及程式開發過程中的相關文件(Document)。亦即，

軟體 = 程式 + 資料 + 文件。

資料通常是以檔案或資料庫來儲存，儲存資料時可以順便建立索引(Index)，以加快往後搜尋資料的速度。

文件則是為了記錄程式開發的依據(例如訪談記錄、需求規格等)和過程(例如：規格的變更、階段審查結果、測試結果等)。

當系統不大，程式數量不多時，文件並不是很重要；相反地，當系統愈長愈大，程式數量愈來愈多時，若沒有良好的管理和適當的文件，那就

會導致軟體品質不良、維護困難和成本不斷提高等影響，甚至可能引發軟體失效無法使用的危機。

電腦軟體一般分為「系統軟體」和「應用軟體」兩類。

系統軟體

系統軟體(例如：作業系統、網路管理系統等)負責控制、指揮及監督電腦硬體的運作。

應用軟體

應用軟體的種類就非常多樣化，例如：微軟的Office軟體提供一般辦公室使用之文書處理、試算表及簡報等功能。即時通訊軟體(例如MSN Messenger、Yahoo! Messenger、Skype等)能夠讓相隔兩地的用戶透過網路及時交換訊息。此外，應用於企業日常管理的管理資訊系統(Management Information System，MIS)、企業營運之企業資源規劃系統(Enterprise Resource Planning，ERP)、電子表單系統以及個人休閒娛樂之電玩軟體等也都歸屬於應用軟體之類。

應用系統

上述的應用軟體又稱為**應用系統(Application System)**。一般中小企業營運常用到的應用系統有進銷存系統、財會系統、人事系統，以及企業資源規劃(ERP)、客戶關係管理(CRM)、供應鏈管理(SCM)等系統。

套裝軟體

套裝軟體的功能是固定的，無法因應使用者的個別需求來修改軟體功能。例如微軟的Office、友立資訊的PhotoImpact、Adobe公司的Photoshop、Acrobat等均屬於套裝軟體之類。

訂製型軟體

　　訂製型軟體是軟體公司依據客戶需求所開發之軟體。由於企業營運之流程有其獨特性，每家公司行號的作業流程和報表都不盡相同，因此，當套裝軟體的功能無法滿足所需時，那就只好委請軟體公司量身訂作了。

1.3　軟體的特性

　　資產一般可以區分成固定資產和無形資產兩大類，有形有體的歸類為固定資產，例如：房子、汽車、筆記型電腦、數位攝影機等。除了固定資產外，較抽象、較不具形體的則歸類為無形資產，例如：著作、專利、發明、軟體等。

　　軟體是一種智慧財產，它具有下列特性：

1. 軟體都有專屬的特定功能

　　例如：校務行政系統、選課系統、會計系統、人事系統、進銷存系統等都有特定的功能，軟體是為了特定目的與功能而開發出來的，因此，軟體經常會涉及到各個領域的專業知識。

2. 軟體是抽象的實體，完成之後可以大量複製

　　軟體是開發完成後的成品，通常儲存在光碟裡，可以大量地複製。

3. 軟體是人力密集、知識密集的產業

　　軟體的開發需要投入大量人力，不若硬體可以大量地自動化生產。此外，軟體通常會牽涉到組織、流程、法規、演繹邏輯等專業知識，是屬於人力密集、知識密集的產業。

4. 軟體需要不斷地維護、精進

　　軟體上市(或上線)後，可能因解決錯誤而提出修正版，也可能因增加或修改功能而不斷地精進。

5. **軟體不會耗損、不會老化**

    軟體不像硬體、機器有耗損、老化的問題。

6. **軟體與硬體及作業系統的關係極為密切**

    軟體的設計通常會搭配硬體和作業系統的特性，因此，對於不同的作業系統會有不同的版本。

7. **軟體經常潛藏資訊安全問題**

    開發時程緊迫、程式碼實在太多無法有效地進行完整測試、以及人為破壞等因素，讓軟體的安全性令人堪慮，尤其是在Internet環境執行的軟體。

1.4 程式和程式語言

程式

程式(**Program**)又稱**原始碼**(**Source Code**)，它是一群程式**敘述**(**Statement**)的集合。我們可以撰寫程式，透過程式敘述來指揮電腦運作。

程式語言

程式語言(**Programming Language**)即撰寫程式所採用的電腦語言。

程式語言的分類

程式語言大致可以分成以下幾類：

1. **第一代程式語言：機器語言(Machine Language)**

    它是由一堆0、1編碼所組成的語言，能夠直接指揮電腦運作。機器語言是與電腦的種類息息相關的，不同種類的電腦，其所採用的機器語言也不盡相同。

機器語言不容易理解，也不容易撰寫，於是逐漸發展出高階一點的程式語言。各類程式語言都需要翻譯成機器語言後，電腦才可以執行。

2. **第二代程式語言：組合語言(Assembly Language)**

由於機器語言不容易撰寫和閱讀，遂有組合語言的誕生。組合語言乃以英文縮寫為基礎，例如用LOAD代表「載入」，用ADD代表「加」，用STORE代表「儲存」。由於必須由撰寫者自己計算記憶體位置，使用好幾個指令才能完成一件工作，使用起來仍十分不便。

機器語言和組合語言都屬於**低階程式語言(Low-Level Language)**。

3. **第三代程式語言：高階程式語言(High-Level Language)**

它提供類似英文及數學公式的語法，容易學習，容易撰寫，也十分適合閱讀。高階程式語言依其特性可區分為「程序式(Procedural)」、「並行式(Parallel)」、「函數式(Function)」、「邏輯式(Logical)」、「物件導向式(Object-Oriented)」等幾類(各類高階程式語言也都符合程序式原則)，較流行的高階程式語言詳列於表1.1（註：Function翻成函數或函式）。

4. **第四代程式語言：查詢語言(Query Language)**

它屬於非程序式(Nonprocedural)語言，例如：SQL、QBE、報表產生器、圖形產生器、應用程式產生器等均屬之。

5. **第五代程式語言：自然語言**

直接用人類語言來指揮電腦運作，例如：日本萬國博覽會的接待機器人。

表1.1　高階程式語言的分類

高階程式語言的分類	高階程式語言名稱
程序式程式語言	BASIC、FORTRAN、COBOL、Pascal、C等
並行式程式語言	MODULA、OCCAM、Ada等
函數式程式語言	LISP(用於人工智慧)等
邏輯式程式語言	PROLOG等
物件導向式程式語言	Smalltalk、Visual BASIC、Delphi、C++、Java等

1.5　資訊系統開發生命週期

　　資訊系統的開發過程大致上可以分為：研究調查(Investigation)、分析(Analysis)、設計(Design)、開發(Development)、實作(Implementation)、維護(Maintenance)和報廢(Retirement)等階段，我們稱之為「**資訊(軟體)系統開發生命週期(The Systems Development Life Cycle，SDLC)**」(註：一般將The systems development life cycle和The software development life cycle視為同義詞，都是指資訊系統或軟體的開發生命週期)。

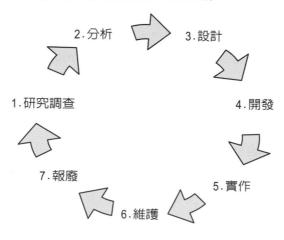

圖1.1　資訊(軟體)系統開發生命週期(SDLC)

1. **研究調查(Investigation)**

   進行可行性研究調查，考量軟硬體等技術層面、成本效益、時效、對組織的影響等因素，然後決定是採購市面上現成的套裝軟體或自行開發或委外開發。研究調查的重點在：為什麼要做(Why)、由誰來做(Who)。

2. **分析(Analysis)**

   分析資訊系統的功能需求，包含：輸入/輸出需求、處理程序與規則、控制需求、儲存需求等等。分析的重點在：要做什麼(What)。

3. **設計(Design)**

   設計資訊系統的功能，包含：輸入設計、輸出設計、資料庫設計、處理程序設計、控制設計等。設計的重點在：要如何做(How)。

4. **開發(Development)**

   擬定開發計畫。包含：硬體採購與建置時程、軟體開發與建置時程、整合測試時程、系統測試、移交與訓練等。此外，也須擬訂版本控制及文件管理規範。

5. **實作(Implementation)**

   根據程式規格來撰寫程式，完成程式碼並做單元測試、整合測試和驗收測試。

6. **維護(Maintenance)**

   資訊系統正式上線後需要有專人來監督和評估系統的運作，排除系統問題並更正錯誤的程式碼，方能讓系統趨於穩定。常見的系統問題有：功能與使用者需求不相符、執行效能不佳、功能不足、資料不一致、當機等。因此，需要保留部分開發人力來修補這些問題。請記住，系統上線才是真正考驗的開始。

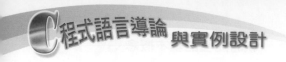

7. 報廢(Retirement)

資訊系統經過多年使用後,可能因維護成本過高(例如人員流失、熟悉開發該資訊系統所使用的程式語言的人所剩寥寥無幾等)、系統功能已大幅變更、原先採用的技術已顯老舊、硬體更新等因素而無法繼續使用。此時,只好將之淘汰報廢,再另行發展一套全新的系統。

以上是一個資訊系統從構思、開發到上線使用,以及從維護到報廢的完整生命週期過程。而實際開發時又有好幾種軟體開發方法論可以遵循,例如瀑布模型、螺旋模型、原型快速開發、漸進模型、V型、極限模型、Rational統一流程等。

1.6 軟體開發流程

軟體(或稱資訊系統)開發方法論(Software Development Methodology or System Development Methodology)大致可分為「結構化」和「物件導向」兩大派別。

結構化技術是以處理程序(Process)或資料(Data)為核心,採用功能分解(Functional Decomposition)的方式,將處理程序分解成一群較小的處理程序,然後再針對較小的處理程序再分解成一群更小的處理程序來個個擊破。結構化方法論可以再細分成結構化分析、結構化設計和結構化程式設計等三大領域。

物件導向技術則以物件(Object)為核心,將處理程序和資料封裝成物件,然後透過物件與物件之間的互動(稱為操作或方法)來模擬真實世界的企業運作,以達成資訊系統建置目標。物件導向方法論可以再細分成物件導向分析、物件導向設計和物件導向程式設計等三大領域。

我們將在下一節介紹的瀑布流程是屬於結構化方法論;而緊接著要介紹的Rational統一流程則是屬於物件導向方法論。

1.6.1 瀑布流程

傳統的軟體開發程序是採用瀑布流程(Waterfall Process)，它又稱為瀑布模型(Waterfall Model)。

Winston W. Royce於1970年所提出的瀑布流程，將軟體的開發過程大致分為需求分析、設計、實作、驗證、維護等五個階段，且每一個階段完成後都有一個審查(Review)作業。

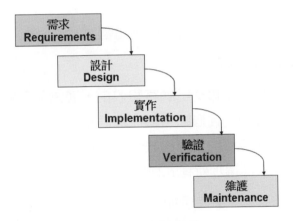

圖1.2 瀑布流程

1. **需求(Requirements)**

   進行需求訪談以了解資訊系統的功能需求。進行需求分析以勾勒出軟體需求、硬體網路需求、安全需求。評估需要投入的人力、時程和經費，以及預期效益，並完成「軟體需求規格書」。

2. **設計(Design)**

   依據「軟體需求規格書」來進行系統設計，包括軟硬體架構設計、資料庫設計、輸出入介面設計，並完成「系統設計規格書」。此階段必須決定採用哪一種開發平台、開發工具(程式語言)及資料庫管理系統。

3. **實作(Implementation)**

依據「系統設計規格書」來撰寫程式碼，並進行單元測試。

4. **驗證(Verification)**

進行系統整合與測試，依據「系統設計規格書」所描述的軟體架構將程式碼逐步整合成小模組，然後進行整合測試。依此原則再逐步地將小模組整合成大模組、子系統、系統。對於較大的資訊系統而言，需要有完整的測試計畫、測試規格及測試報告。測試的範疇除軟體本身外，還包含硬體、網路和壓力測試。

5. **維護(Maintenance)**

將完成的資訊系統移交給顧客驗收前，通常需要備妥使用手冊，然後辦理教育訓練。經過顧客驗收無誤後正式移交。接著，進入保固維護期，此階段可能發現程式錯誤而須加以修正，也可能必須因應顧客新的需求而增加新程式模組。

歸納瀑布流程的主要特色如下：

1. 階段明確：區分成需求分析、設計、 實作、驗證、維護等五個階段。

2. 循序漸進：一個階段接著一個階段循序式的進行，如水流瀑布，一階流過一階。

3. 以文件驅動(Document Driven)：每一階段都會產生完整且大量的文件，利於系統後續維護。

4. 階段審查：每一階段完成的文件和成果都須經過審查確認後才可以進行下一個階段，瀑布流程是屬於安全、穩健的開發方式，也能有效的確保軟體品質。

5. 使用者參與不足：使用者的參與偏重在系統發展初期和最後階段，忽略中間階段的參與。因此，容易因使用者與開發者之間缺乏緊密溝通，導致所完成的資訊系統無法完全符合使用者期待，而必須加以修改，造成時程延誤、人力浪費。

6. 從開始發展到系統上線，所需的時間較長。

7. 適合需求變化不大的大型專案開發。

瀑布流程的限制有：

1. 使用者不易完整表達需求，也缺乏有效工具。

2. 使用者與開發者間容易產生誤解。

3. 需求可能經常變更，而瀑布流程因應需求變更的成本較高。

瀑布流程的最大缺點是不容易發現早期的錯誤，一旦到了實作或驗證階段才發現錯誤，前面完成的成果就必須作廢重新來過。此外，當需求變更時，也會影響到後面階段的進行，尤其到了發展越後期才提出的需求變更，其影響程度就越深。此情形容易造成經費成本的暴增，整個專案甚至可能因此而宣告失敗。

瀑布流程的實作和驗證兩階段可以再細分為程式撰寫、整合、測試、除錯、安裝等工作，如表1.2所述之七個階段。

表1.2　瀑布流程（五階段和七階段比較表）

五階段	七階段
1. Requirements	1. Requirements
2. Design	2. Design
3. Implementation (or Coding)	3. Construction (Implementation)
4. Verification	4. Integration
	5. Testing and Debugging
	6. Installation
5. Maintenance	7. Maintenance

1.6.2　Rational統一流程

　　Rational統一流程(IBM Rational Unified Process，RUP)是由物件導向三大巨擘Grady Booch、Ivar Jacobson及Jim Rumbaugh所提出的軟體開發程序，它主張軟體(尤其是大型軟體)不是一夕之間完成的，而是一部分一部分的、漸進式的逐步完成。並且，每一部分都是符合需求且經歷分析、設計、實作、測試、整合、移交等過程。就像羅馬不是一天造成的一樣。

　　Rational統一流程將軟體開發程序分為初始(Inception)、精細規劃(Elaboration)、建構(Construction)和轉換(Transition)等四個階段(Phase)，詳如圖1.3所示。

1. 初始(Inception)階段

　　了解企業營運模式及需求，擬定專案的範圍、大小、預期效益。進行可行性分析，預估專案須投入的人力、時程、經費。評估是否值得進一步做精細規劃。本階段的最後需完成專案計畫初稿。

2. 精細規劃(Elaboration)階段

　　進一步確認企業營運模式，了解到底要開發什麼樣的軟體，以及如何開發？進行需求分析、系統分析，系統設計和建立系統架構。此外，詳細專案計畫也在這個階段定稿。

3. 建構(Construction)階段

　　將需求分成許多小部分來分別建構，每一部分建構都包含分析、設計、撰寫程式、單元測試、整合測試等過程。

　　建構是一連串反覆、遞增（漸進）和進化的過程，在這個過程中，可能會修改先前的程式碼，並重新整合，以使軟體更為精煉。

4. 轉換(Transition)階段

　　進行軟體的封裝，備妥操作手冊、使用手冊，對使用者進行訓練，然後將產品分批移交給使用者試用後逐步上線。這個階段的重點在對軟體的錯誤做修正，提昇軟體的執行效率，而非開發新功能。

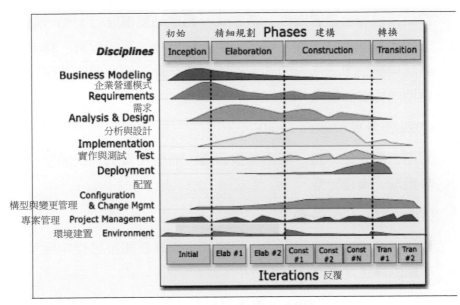

圖1.3　Rational統一流程

(資料出自：http://www.redbooks.ibm.com/redpapers/pdfs/redp3877.pdf)

歸納Rational統一流程的主要特色包括：

1. 由使用案例(Use Case)驅動：因為資訊系統是需求者在使用，而不是開發者在使用。因此，強調從使用者的角度來看資訊系統，非常重視使用者的共同參與。

   使用者藉由使用案例圖來表達需求，與開發者建立良好的溝通模式。開發者在開發過程中必須不斷地檢視資訊系統功能是否符合使用者的需求。

2. 以架構為中心(Architecture Centric)：使用既有元件(Component)為基礎，迅速地建立系統架構圖。系統架構圖提綱挈領地描述資訊系統的組成架構、功能，便於日後的溝通、開發和維護。

3. 反覆、遞增(漸進)及進化：

(1)反覆(Iterative)

資訊系統開發是週期性、循序式、循環地反覆進行，每一個週期是一個小型的開發過程，可能包含系統分析、系統設計、程式實作、測試與整合等工作。前面週期的成果作為下個週期的基礎，在下個週期做檢驗和擴充。

(2)遞增(漸進)(Incremental)

使用者需求並不是一開始就很明確，而是在資訊系統開發過程中逐步遞增，漸趨完整。

(3)進化(Evolutionary)

資訊系統並非在建置階段一夕完成，而是在開發過程中逐步進化、不斷的修正、演進。

也就是說，每一階段都可以重複好幾輪，階段與階段之間也可以重複好幾輪。在「做一點分析、做一點設計、寫一些程式、測試、做一些整合」，然後再「做一點分析、做一點設計、寫一些程式、測試、做一些整合」的反覆過程中，我們發現採用Rational統一流程可以：

1. 有效管理客戶需求的變更。

2. 漸進地進行系統整合，而非如瀑布地在最後階段才做整合。且漸進式的進行系統整合，可以早期發現錯誤並即時改正，降低風險。

3. 系統架構可以不斷地修正，在反覆的過程中進行改良。

4. 增加軟體的再用(Reuse)率。

總之，Rational統一流程非常適合搭配物件導向程式語言來開發資訊系統，它具備以下優點：

1. 反覆式開發、遞增(漸進)式整合、逐步成長進化。

2. 有效地管理客戶需求。

3. 以元件為基礎。

4. 以視覺化模型來設計。

5. 持續驗證軟體的可靠性。

6. 有效地控制軟體的版本。

1.7 軟體開發會面臨哪些挑戰

大型軟體開發專案面臨的主要挑戰有：(這些挑戰也是造成軟體開發專案失敗的主要原因)

1. **成本無法有效掌控**

   尤其愈大型的專案，其成本控制的難度也愈高；相對地，專案成功的比例會隨著遞減。

2. **專案參與者的組成、協調、溝通**

   大型專案需要有不同角色的參與者(例如：客戶端的使用者和主管、開發端專案經理、系統分析師、系統設計師、程式設計師等)共同參與，其間的溝通協調便是一大學問。如果專案進行中途再遇到人員流失或異動，那麼工作交接就變成了額外的負擔了。

3. **由於溝通上的困難，造成需求經常變更或需求不明確**

   客戶的需求必須有效地管理，不能隨意地變更。此外，系統功能不全就無法得到客戶的認同，系統功能過剩則浪費成本。因此，應盡可能的在時程、預算內完成客戶所需的軟體功能，盡量不要節外生枝，剛剛好就好。

4. **軟體可靠性不佳，程式永遠有錯**

   據統計研究，1000行程式指令中約有100到150行是有問題的。而企圖修改這些問題程式時，有百分之15到20的比例會產生新的錯誤。

5. **軟體模組間無法配合，軟體維護困難，擴充不易**

6. **文件、程式的版本控管**

7. **選擇適當的資訊技術**

   例如：選擇適當硬體與網路平台、軟體開發平台和工具、程式語言、資料庫管理系統及軟體開發方法論等。

8. **將現有舊系統的資料轉移到新系統也是一項高難度的工程**

   舊系統的資料是非常寶貴的智慧資產，但它們並不一定可以完全成功地移植到新系統，也不一定是新系統所需要的。資料轉移的工程包括：資料清理、檢查是否不一致或者不完整、資料篩選與過濾、資料格式轉換等。

   由於上述挑戰的難度極高，且與專案大小成正比，因此，軟體開發專案往往在時程延誤、預算超支、功能無法滿足客戶需求的情形下，遭遇草草收場的失敗命運。

1.8 軟體開發的迷思

下列敘述都是軟體開發過程中經常遭遇到的錯誤迷思：

1. **時程延誤時，加派人手便可以解決問題**

   早期加派人手是有效的，愈到晚期就愈無效了。

2. **只要經過仔細測試，系統便不會有錯誤(Bug)存在**

   錯誤永遠存在，尤其是愈大、愈複雜的系統，就愈不容易有完整的

測試。軟體測試需要有測試計畫、測試規格和測試報告。測試是一門大學問，即使有完整的測試，也很難保證程式一定毫無錯誤。

3. 撰寫文件是浪費成本的行為

愈大、愈複雜的系統就愈需要文件，因為良好的文件可以降低日後維護的困難度。

4. 資訊高手的薪水太高，請普通程度的人做Coding就好了

天才、高手是無可取代的。一位程式高手可以抵得上使用好幾個人喔！

5. 時程是可以正確預估的

往往是過於樂觀而錯估時程。最典型的例子是：專案經理評估這個新專案和以前做過的某個專案很類似，可以沿用以前的程式，因而樂觀地預估可以大量縮短時程、降低成本。實際上是：每一家企業都有其專屬的、獨特的管理流程，以前的程式真正可以沿用的恐怕不多。

6. 修改比重寫快

由於程式除錯(Debug)是件極困難的工作，尤其是他人完成多年的老舊程式又缺乏文件時。因此，重寫有時反而比較快、也較有效率。

1.9 軟體開發的成功守則

既然軟體開發是件艱難的工作，那麼如何立於不敗之地呢？有沒有通往成功的捷徑呢？

軟體開發的成功守則如下：

1. 選定一種軟體開發流程和方法論，並為專案成員共同遵守。

2. 專案的規模愈大,成功的機會愈低。一開始專案的規模不要太大,以便於管理。換言之,可將大型專案分割成幾個小專案,分階段來進行。

3. 確實做好需求管理,嚴守專案的範圍。客戶的需求必須明確、文件化、有優先順序、並且可以變更和追溯。尤其,需求必須得到客戶端決策者所認同,並為所有專案參與者所共同認知。需求要恰到好處,避免過與不及。過則浪費成本,不及則系統無法順利運作。常言道:「計畫趕不上變化」,需求經常在變,如果能確實做好需求的變更管理,就已經成功一大半了。

4. 盡早讓客戶端的主管和使用者參與,盡早讓未來的使用者看看完成的結果,以便即時提出修正意見。

5. 問題愈早發生愈好,因為問題若發生在軟體開發的前面階段,解決問題的成本較低。反之,如果等到程式都撰寫好了之後,才發覺根本和客戶所要的不同,那麼從頭來過的成本就很高了。

6. 程式模組化、元件化以增加程式的彈性和擴充性。採用物件導向程式語言,程式較容易模組化和元件化。

7. 持續驗證軟體品質,即時修正程式中的錯誤。因為,愈晚修正成本愈高。

8. 落實軟體開發過程中的文件管理以及型態(版本)管理(Configuration Management)。

1.10 後記

軟體開發是一種藝術,它牽涉到組織、人、錢、時間、客戶需求、作業流程、開發方法、技術、工具等,是一項艱鉅的工程,而且過程中充滿變數及許多不確定性。

　　然而，如何從前人的失敗經驗記取教訓？如何趨吉避凶，邁向成功之路？是每一位軟體開發者首先須審慎思考的。同時，也是每一位C程式語言學習者須事先了解的，因為你可能也會成為其中的一員。

1.11　習題

1. 電腦硬體包含哪些元件？
2. 請舉例說明系統軟體和應用軟體的差異。
3. 你所知道的應用系統有哪些？試舉出5個。
4. 套裝軟體和訂製型軟體有何不同？
5. 程式語言可分為哪幾類？
6. 何謂資訊系統開發生命週期，它分為哪幾個階段？
7. 瀑布流程分為哪五個階段？瀑布流程的優缺點為何？
8. Rational統一流程將軟體開發流程分為哪幾個階段？每個階段的重點工作為何？
9. Rational統一流程具備哪些優點？
10. Rational統一流程的主要特色為何？
11. 軟體開發會面臨哪些挑戰？試列舉5項。
12. 造成軟體開發失敗的原因有哪些？試列舉5項。
13. 軟體開發過程中經常遭遇到的錯誤迷思有哪些？試列舉5項。
14. 遵守哪些原則，軟體開發較容易成功？試列舉5項。
15. 軟體開發方法論主要有「結構化」和「物件導向」兩大派別，試述兩者的主要差別為何？
16. 瀑布流程的主要特色為何？
17. 瀑布流程有哪些限制？
18. 以架構為中心(Architecture Centric)是Rational統一流程的主要特色之一，其意義為何？

19. 反覆(Iterative)是Rational統一流程的主要特色之一，其意義為何？

20. 遞增(漸進)(Incremental)是Rational統一流程的主要特色之一，其意義為何？

21. 進化(Evolutionary)是Rational統一流程的主要特色之一，其意義為何？

2 Chapter

C程式語言的基本概念

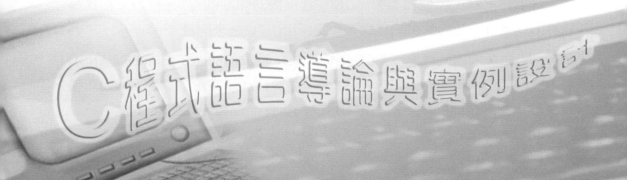

2.1 前言

本章將對C程式語言的演進歷程及特性做概念性介紹，然後以一支簡單的C程式為例來說明C程式的風格和特徵。接著，我們將說明如何編譯和執行C程式。最後，我們將介紹撰寫程式的通用步驟，以及如何運用流程圖來幫助思考程式邏輯，相信這些基本的蹲馬步功夫對於初學者有極大的助益，尤其這些基本功夫也可以運用在其他程式語言的學習上。

本章學習主題包括：

➡ 認識C程式語言

➡ 寫一支簡單的C程式

➡ 如何編譯、如何執行

➡ 設計程式的步驟

➡ 程式流程圖

➡ 良好的程式風格

➡ 學會撰寫程式的秘訣

2.2 C程式語言的演進歷程

B程式語言是發展用於DEC公司PDP-7電腦上的UNIX作業系統所採用的程式語言。1972年AT&T貝爾實驗室的Dennis Ritchie和Ken Thompson將B程式語言改良為C程式語言，提供了字元、整數、浮點數、陣列、指標、結構、檔案等多樣化的資料型態。C是一種與機器無關的程式語言，C程式有極高的可攜性，現今大部分作業系統是採用C、C++來開發。

1983年美國國家標準協會(American National Standards Institute，ANSI)制定了C程式語言的標準規範(ANSI C)，並於1989年被正式採用。1990年國際標準組織制定的C語言標準規範(ISO C)事實上是與ANSI C相同的，一般稱這個時期的ANSI/ISO C標準為C90(目前的最新標準為C11)。

在標準訂定之後，隨之有眾多電腦廠商陸續發展出C程式語言的編譯器或整合式開發工具(Integrated Development Environment，IDE)，例如：MS C、Run C、Quick C以及UNIX內建的cc、GUN提供的gcc等，而現今比較受到歡迎的有寶蘭(Borland)公司的Turbo C、Borland C++ Builder、微軟(Microsoft)的Visual C++、Bloodshed Software公司的Dev C++等。

過去30多年來，C語言已儼然成為工程科系學生學習撰寫程式的入門語言，近年來雖然有逐漸轉向C++語言的趨勢，不過C語言仍然是學習C++的跳板，有了C語言基礎，很快地可以學會C++。由於C++是C的一個超集合，因此，大部分用C語言所撰寫的程式都可以用C++編譯器來編譯。換句話說，C程式也是有效的C++程式。另一方面，許多應用在UNIX作業系統上的經典C程式仍是學習C/C++的最佳典範。

不僅C++源自於C，Java和C#也都源自於C，由此C的重要性可見一斑。

2.3 C程式語言的特色

眾所周知，UNIX系列作業系統的程式碼絕大部分是採用C語言所撰寫，C語言到底有哪些特色呢？我們為您整理如下：

1. 高執行效率及彈性

C程式通常都極為精簡且有極高的執行效率，用C語言可以撰寫出類似組合語言的控制效果，並且可以有效率的運用記憶體。因此，C語言的執行速度較一般程式語言來得快些。此外，UNIX作業系統的原始碼及許多程式語言的**編譯器(Compiler)**或**直譯器(Interpreter)**也是採用C語言所撰寫的；例如BASIC、FORTRAN、Pascal、LISP等，這是看中C語言極高的效能和彈性的緣故。

2. 高可攜性

由於各種作業系統平台(例如Windows、UNIX、Linux等)下都有C語言的編譯器，因此，C程式只要稍作修改(甚至不用修改)就可以跨系統平台到另一部電腦上執行。通常需修改的部分是**標頭檔(Header File)**、與作業系統有關、以及與輸出入裝置有關的程式碼。

相較之下，其他諸如BASIC、FORTRAN、COBOL、Pascal等程式語言的可攜性就相對較差了。

3. 涵蓋高階架構與低階功能

提供結構化程式所需的循序、條件判斷與分歧、迴圈等程式結構，讓程式設計師可以將程式模組化(一個模組僅有一個入口和一個出口)，這樣一來，程式就容易設計及除錯，進而可以降低維護的成本。此外，也提供bit、byte等低階運算功能，讓程式設計師可以更有彈性地運用。

4. 提供豐富的內建函數(式)

C語言提供的**標準程式庫(Library)**內含數量極為豐富的內建函數，這些函數都是專家所精心設計，不僅可攜性高，更可以從中學習到正確的程式寫法。

C程式是由一個至數個函數所組合而成，設計程式時應該考量(1)優先使用標準程式庫裡的內建函數，(2)將常用的功能寫成函數，以便重複使用，(3)複雜的程式功能可以分解成數個函數，以降低複雜度。

當C程式要進行**編譯(Compile)**之前，須先做前置處理，亦即將所需的函數從程式庫中複製到本程式中，然後才開始進行編譯。並且也可以將自己寫好的函數儲存到程式館中，成為軟體元件，需要時才載入。如此一來，C程式的本身看起來就非常地簡潔並且容易閱讀。

5. **提供遞迴(Recursive)呼叫**

   讓函數可以反覆地呼叫自己來完成某件工作。遞迴函數可以簡化程式碼，不過不容易撰寫和除錯，使用時要特別小心。

6. **提供指標(Pointer)運算**

   利用指標來直接對記憶體做存取，可以提升程式的執行效率。不過，使用指標時須特別小心，因為錯誤的使用方式容易造成程式的中斷或產生異常結果。

7. **提供動態資料結構**

   透過指標的使用，讓程式可以在需要記憶體時才動態地建立資料結構，向作業系統索取記憶體來使用；相反地，也可以將不需再使用的記憶體歸還給作業系統，用以增加記憶體的使用效能。

8. **適合用來發展內嵌式系統**

   DVD播放器、數位相機、汽車等內嵌式系統中涉及微處理器控制的程式，通常會使用C、C++、Java等語言來開發。

2.4　一支簡單的C程式

我們先來看一支極為簡單的C程式(副檔名為.c)，從這個例子中，您將學習到C語言的程式結構和基本概念，這支程式所用到的敘述(Statement，或稱為指令(Instruction))極為簡單，後續的章節將以這支程式為基礎漸進地介紹C語言的敘述和用法。

程式檔名稱為2_odd_or_even.c，它的功能是輸入一個正整數，然後判斷該正整數是奇數或偶數，程式內容如下：

```
1  // 程式名稱：2_odd_or_even.c                        程式說明
2  // 程式功能：判斷一個正整數是奇數或偶數
3
4  #include <stdio.h>              // 載入標頭檔
5
6  int main(void)                  // 主函數
7  {
8     int i;                       // 宣告
9
10    printf("請輸入一個正整數：");   // 輸出
11    scanf("%d", &i);             // 輸入
12    if(i%2 == 0)                 // 邏輯判斷            main函數
13       printf("%d為偶數\n", i);                        的範圍
14    else
15       printf("%d為奇數\n", i);
16
17    return 0;                    // 回傳值
18 }
```

程式的執行結果如下：

```
C:\C\ch02>2_odd_or_even
請輸入一個正整數：88
88為偶數

C:\C\ch02>
新注 半：
```

這支程式共有18行程式碼，其意義分別說明如下：

1. **第1-2行**：是程式的註解，註解的功用是用來對某段程式碼做說明，讓程式更容易閱讀。本例中，我們對於程式的名稱及功能稍作註解說明。C語言提供的註解有以下兩種：

(1)單行註解(C99標準新增了這項功能)

格式為：

// 註解內容

單行註解顧名思義是以「行」為單位，只作用在同一行程式敘述，編譯器會將雙斜線「//」右邊的文字串均視為註解。註解只是對於程式的說明，並不會影響到程式的執行結果，因此，編譯器在對程式進行編譯時會忽略掉註解的內容，而只對註解以外的程式敘述進行編譯。

(2)多行註解

格式為：

/* 註解內容 */

編譯器會將「/*」 和 「*/」之間的文字串視為註解；換句話說，多行註解可以跨越許多行。因此，1-2行也可以改寫成：

```
/*
程式名稱：2_odd_or_even.c
程式功能：判斷一個正整數是奇數或偶數
*/
```

或

```
/* 程式名稱：2_odd_or_even.c         */
/* 程式功能：判斷一個正整數是奇數或偶數  */
```

或

```
/*
 * 程式名稱：2_odd_or_even.c
 * 程式功能：判斷一個正整數是奇數或偶數
 */
```

就看你個人的喜好了。

2. **第4行**：「#include <stdio.h>」中，#include是C的前置處理命令，它用來告訴編譯器在進行編譯之前需要先載入**標頭檔(Header File)**。標頭檔是以.h為副檔名，本例所載入的標頭檔為stdio.h，它是**標準輸入/輸出(Standard Input/Output)**的縮寫，它裡面定義了許多輸入/輸出函數；例如printf()、scanf()、fscanf ()、getchar()、putchar()等等，以及相關的常數。

你可以在安裝好C編譯器後，在include這個資料夾裡找stdio.h標頭檔，同時，你也可以發現還有許多標頭檔。每個標頭檔都有特殊的用途，例如：你在程式中可以呼叫sqrt()函數來計算某數的平方根，而要使用sqrt()函數就必須先載入math.h這個標頭檔。

最後，我們要說明「<」和「>」的用途，「<stdio.h>」用來告訴編譯器，指明stdio.h是放在include這個資料夾裡。

3. **第6行**：C程式是由一個或多個**函數(Function)**所組成，且每一支C程式裡都必須有一個稱為main的函數。程式是從main這個函數開始執行，可能執行main裡的敘述便完成某項任務；也可能需要呼叫其他函數共同合作來完成任務。

從第7行的「{」到第18行「}」之間的敘述均屬於main函數的敘述。main前面的int表明main函數的回傳值必須是一個整數(Integer)。此外，main後面小括號所框住的內容為該函數所屬的參數，而void用來表示main是個沒有參數的函數。

習慣上，我們會用main()來表示main函數，以與變數有所區隔，其他關於函數的介紹請參閱第8章。

4. **第7行和第18行的一組大括號「{...}」**：用來表明main()函數的主體是從第7行的「{」到第18行「}」裡的敘述。

我們稱用左右大括號「{」和「}」所框住的範圍為程式**區段(Block)**，它是一群敘述的集合。習慣上「}」之後不需加分號，不過，加上分號編譯器也可以接受，即：

```
 7  {
        ...
18  };
```

5. **第8行**：「int i;」是一個**宣告敘述(Declaration Statement)**。它宣告i是屬於整數型態的**變數(Variable)**，只能用來儲存整數資料。

    變數是一種**識別字**，宣告時必須指明變數的名稱以及該變數所屬的資料型態，其目的是讓編譯器配置適當的記憶體空間給該變數使用。

    識別字用於變數、常數、陣列、函數等的命名，長度沒有限制，不過，ANSI C只用前31個字元來識別。

    C語言規定每一個變數在使用之前都必須宣告，且變數名稱有大小寫之分。

    C語言規定每一個敘述都要用分號「;」來當作結束符號。

6. **第10行**：「printf("請輸入一個正整數：");」乃是呼叫printf()函數來顯示出「請輸入一個正整數：」這串文字。"請輸入一個正整數："是printf()的引數(或稱實際參數)。

7. **第11行**：「scanf("%d", &i);」乃是呼叫scanf()函數來接收從鍵盤輸入的整數值，「&i」用來將輸入值儲存到變數i所在的記憶體裡，而「&」則用來取得變數i在記憶體的實際位址。此外，「%d」是一種**轉換指定詞(Conversion Specifiers)**，它用來將從鍵盤輸入的數值視為整數，其詳細用法請參考第5章。

8. **第12-15行**：

```
12      if(i%2 == 0)                       // 邏輯判斷
13          printf("%d為偶數\n", i);
14      else
15          printf("%d為奇數\n", i);
```

是一個邏輯判斷敘述，它的意義是：如果變數i的值除以2所得之餘數為0，就執行第13行；否則，便執行第15行。

「%」是**模數運算子(Modulus Operator)**，用來取某數的餘數，例如：5 % 2的結果為1，8 % 5的結果為3。

9. **第13行**：「printf("%d為偶數\n", i);」在顯示「%d為偶數」這串文字時會將%d用變數i的值來取代。因此，若變數i的值為88，那麼就會顯示出「88為偶數」。

「\n」是一個輸出控制字元，它會將游標跳到下一行之首(亦即，下一行的最左邊位置)。

10. **第17行**：「return 0;」，在main()函數結束之前必須回傳一個整數給呼叫main()的作業系統，這是要和第6行的「int main(void)」相呼應的緣故。

C語言是採用自由格式，一個敘述可以跨越好幾行，每一個敘述都要以分號(;)來當作結束符號。因此，你可以將第12-15行的if改寫成：

```
if(i%2 == 0) printf("%d為偶數\n", i);
else printf("%d為奇數\n", i);
```

此外，第3、5、9、16行為空白行，其目的是用來讓程式更容易閱讀。

我們稱撰寫好的程式碼為**原始碼(Source Code)**；如本例的2_odd_or_even.c，C程式的原始碼必須經過翻譯，成為可執行程式碼之後才能拿來執行。

2.5 編譯與執行

以高階程式語言所撰寫的程式，必須先將原始碼翻譯成機器碼後，電腦才能執行。一般而言，翻譯的方式有**編譯(Compile)**和**直譯(Interpret)**兩種。C是採用編譯，BASIC則採用直譯，Java則兩者並用。

◯2.5.1　編譯

　　將C程式翻譯成可執行程式碼的過程需要經過三道步驟，依序執行**前置處理程式(Preprocessor)**、**編譯程式(Compiler)**和**連結程式(Linker)**。整個過程請參考圖2.1。

　　首先，呼叫前置處理程式將標頭檔(.h)載入到原始程式中。然後呼叫編譯程式來將原始程式編譯成相對應的**目的碼(Object Code)**(.o)。

　　編譯程式會檢查程式原始碼的語法是否正確，如果正確，就將它翻譯成相對應的目的碼。如果程式語法有錯，也會指出所有錯誤之處及可能的錯誤原因，來供程式設計師參考改正。

　　目的碼是由機器語言寫成的程式碼，又稱為**中間碼(Intermetiate Code)**。這表示目的碼只是一個中間結果，它並不包含內建函數(如本例的printf()、scanf())的目的碼，因此不能直接拿來執行。

　　接著，編譯器會呼叫**連結程式**，連結程式會將**起始程式碼(Start-up Code)**連結進來，以及從C的函數庫(Library)中將相關內建函數的目的碼也連結進來，以成為一個可執行碼(.exe)，然後才可供給電腦硬體來執行。

　　起始程式碼是作業系統要來執行程式的一個窗口，透過它才能執行程式，不同的作業系統有不同的起始程式碼。

　　此外，我們也可以將數個原始碼分別編譯成目的碼，然後才一起連結成一個可執行碼。

　　採用編譯的優點是：編譯產生的可執行碼一直儲存在硬碟裡，下回要執行程式時並不需要再將原始碼重新編譯一次，直接拿執行檔來執行即可。因此，採用編譯的程式語言，其執行速度較快。

　　採用編譯的缺點是：原始碼愈大愈複雜時，程式的除錯就愈困難。此外，一旦原始碼有任何修改，就須重新編譯、連結一次，無形中耗費了許多時間。

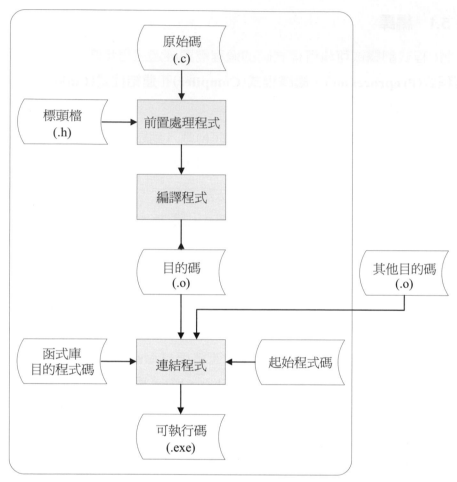

圖2.1　C程式的編譯與連結過程

⊃2.5.2　直譯

　　直譯則是翻譯一行程式碼，檢查程式語法是否正確，正確就執行之；錯誤就顯示出錯誤訊息。錯誤的敘述經更正後方能再翻譯下一行敘述。

　　採用直譯的程式語言，每次執行時都須重新將原始碼一行一行地翻譯、執行，即使先前已經正確的執行過了也是如此。因此，採用直譯的程式其執行的速度較慢；反之，採用編譯時，只須翻譯一次，若程式沒有錯誤則以後便可以直接執行，不需再次翻譯，這是編譯的最大好處。

編譯和直譯的共同缺點是與電腦平台的種類息息相關，在甲電腦(採用Windows作業系統)上翻譯完成的機器碼往往無法直接拿到乙電腦(採用UNIX作業系統)上執行，通常都需要局部修改並重新編譯後，才可以順利轉移到另外一部不同類型的電腦上執行。

⊃2.5.3　下載及安裝Dev C++

本節將以Bloodshed Software公司的Dev C++為例，說明如何編譯及執行C語言程式。您也可以使用Borland公司的Turbo C、Borland C++ Builder或Microsoft的Visual C++來編譯，它們的用法都極類似(請參閱附錄3、4)。

首先，我們要到下列網站下載Dev C++整合開發工具，我們可以用它來撰寫、編輯C/C++的原始程式碼，也可以用來將C/C++程式編譯、連結成可執行碼。

http://www.bloodshed.net/dev/devcpp.html

圖2.2　下載

下載之後我們要進行安裝，其過程如下：

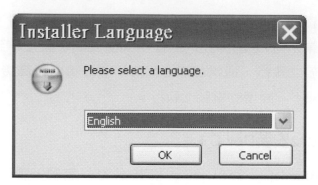

圖2.3

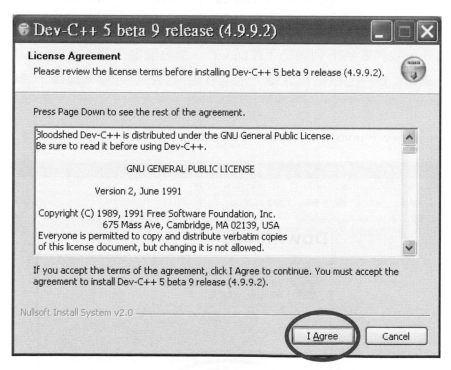

圖2. 4

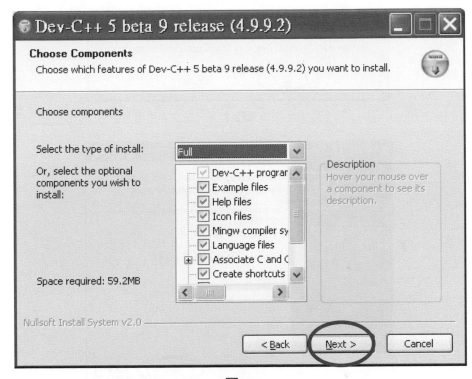

圖2.5

內定是安裝在C磁碟機的Dev-Cpp資料夾。

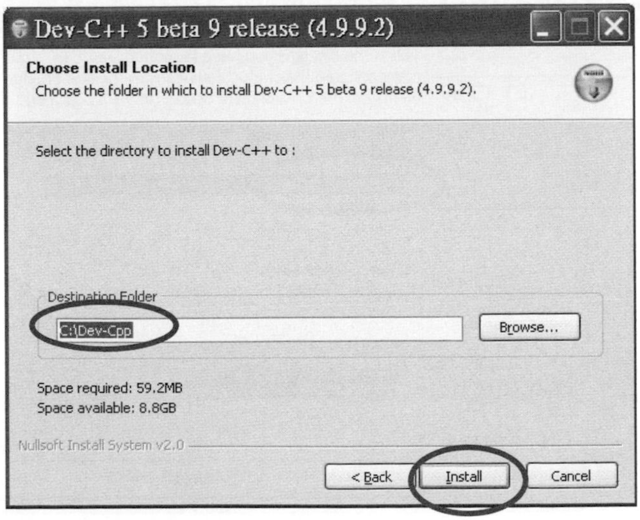

圖2.6

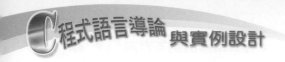

圖2.7

圖2.8

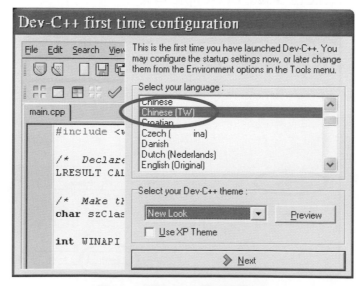

圖2.9　將操作介面改為中文

安裝完畢後在C磁碟機會增加一個名為Dev-Cpp的資料夾,其檔案內容如下:

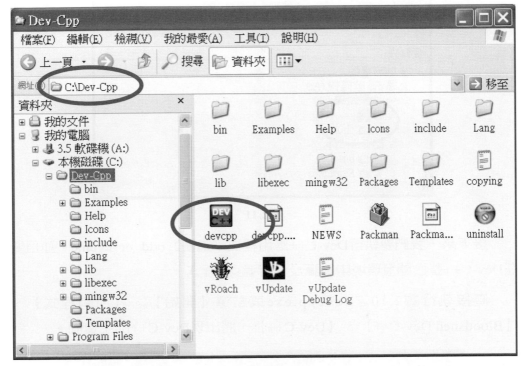

圖2.10

⟳2.5.4 編輯、編譯、執行C程式

接下來,我們要建立專案並編輯程式碼。首先,利用【檔案總管】在C磁碟機建立一個名為C的資料夾,並在C資料夾底下建立一個名為ch02的資料夾。我們要將程式放在ch02資料夾裡。

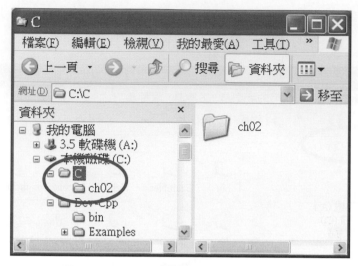

圖2.11

接下來，我們要執行Dev-C++應用程式來編輯2_odd_or_even.c，並且要在Dev-C++整合開發環境中編譯及執行這支C程式。

直接執行圖2.10之devcpp.exe或點選【開始】、【所有程式】、【Bloodshed Dev-C++】、【Dev-C++】，將出現Dev-C++的主畫面。

圖2.12

點選【檔案】、【開新檔案】、【原始碼】。

圖2.13

產生一空白之新文件。

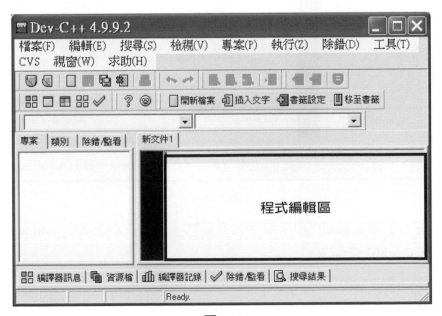

圖2.14

在畫面右邊為程式編輯區,將我們前面所介紹的程式2_odd_or_even.c
之程式碼輸入其中,並在倒數第3行增加一行敘述:

system("PAUSE");

這行敘述的用意我們稍後再做說明,結果如下圖所示。

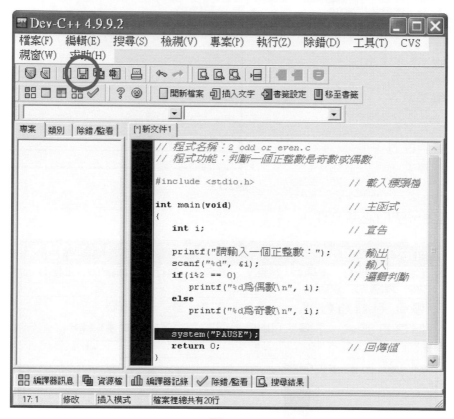

圖2.15

接著,點選磁碟鈕(💾)來儲存這支程式,並將之改名為2_odd_even.c,
並儲存於C:\ch02資料夾。

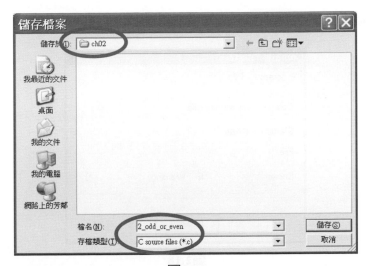

圖2.16

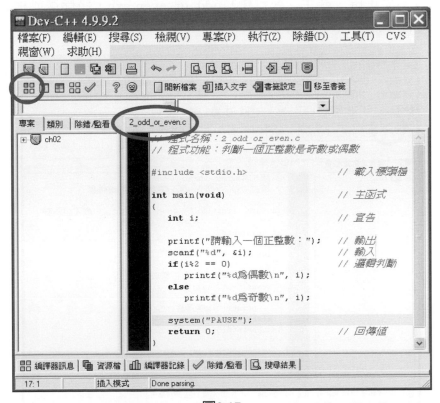

圖2.17

點選編譯鈕(🔲)來進行編譯。

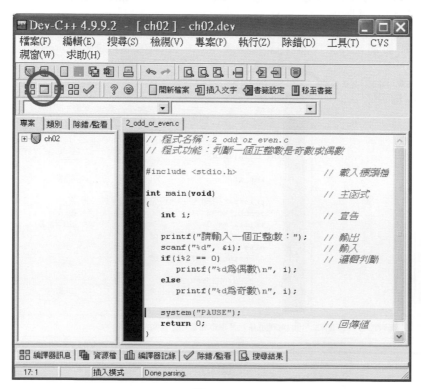

圖2.18

編譯結果正確，產生之執行檔2_odd_or_even.exe，將儲存於程式所在的資料夾(本例為C:\C\Ch02)。

圖2.19

點選執行鈕(▢)來執行2_odd_or_even.exe。

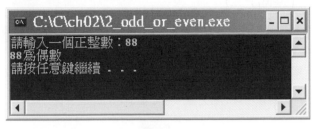

圖2.20

輸入「88」，結果輸出「88為偶數」，游標跳到下一行之首，然後顯示「請按任意鍵繼續...」。

「請按任意鍵繼續...」這段文字是系統的回覆訊息，是因為增加了

```
system("PAUSE");
```

這行程式碼而產生的，其目的是要做個暫停以便讓你仔細看一下程式的執行結果。你可以將該行程式碼改為註解，重新編譯，再看看執行結果有何差異。

⊃2.5.5 另一種編輯、編譯、執行方式

另一種方式是用【記事本】來編輯程式，然後在MS-DOS環境下編譯及執行。

用【記事本】編輯程式之後，必須以.c副檔名來儲存程式。要在MS-DOS環境下編譯程式，必須先設定path系統變數值，讓作業系統能夠順利地找到編譯程式(例如：Dev-Cpp\bin裡的gcc.exe）。

在Windows XP，點選【開始】、【控制台】、【系統】、【進階】、【環境變數】、【系統變數】找到path系統變數，然後按【編輯】修改之，相關步驟詳如圖2.21所示。

（在Windows 7，點選【開始】、【控制台】、【系統及安全性】、

【系統保護】、【進階】...或點選【開始】、【電腦】按右鍵選【內容】、
【系統保護】、【進階】...)

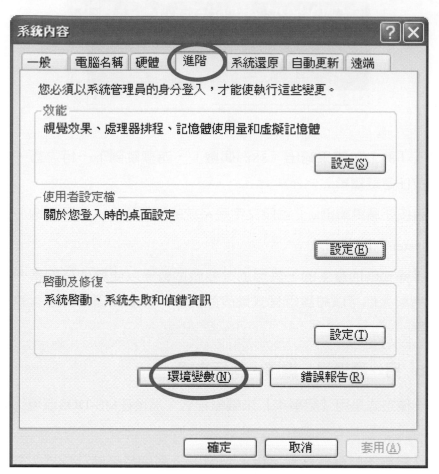

圖2.21　設定環境變數

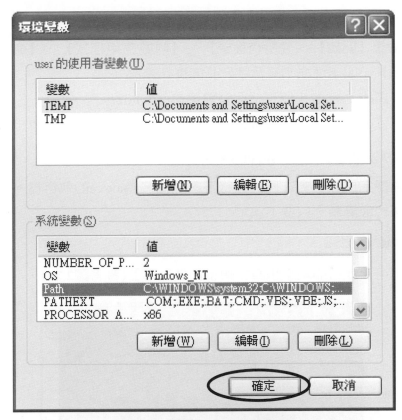

圖2.22　編輯**Path**系統變數值

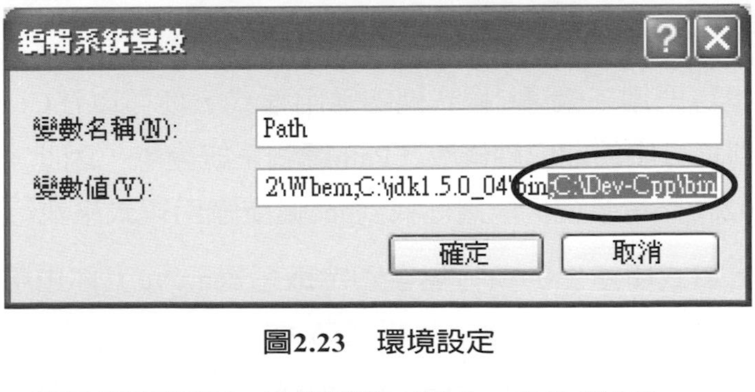

圖2.23　環境設定

　　我們在2.4節已經寫好了一支簡單的C程式，它的檔名為2_odd_or_even.c，放置在C:\C\ch02這個資料夾裡。你可以用Windows記事本或其他編輯工具來編輯C程式碼，但記得必須以 .c 附檔名來儲存。

編譯及執行的方法如圖2.24所示，步驟如下：

1. 點選【開始】、【所有程式】、【附屬應用程式】、【命令提示字元】，叫出【命令提示字元】的操作畫面。

2. 下達cd\C\ch02來將現行目錄變更為 \C\ch02。

3. 下達gcc 2_odd_or_even.c來進行編譯，即

   C:\C\ch02>gcc 2_odd_or_even.c

   編譯完成後，會在同一目錄下產生檔名為a.exe的執行檔。執行的方法也很簡單，只要下達：

   C:\C\ch02>a

   即可。執行的結果也直接顯示在螢光幕上(參考圖2.24)。

圖2.24　編譯與執行

gcc.exe是專門用來編譯C程式碼的應用程式，你可以在C:\Dev-Cpp\bin資料夾裡找到它。由於你已經修改了Path這個系統變數，因此，雖然現行目錄為C:\C\ch02，作業系統仍能幫你找到gcc這支應用程式來執行編譯工作。

上述編譯方式所產生的執行檔會固定取名為a.exe，你也可以在編譯時加上 −o 參數來指定執行檔名稱，其格式為：

   C:\C\ch02>gcc −o 執行檔名稱 程式名稱.c

例如：

   C:\C\ch02>gcc −o 2_odd_or_even 2_odd_or_even.c

將執行檔名稱指定為2_odd_or_even.exe。請參考下圖：

圖2.25　編譯與執行

你也可以用下列方式來查看gcc的相關參數：

C:\C\ch02>gcc --help

圖2.26　查詢編譯時的參數

最後，我們歸納編譯的語法如下：

【編譯的語法】

```
1. C:>gcc  程式名稱.c                    // 內定執行檔名稱為a.exe
2. C:>gcc  -o  執行檔名稱  程式名稱.c
```

2.6 語法錯誤、語意錯誤和執行時期錯誤

撰寫好C程式後，我們須用編譯程式來進行編譯，如果程式語法正確無誤，就會產生目的碼(.o檔)，再經過連結程式的連結後產生可執行碼(.exe檔)，便可以來執行看看結果是否合乎預期。

進行編譯時，編譯程式能幫我們找出原始碼(.c)中**語法錯誤(Syntax Error)**之處及錯誤原因，你必須針對錯誤之處進行修正，然後再次編譯之。反覆上述動作直到語法完全正確後，編譯器才會產生相對應之目的碼，也才能夠進行連結。

所謂語法錯誤是指程式碼裡有不符合語法規則的情形，例如將

```
// 程式名稱：2_odd_or_even.c
```

寫成

```
程式名稱：2_odd_or_even.c
```

遺漏了單行註解符號「//」，便是屬於語法錯誤。

又如遺漏了分號(;)，「/*」和「*/」沒有成對出現，「{」與「}」沒有成對出現，或將printf誤寫成print等等均屬於語法錯誤。

猜猜看下列敘述是否正確：

```
printf("%d為偶數\n, i);
printf("%d的%d次方=%d\n", 2, 3, 2*2*2);
```

進行程式編譯時須留意以下幾點：

1. 編譯程式可以幫忙找出語法不合規定之處,當語法合乎規定但可能會有異常現象發生時,編譯程式會提出警告訊息,提醒你執行結果可能會有異常;例如:將long int的資料指定給int時(請參考下一章)。

2. 當程式的錯誤很多時,編譯程式可能中斷,不再往下編譯。這時你需要先將部分錯誤程式碼修正,然後再次編譯之。

3. 編譯時所顯示程式錯誤行號不一定是錯誤之處,錯誤的程式碼往往是在該錯誤行號之前。

另一種錯誤稱為**語意錯誤(Semantic Error)**,它是編譯器無法發覺的錯誤,通常是程式邏輯上的錯誤造成程式有不正確的結果,這種不正確的結果不一定可以馬上發覺出來,有可能經過一段時間才被發現,也可能永遠不會被發現。

例如:計算某學生的學期成績,它需要計算(80+90+88+87+90)/5之值,正確的結果為87,但因一時疏忽將它算成(80+90+88+87+90)/6,而得到72.5的錯誤結果。

程式語意上的錯誤通常不易察覺,必須經過完整的測試才可完全避免之。最簡單的測試方法是用printf()敘述將相關變數值列印出來比對,或利用**除錯程式(Debugger)**(例如Dev-C++的除錯功能)來協助除錯。

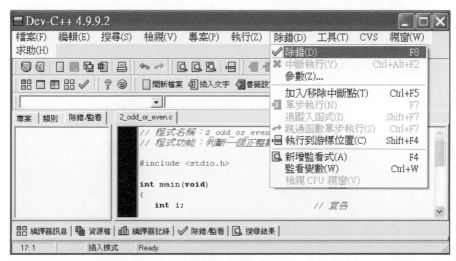

圖2.27 除錯

除了語法錯誤、語意錯誤之外，也可能發生程式**執行時期錯誤(Run Time Error)**，例如：將某數除以零是非常嚴重的錯誤，它會使程式中斷無法繼續執行。因此，程式寫好以後必須多用各種類型的測試資料來測試，以避免之。

2.7 良好的程式應具備哪些風格

設計良好的程式通常須具備下列風格：

1. 程式容易閱讀、容易理解、容易維護

一行只寫一個敘述、敘述不要過於精簡、善用空白行、將程式碼縮排、善用註解、程式模組化、善用函數庫、程式碼再用、避免複雜的巢狀迴圈、避免複雜的控制條件、一致的識別字命名方式、紀錄程式的修改過程、避免傳遞全域變數等等，都是可以降低程式維護成本的良好習慣。此外，也須具備適當的軟體開發文件，尤其資訊系統愈大，就愈顯出文件的重要。

2. 程式容易擴充功能

程式模組化、程式碼再用、善用函數庫等等可以降低程式擴充功能的困難度。

3. 程式有極佳的執行效率

這與所使用的資料結構、演算法及程式執行時所使用到的系統資源多寡有關。

2.8　設計程式的步驟

撰寫(設計)程式的目的是用電腦來解決問題，程式設計的過程主要分成底下幾個步驟：

1.　了解問題

開發大型資訊系統時，系統分析師(或系統設計師)會拜訪客戶，了解使用者的需求，然後撰寫出軟體設計文件及程式規格書。程式設計師再依據上述文件來撰寫程式。撰寫程式前必須充分了解程式所要解決的問題為何？

2.　分析問題

分析程式需要哪些輸入資料？要將這些輸入資料做何種處理？處理的邏輯或規則為何？有沒有什麼限制條件？要輸出哪些資料？輸出格式為何？等等。

3.　設計演算法

演算法是解決問題的處理步驟和方法。它必須滿足下列五個條件：

(1) 輸入資料：輸入資料可有可無。

(2) 輸出資料：至少必須有一個輸出。

(3) 有限性：必須在有限個步驟內解決問題。

(4) 明確性：每一個步驟必須十分明確，不可以模稜兩可。

(5) 有效性：須能確實地解決問題。

4.　善用程式流程圖

初學者可以善用**程式流程圖(Program Flowchart)**來幫助您思考。我們將在下一節介紹程式流程圖。

5.　程式的實作

挑選一種程式語言，撰寫程式碼，然後進行編譯。

6. 編譯與測試

編譯的結果如有語法錯誤，就反覆地進行修改、編譯。完成編譯後，執行看看結果是否和預期的相同，若有差異，那就須再反覆地修改、測試，直到正確、滿意為止。

2.9 程式流程圖是設計程式的好幫手

剛開始學習撰寫程式時比較沒有邏輯概念，往往不知從何下手。這時可以善用程式流程圖來導引您鋪陳程式指令的執行順序。

常用的流程圖符號及其用途如下：

表2.1 程式流程圖的符號及功能

符號	功能	符號	功能
	開始或結束		連接符號
	輸入或輸出		流向符號
	處理		卡片
	決策		人工輸入
	報表、文件		檔案

表2.1 程式流程圖的符號及功能（續）

符號	功能	符號	功能
	螢幕	······	說明
	磁帶		迴圈
	副程式、函數、程序、方法		

我們來看幾個例子吧！

例1： 輸入正整數n，計算1+2+...+n之和。

解答：

　　1．輸入：正整數n。

　　2．處理：計算sum之值，sum=1+2+...+n。

　　3．輸出：sum。

　　完整的處理流程圖請參考圖2.28及圖2.29。

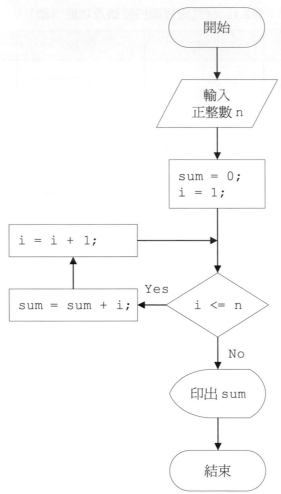

圖2.28　計算1+2+...+n之和

圖2.29是採用迴圈符號來描述，流程圖看起來較為簡潔。

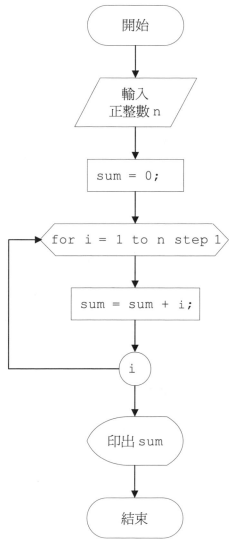

圖2.29 計算1+2+...+n之和

例2： 求兩個正整數x、y的最大公因數。

解答：

　　使用輾轉相除法求兩個正整數的最大公因數之流程如圖2.30。

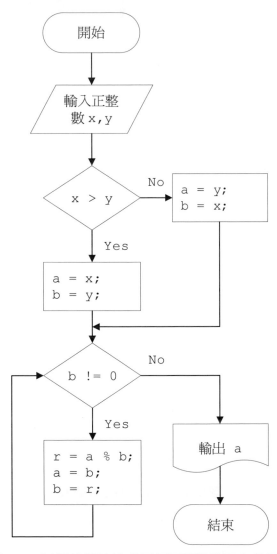

圖2.30 以輾轉相除法求兩個正整數的最大公因數

2.10 學會撰寫程式的秘訣

學會撰寫程式的方法很多，也因人而異，筆者提供一些過來人的經驗如下：

1. **觀摩與模仿**

   一歲大的小孩開始學習說話，他用的方法是：聽大人說，跟著念，試著了解字詞的涵義，記住隻字片語，然後加以運用。

   學習程式語言也是如此，看看他人寫好的程式，試著去了解程式敘述的意義和用法。將他人寫好的程式拿來編譯、執行，看看結果是不是和自己了解的相同，不同的地方做個比較，找出差異所在。

   從觀摩中可以學到一些好的用法，就好比看到文章中的一句好詞，將它記住，以後就可以模仿使用了。

2. **親自動手試試**

   用看的永遠學不會，一定要自己試著寫寫看。真的寫不出來時，就觀摩一下別人的寫法。久而久之，便會有一些心得。此外，從撰寫、編譯、執行等嘗試錯誤的過程，很快就可以學會正確的程式語法了。

3. **由淺入深，循序漸進**

   剛起步時，應該用最簡單的程式語法和最笨的演算法來解決問題，等有了一些基礎之後，再嘗試使用較佳的演算法，和較複雜的程式語法。

4. **掌握「輸入、處理、輸出」三個原則**

   複雜的程式也是由小的程式模組慢慢堆砌而成，每一個小程式模組不外乎執行「輸入(Input)、處理(Process)和輸出(Output)」三件工作，亦即IPO三件工作。

5. 多參考資料結構有關的書籍

資料結構方面的書籍對於建立良好的程式撰寫基礎很有幫助,它可以訓練你的邏輯思考能力,並運用資料結構技巧來解決問題。

2.11 後記

本章介紹C程式語言的演進及特性,我們也用一支極為簡單的程式來說明C程式的風格以及如何編譯和執行C程式。

識別字用於變數、常數、陣列、函數等的命名,長度沒有限制,不過ANSI C只用前31個字元來識別。C語言規定每一個變數在使用之前都必須宣告,且變數名稱有大小寫之分。

每支C程式裡都要有一個main()函數,且程式是從main()函數開始執行。

每一個敘述都要用分號「;」來當作結束符號。

用程式語言所撰寫的程式碼稱為程式原始碼,原始碼必須先經過翻譯,成為機器碼後電腦才能執行。翻譯原始碼的方式有編譯和直譯兩種。

C程式經過編譯之後會產生目的碼(.o),再經過連結程式的連結後產生可執行碼(.exe)才可以拿來執行。

編譯器會指出程式語法不符規定之處以及可能的原因,供你進行修正。但無法幫你找出語意錯誤,語意錯誤需要人工來對程式的執行結果進行測試才可以發現。有時雖經仔細的測試,也很難甚至無法發現。

最後,我們認為一支設計良好的程式應具備容易閱讀、容易維護、容易擴充功能和有極佳的執行效率等等風格。而觀摩與模仿、親自動手試試和掌握輸入、處理、輸出三個原則等等技巧,則是學習撰寫程式的不二法門。

當然,也要善用流程圖來幫助你思考,釐清程式的邏輯和流程。

2.12 習題

1. C程式語言具有哪些特性？

2. C程式語言的單行註解和多行註解符號各為何？

3. 2.4節介紹的C程式2_odd_or_even.c，經過編譯之後會產生一個新檔案，其檔名為何？

4. 將程式2_odd_or_even.c中的「int main(void)」改為「int main()」，看看是否能編譯成功？是否可以執行？

5. 將程式2_odd_or_even.c中的「int main(void)」改為「void main(void)」，「return 0;」改為「//return 0;」，是否能編譯成功？是否可以執行？

6. 試說明「#include <stdio.h>」的意義。

7. 試說明「int main(void)」的意義。

8. 試說明「scanf("%d", &i);」的意義。

9. 試說明「printf("%d為偶數\n", i);」的意義。

10. 比較編譯(Compile)和直譯(Interpret)的差異及優缺點？

11. 何謂語法錯誤(Syntax Error)？試舉例說明之。

12. 何謂語意錯誤(Semantic Error)？試舉例說明之。

13. 何謂執行時期錯誤(Run Time Error)？試舉例說明之。

14. 一支良好的程式通常具備哪些風格？

15. 試寫出「計算1到100間的奇數和」之流程圖？

16. 試寫出「以輾轉相除法求兩個正整數的最大公因數」之流程圖？

17. 試寫出「判斷某數n是否為質數」之流程圖？

18. 試寫出「輸入x、y、z三整數，輸出最大數及最小數」之流程圖？

C 3 Chapter

資料型態與變數

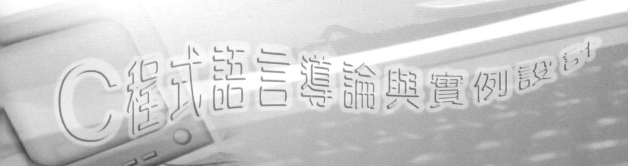

3.1 前言

本章將介紹C語言提供的四種**基本資料型態(Primitive Data Type)**(型態又稱為型別)，它們是：

▶ 整數(Integer)

▶ 浮點數(Floating Point)

▶ 字元(Character)

▶ 布林(Boolean)

關鍵字是C語言語法規則裡的保留字；而識別字是程式設計師撰寫程式時自己取的識別名稱，程式中的識別字有常數名稱、變數名稱、函數名稱等。千萬不可將關鍵字拿來當作識別字使用。

本章學習主題包括：

➡ 基本資料型態

➡ 如何宣告變數(Variables)、常數(Constants)

➡ 關鍵字

➡ 識別字

➡ 衍生資料型態

本書裡所提到的語法中，用中括號[]框住的部分是一個選項(Option)，表示中括號[]裡的語法是可以省略的。

3.2　C的程式結構與宣告敘述

我們上一章所介紹的C程式，其結構大致可歸納如圖3.1。一開始要引入標頭檔，接著是主程式main()，主程式本身也是一個函數結構。主程式裡包含許多程式敘述，前一章已經簡單地介紹過int宣告敘述，printf()、scanf()兩個函數敘述，以及if和return敘述。在C裡，分號(;)是每一條敘述的結束符號，也就是敘述的分隔符號。

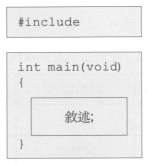

圖3.1　C的程式結構

宣告敘述是本章的主要議題，我們先來看一個例子吧！

如果要你撰寫一支程式，輸入圓形的半徑，然後計算出圓形的面積，再將半徑及圓形的面積一起列印出來，試問你該如何著手呢？

首先，我們知道計算圓形面積的公式為：

圓形面積 = 半徑 × 半徑 × 圓周率。

已知圓周率(π)的值為3.14159，因此，只要再知道半徑的值，便能計算出圓形的面積了。

我們以輸入、處理、輸出三個方向來分析問題：

1.　輸入

唯一的輸入值就是半徑，我們假設半徑是一個整數，整數沒有小數點。

2. 處理

也就是要計算出圓形的面積，亦即計算出「半徑 × 半徑 × 圓周率」之值。圓周率的值為3.14159，它是一個浮點數，因為它有小數點。

3. 輸出

我們要將半徑和圓形面積一起輸出，圓形面積也是一個浮點數。

由以上的分析得知，程式需要用到三個變數，我們規劃變數名稱及其資料型態、預設值如表3.1所示：

表3.1　變數名稱及其資料型態

變數名稱	資料型態	預設值
radius	整數	0
pi	浮點數	3.14159
area	浮點數	0

接著，來看看我們所完成的程式。

範例程式1： 計算圓形的面積

```
1 // 程式名稱：3_area.c
2 // 程式功能：計算圓形的面積
3
4 #include <stdio.h>                    // 載入標頭檔
5
6 int main(void)                        // 主函數
7 {
8     int radius;                       // 宣告變數radius為整數
9     float pi = 3.14159f;              // 宣告變數pi為浮點數
10    float area;                       // 宣告變數area為浮點數
```

```
11
12    printf("請輸入半徑：");              // 輸出
13    scanf("%d", &radius);              // 輸入
14    area = radius * radius * pi;       // 計算圓形面積
15    printf("半徑為%d的圓形，其面積為%f\n", radius, area);
16
17    //system("PAUSE");
18    return 0;                          // 回傳值
19 }
```

【執行結果】

```
請輸入半徑：10
半徑為10的圓形，其面積為314.158997
```

【程式說明】

1. 第8行，用int來宣告變數radius是一個整數，預設值為0。

2. 第9行，用float來宣告變數pi是一個浮點數，並賦予預設值3.14159。等號(=)是一個指定預算子，用來將等號右邊的結果指定給左邊的變數。指定浮點數時，習慣上會在數值後面加上f或F，例如3.14159f或3.14159F。

3. 第10行，用float來宣告變數area是一個浮點數，預設值為0f。

4. 第14行，是圓形面積的計算公式，亦即將radius * radius * pi的結果指定給變數area，等號為指定敘述，用來將等號右邊的計算結果指定給等號左邊的變數。由於radius為整數，pi為浮點數，整數乘浮點數的結果為浮點數，所以area必須宣告為float。

5. 第15行，將radius和area的值列印出來，我們是以整數格式(%d)來列印radius之值，以浮點數格式(%f)來列印area之值，如圖3.2所示。

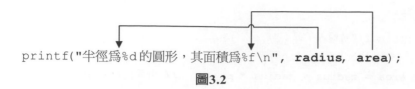

```
printf("半徑爲%d的圓形，其面積爲%f\n", radius, area);
```

圖3.2

上例中， int和float為C語言提供的基本資料型態，資料型態的功能是用來描述資料(變數)的屬性。int和float均為C的關鍵字。

radius、pi和area是我們宣告的變數，變數用來暫存資料，顧名思義，變數的值是可以隨時被改變的。如果變數的值在程式裡永遠保持不變(如本例的pi)，那麼我們就可以將該變數宣告為常數了(詳3.4節)。

3.3 關鍵字與識別字

每一種程式語言都有其特定的**關鍵字(Keyword)**，或稱**保留字(Reserved Word)**。關鍵字是程式語法規則所用到的字，每一個關鍵字都有其特殊意涵，它必須保留給編譯器作為辨識之用。

每一種程式語言的關鍵字都不盡相同，我們將C程式語言的關鍵字詳列於表3.2中。我們將陸續介紹的C語法都會使用到這些關鍵字。

表3.2　C語言關鍵字(保留字)

auto	double	inline	sizeof	volatile
break	else	int	static	while
case	enum	long	struct	_Bool
char	extern	register	switch	_Complex
const	float	restrict	typedef	_Imaginary
continue	for	return	union	
default	goto	short	unsigned	
do	if	signed	void	

程式碼中，除了上述關鍵字以及運算符號、括號、註解等以外的字詞，我們統稱為**識別字(Identifier)**。

識別字，簡單的說就是對程式中需要用到的常數(Constant)、變數(Variable)、函數(Function)、陣列(Array)等名稱的命名。撰寫程式時，不可使用表3.2所列的關鍵字來當作識別字，否則就無法通過編譯器的編譯了。

3.4 變數和常數的宣告

程式的內容主要是由輸入(Input)、處理(Process)、和輸出(Output)三個部分所組成。例如：輸入圓形的半徑，接著計算圓形的面積，然後印出半徑和面積。又如輸入學生學號，接著用學號來搜尋學籍資料，然後印出學生的成績及Email。

撰寫程式時，我們經常使用變數來代表某個記憶體位址，該記憶體是用來存放特定型態的資料(這些資料可能是由鍵盤或檔案輸入)。此外，我們也經常使用變數來當作處理過程中的暫存器，暫時存放一些資料。

變數只是一個記憶體代號，它所代表的資料值隨時可以改變。就像旅館的房間號碼(即變數)只是一個代號，住進該房間的人(即資料值)可能每天都不同。

常數也是記憶體的一個代號，它也是用來存放特定型態的資料，但是它所代表的資料值是固定不變的。

在C程式中，使用變數前都必須宣告它的名稱和所屬的資料型態，最好也一併賦予初值。

識別字(如變數、常數、函數、陣列名稱等)的命名規則如下：

1. 須使用英文字母(a~z，A~Z)、數字(0~9)、底線(_)等符號。

2. 第一個字元必須使用英文字母或底線(_)，且不可使用數字。

3. 英文字母的大小寫是有區別的。

4. 長度沒有限制。

5. 不可將關鍵字拿來當作識別字使用。

舉例來說，下列變數名稱都是正確的識別字用法：

i、j、area、sum、total、sub_total、first_name、_queue、_stack、
week、money、ago、min、max、Min、MAX。

而4season、long、char、a.1、first-name、Lee's等均是錯誤的命名方式。

識別字有大小寫之分，也就是說min、Min、MIN是三個不同的識別
字。習慣上，我們會用大寫英文字母來表示常數。

變數在使用前必須宣告他的資料型態，最好也一併賦予初值。宣告變
數的語法如下：

【宣告變數的語法】

```
1. 資料型態  變數名稱1  [,變數名稱2, ...];      // 只宣告變數的名稱
2. 資料型態  變數名稱1  =  初值1  [,變數名稱2  =  初值2, ...];
   // 宣告時一併賦予初值
```

第1種方法是先宣告變數的名稱，稍後要用時再賦予初值。

第2種方法是在宣告變數名稱的同時就賦予初值。

上述兩種方式可以合併在一起使用，若要同時宣告數個相同資料型態
的變數，可以在變數之間加上逗號(,)。

請注意！正式使用變數之前須賦予該變數一個初值，我們來看以下
範例。

範例程式2： 宣告變數

```
1  // 程式名稱：3_declare1.c
2  // 程式功能：宣告變數
3
4  #include <stdio.h>                    // 載入標頭檔
5
6  int main(void)                        // 主函數
7  {
8      int i, j = 1;
9      int m = i+1, n = j+2;
10
11     printf("i=%d，j=%d\n", i, j);
12     printf("m=%d，n=%d\n", m, n);
13
14     i = 0;
15     m = i + 1;
16     printf("m=%d，n=%f\n", m, n);
17
18     //system("PAUSE");
19     return 0;
20 }
```

【執行結果】

```
i=4206596，j=1
m=4206597，n=3
m=1，n=0.000000
```

【程式說明】

1. 第8行，用int來宣告變數 i 和 j 均為整數，j 的初值為1，我們尚未賦予變數 i 初值。

2. 第9行，用int來宣告變數 m 和 n 均為整數，m 的初值為 i+1，n 的初值為 j+2。

3. 第11行，印出 i、j 之值，結果顯示 i 的值為4206596。很明顯地，超出我們的預期。對大部分程式語言來說，若程式中未賦予變數初值，編譯器會自動賦予，例如Java對於整數變數會指定其初值為0，對於浮點數變數則會指定其初值為0f。C語言比較特別，它強烈要求程式設計師自己賦予變數初值，否則就會如本例得到非預期的結果。

4. 第12行，印出 m、n 之值，m 的值亦非我們所期待。

5. 第14-15行，指定 i 的初值為0，重新計算 m 之值。

6. 第16行，再次印出 m、n 之值，結果顯示 m 的值對了，但 n 的值卻錯了，為什麼呢？這是因為我們錯用%f來列印整數 n 的緣故。將%f改成%d就對了。

```
【宣告常數的語法】

1. #define   常數名稱   常數值[;]              // 用前置處理指令來宣告
2. const   資料型態   常數名稱1  [,常數名稱2, ...];
3. const   資料型態   常數名稱1  =  常數值1  [,常數名稱2  =  常數值2, ...];
                                     // 宣告時一併賦予初值
```

第1種方法是用前置處理程式來宣告常數名稱，同時賦予常數值。請注意！不可寫成：

#define   常數名稱 = 常數值 // 這是錯誤用法

語法裡的中括號表示是個選項，也就是說可有可無之意。因此，這行敘述可以不加分號，也可以加上分號。習慣上，前置處理指令是不加分號的。

第2、3種方法和變數的宣告雷同，只是const關鍵字表示該常數的值是固定不變的，一旦你在程式中去變更常數的值，編譯器便會提出警告訊息。

習慣上，我們會用大寫英文字母來表示常數，但用小寫英文字母也不會有錯。

範例程式3： 宣告常數，計算圓形的面積

```
1  // 程式名稱：3_declare2.c
2  // 程式功能：宣告常數，計算圓形的面積
3
4  #include <stdio.h>                        // 載入標頭檔
5  #define PI 3.14159f                       // 前置處理指令
6
7  int main(void)                            // 主函數
8  {
9      int r = 10;                           // 宣告r為整數變數
10     const float pi = 3.14159f;            // 宣告pi為浮點數常數
11     float area1, area2;
12
13     pi = 3.14f;    // 更改常數之值，編譯時會有警告訊息
14     area1 = r * r * pi;
15     printf("半徑為%d的圓形，其面積為%f\n", r, area1);
16
17     area2 = r * r * PI;
18     printf("半徑為%d的圓形，其面積為%f\n", r, area2);
19
20     //system("PAUSE");
21     return 0;
22 }
```

【執行結果】

半徑為10的圓形，其面積為314.000000
半徑為10的圓形，其面積為314.158997

【程式說明】

1. 第5行，用前置處理指令#define來定義PI是一個浮點數型態的常數，其值為3.14159f。你也可以寫成下列幾種方式：

```
#define PI 3.14159
#define PI 3.14159;
#define PI 3.14159f;
```

2. 第10行，用const來宣告pi是一個浮點數型態的常數，其值為3.14159f。

3. 第13行，將pi的值重新指定為3.14f，由於我們在第10行已經宣告pi為常數，因此，編譯器會提出警告訊息，但還是會將pi的值改為3.14，也會產生執行檔。這點我們從輸出結果便可以看得出來。

有些程式語言(例如Java)不允許再去變更常數值，不過C語言提供程式設計師較大的彈性，可以變更用const宣告的常數值，但用#define定義的常數值就不可以再變更了，使用上要特別小心。

3.5 基本資料型態

撰寫程式是為了處理資料，資料型態(Data Type)(或稱資料型別)專門用來描述資料的屬性，例如整數、浮點數型態的資料可以拿來計算、比較大小。字元型態的資料可以拿來排序、比對，但不可直接拿來計算。

C語言提供的基本資料型態有整數(Integer)、浮點數(Floating Point)、字元(Character)和布林(Boolean)等四種(嚴格來說，只有整數和浮點數兩種，因為C內部是以整數的型式來處理字元和布林)。

此外，還可從上述基本資料型態衍生出陣列(Array)、指標(Pointer)、結構(Structure)和聯合(Union)等資料型態，再搭配堆疊(Stack)、佇列(Queue)、鏈結串列(Linked List)等資料結構的應用，便能設計出多樣化的程式。

C語言提供的關鍵字中與資料型態有關者有：int、char、float、double、long、signed、short、unsigned、_Bool、_Complex和_Imaginarg等，這些關鍵字是用來宣告變數(或常數)的資料型態。

int用來表示整數,並與short、long、signed、unsigned等修飾字搭配使用。

float和double用來表示浮點數,double可以搭配long修飾字。

char用來表示字元,亦即'A'、'@'、'1'、'+'等ASCII字元,在C語言裡乃是將char以整數方式來儲存。

_Bool用來表示布林,布林變數只有兩種值,即true和false。

_Complex用來表示複數。

_Imaginarg用來表示虛數。

請注意!C語言並沒有提供字串(String)資料形態,而是以char陣列來實作字串資料。

⊃3.5.1 整數

1、0、−123、101、−2147483648等均為整數。整數是沒有小數點的數,它可以拿來進行算術運算和比較大小。

int關鍵字用來宣告變數(或常數)的資料型態,若沒有特別宣告則表示該整數可以是一個正整數、負整數或零。換句話說,該整數為一個有符號的整數(即內定為signed)。反之,我們可以用「unsigned int」來宣告無正負號的整數。

除了signed和unsigned之外,int還可與short、long、long long等修飾字搭配,衍生出short int、long int、long long int等許多變化(請參考表3.3、3.4)。

表3.3　C的整數型態

是否有正負號	可搭配的修飾字	整數
signed unsigned	short long long long	int

表3.4　幾種可能的整數宣告

幾種可能的整數宣告	可簡化為
short int	short
int	int
long int	long
long long int	long long
unsigned short int	unsigned short
unsigned int	unsigned
unsigned long int	unsigned long
unsigned long long int	unsigned long long

　　表3.4中，short int可以簡化為short，long int可以簡化為long，依此類推。

　　整數依其所使用的記憶體由小到大分別為short、int、long、long long，它們分別使用16、16/32、64個位元(bits)來表示一個整數。其中int可能為16位元(例如Windows 3.1)或32位元(例如Windows XP)，端視所採用的作業系統而定。

　　整數所使用的記憶體愈大，它所能表示的整數範圍也愈大。例如表3.5中，16位元的short，可以表示出−32768到32767間的整數，亦即，−2^{15}到($2^{15}-1$)間的整數。

同理，32位元的long就能表示出-2^{31}到$(2^{31}-1)$間的整數，亦即，-2147483648到2147483647。

表3.5 表示一個有號整數所需的記憶體大小(位元)及其資料範圍

整數資料型態	PC Windows XP 所佔位元數	ANSI C標準 位元數	資料範圍
char	8	8	-128 ~ 127
short	16	16	-32,768 ~ 32,767
int		16	-32,768 ~ 32,767
int	32		$-2^{31} \sim (2^{31}-1)$
long	32	32	$-2^{31} \sim (2^{31}-1)$
long long	64	64	$-2^{63} \sim (2^{63}-1)$

此外，若是宣告為無號整數，則僅能表示出正整數，且其數值是有號整數的兩倍。例如表3.6中，16位元的unsigned short，可以表示出0U到65535U(即2^{16}-1)間的整數。同理，32位元的unsigned long就能表示出0U ~ 4294967295U(即2^{32}-1)間的整數。在數值後面加上一個「U」或「u」代表unsigned，它只用來表示正整數。

表3.6 表示一個無號整數所需的記憶體大小(位元)及其資料範圍

整數型態	所佔位元數	資料範圍
unsigned char	8	0 ~ 255(即2^8-1)
unsigned short	16	0 ~ 65,535(即2^{16}-1)
unsigned int	16或32	0 ~ 65,535(即2^{16}-1)或 0 ~ 4,294,967,295(即2^{32}-1)
unsigned long	32	0 ~ 4,294,967,295(即2^{32}-1)
unsigned long long	64	0 ~ 2^{64}-1

　　將常數值(例如5.8)指定給整數變數時，編譯器會自動地取常數值的整數部分(即5)來指定給整數變數。

範例程式4： 整數的宣告與應用

```
1  // 程式名稱：3_integer1.c
2  // 程式功能：整數的宣告與應用
3
4  #include <stdio.h>
5
6  int main(void)
7  {
8      int i, j;
9
10     i = 10;
11     printf("%d的平方為%d\n", i, i*i);
12
13     j = i + 5.2;
14     printf("i=%d，j=%d\n", i, j);
15
16     j = i + 5.8;
17     printf("i=%d，j=%d\n", i, j);
18
19     int m, n;
20
21     m = n = i * j;
22     printf("m=%d，n=%d\n", m, n);
23
24     //system("PAUSE");
25     return 0;
26 }
```

【執行結果】

```
10的平方為100
i=10，j=15
i=10，j=15
m=150，n=150
```

【程式說明】

1. 第13行，由於 j 為整數，系統會將5.2強迫取整數(非四捨五入)，得到5，再將5與整數 i 之值(10)相加，得到15。最後，才將15指定給變數 j。

2. 第16行，由於 j 為整數，系統會將5.8強迫取整數(非四捨五入)，得到5，再將5與整數 i 之值(10)相加，得到15。最後，才將15指定給變數 j。

3. 第21行，將 i * j 的結果指定給變數 n，亦即將10 * 15的結果150指定給變數 n。然後再將 n 之值指定給變數 m。

除了用10進位來指定整數值外，也可以用8進位和16進位來指定。

1. 以8進位值指定之：

其格式為 0ddd，編譯器會將數字0後的ddd視為8進位整數。

例如：編譯器會將0101視為10進位的65，因為8進位101相當於10進位的65(即$1*8^2+1*8^0$)。

2. 以16進位值指定之：

其格式為0xdddd或0Xdddd，編譯器會將數字0x(或0X)後的dddd視為16進位整數。

例如：編譯器會將0X0041視為10進位的65，因為16進位41相當於10進位的65(即$4*16^1+1*16^0$)。

我們稱上述的「0」、「0x」、「0X」為前置符號。

整數可以用10進位、8進位和16進位來指定，輸出時也可以10進位、8進位和16進位方式來輸出，其格式如表3.7所示。

表3.7　輸出int時，常用的轉換指定詞(又稱為格式指示符號)

轉換指定詞	意義
%d	以10進位格式輸出int
%o	以8進位格式輸出int
%x	以16進位格式輸出int
%X	以16進位格式輸出int
%#o	以0ddd格式輸出int
%#x	以0xdddd格式輸出int
%#X	以0Xdddd格式輸出int

範例程式5： 整數的指定方式

```
1  // 程式名稱：3_integer2.c
2  // 程式功能：整數的指定方式
3
4  #include <stdio.h>
5
6  int main(void)
7  {
8      int i, j, k, l;
9
10     i = 65;            // 以10進位指定
11     j = 0101;          // 以8進位指定
12     k = 0x0041;        // 以16進位指定
13     l = 0X0041;        // 以16進位指定
14
15     printf("i=%d，j=%d，k=%d，l=%d\n", i, j, k, l);
```

```
16     printf("i=%d，i=%o，i=%x，l=%d\n", i, i, i, l);
17     printf("i=%d，i=%#o，i=%#x，i=%#X\n", i, i, i, i);
18
19     //system("PAUSE");
20     return 0;
21 }
22
```

【執行結果】
i=65，j=65，k=65，l=65
i=65，i=101，i=41，l=65
i=65，i=0101，i=0x41，i=0X41

【程式說明】

1. 第11行，8進位101相當於10進位的65(即$1*8^2+1*8^0$)。

2. 第12行，16進位0x0041也相當於10進位的65(即$4*16^1+1*16^0$)。

3. 第13行，16進位0X0041也相當於10進位的65(即$4*16^1+1*16^0$)。

4. 第16行，將整數變數 i、i、i、l 之值分別以10進位、8進位、16進位、10進位輸出。

5. 第17行，將整數變數 i、i、i、i 之值分別以10進位、8進位、16進位、16進位輸出，其中8進位和16進位須分別帶前置符號「0」和「0x」、「0X」。

除了用前置符號「0」來代表8進位數，用「0x」或「0X」來代表16進位整數之外，也可以用後置符號「1」或「L」來代表long型態的整數，用後置符號「u」或「U」來代表Unsigned整數，其格式及範例如表3.8所示。

表3.8　整數的後置符號

後置符號	意義	範例
l 或 L	代表long型態整數	8l 8L 123ll 123LL
ll 或 LL	代表long long型態整數	8ull 8uLL 88LLU
u 或 U	代表Unsigned型態整數	88llU 0123L 0x123UL

表3.9　輸出整數時，常用的轉換指定詞(d、h、l、o、x、u只能用小寫字母)

轉換指定詞	意義
%hd	以10進位格式輸出short int
%ho	以8進位格式輸出short int
%u	以10進位格式輸出unsigned int
%ld	以10進位格式輸出long
%lo	以8進位格式輸出long
%lu	以10進位格式輸出unsigned long
%lx	以16進位格式輸出long
%lld	以10進位格式輸出long long
%llu	以10進位格式輸出unsigned long long

範例程式6： 整數的指定及輸出格式

```c
1 // 程式名稱：3_integer3.c
2 // 程式功能：整數的指定及輸出格式
3
4 #include <stdio.h>
5
6 int main(void)
7 {
8     short int v0;
9     long v1, v2, v9;
10    long long v3, v4, v10;
11    unsigned long long v5, v6, v7, v8;
12
13    v0 = 8;
14    v1 = 8l;
15    v2 = 8L;
16    v3 = 123ll;
17    v4 = 321LL;
18    v5 = 8ull;
19    v6 = 8uLL;
20    v7 = 88LLU;
21    v8 = 88llU;
22    v9 = 0123L;
23    v10 = 0x123UL;
24
25    printf("v0=%hd\n", v0);
26    printf("v1=%ld\n", v1);
27    printf("v2=%ld\n", v2);
28    printf("v3=%lld\n",v3);
29    printf("v4=%lld\n", v4);
30    printf("v5=%llu\n", v5);
31    printf("v6=%llu\n", v6);
32    printf("v7=%llu\n", v7);
33    printf("v8=%llu\n", v8);
```

```
34      printf("v9=%#lo\n", v9);
35      printf("v10=%#lx\n",v10);
36
37      //system("PAUSE");
38      return 0;
39  }
```

【執行結果】

```
v0=8
v1=8
v2=8
v3=123
v4=321
v5=8
v6=8
v7=88
v8=88
v9=0123
v10=0x123
```

【程式說明】

1. 第25-35行，輸出格式中d、h、l、o、x、u只能用小寫字母。

sizeof是C語言的內建運算子，利用sizeof可以得知short、int、long、long long、float、double、long double等資料型態所使用記憶體大小，可以得知某變數所使用記憶體大小，其格式為：

【使用sizeof的語法】

```
1. sizeof(資料型態)
2. sizeof  資料型態
3. sizeof(變數名稱)
4. sizeof  變數名稱
```

sizeof所得之結果為位元組數(Bytes)。

範例程式7： 整數所使用的位元組數

```c
 1 // 程式名稱：3_sizeof_int.c
 2 // 程式功能：整數所使用的位元組數
 3
 4 #include <stdio.h>
 5
 6 int main(void)
 7 {
 8    short i;
 9    int j;
10    unsigned long k;
11
12    printf("變數i\t使用%d個位元組(Bytes)記憶體\n", sizeof(i));
13    printf("變數j\t使用%d個位元組(Bytes)記憶體\n", sizeof j);
14    printf("變數k\t使用%d個位元組(Bytes)記憶體\n", sizeof k);
15    printf("short\t使用%d個位元組(Bytes)記憶體\n", sizeof(short));
16    printf("int\t使用%d個位元組(Bytes)記憶體\n", sizeof(int));
17    printf("long\t使用%d個位元組(Bytes)記憶體\n", sizeof(long));
18    printf("long long使用%d個位元組(Bytes)記憶體\n", sizeof(long long));
19
20    //system("PAUSE");
21    return 0;
22 }
```

【執行結果】

變數 i	使用2個位元組(Bytes)記憶體
變數 j	使用4個位元組(Bytes)記憶體
變數 k	使用4個位元組(Bytes)記憶體
short	使用2個位元組(Bytes)記憶體
int	使用4個位元組(Bytes)記憶體
long	使用4個位元組(Bytes)記憶體
long long	使用8個位元組(Bytes)記憶體

【程式說明】

1. 以筆者使用的個人電腦而言，short使用2個位元組，int和long都使用4個位元組，而long long 則使用8個位元組。

在使用整數資料型態時還有幾點須特別留意：

1. C預期最常用的整數型態為int，處理int的速度較short來得快些，因此，C會自動地將short轉成int來處理。

2. 不匹配的轉換指定詞將會產生不可預期輸出的結果。

3. 盡量避免溢位(Overflow)的發生。

範例程式8： 溢位

```c
 1 // 程式名稱：3_overflow.c
 2 // 程式功能：溢位
 3
 4 #include <stdio.h>
 5
 6 int main(void)
 7 {
 8     short i;
 9     unsigned short j;
10
11     i = 32767;
12     printf("i=%hd i+1=%hd i+2=%hd\n", i, i+1, i+2);
13     printf("i=%d i+1=%d i+2=%d\n\n", i, i+1, i+2);
14
15     j = 65535;
16     printf("j=%hu j+1=%hu j+2=%hu\n", j, j+1, j+2);
17     printf("j=%d j+1=%d j+2=%d\n", j, j+1, j+2);
18
19     //system("PAUSE");
20     return 0;
21 }
```

【執行結果】

```
i=32767 i+1=-32768 i+2=-32767
i=32767 i+1=32768 i+2=32769

j=65535 j+1=0 j+2=1
j=65535 j+1=65536 j+2=65537
```

【程式說明】

1. 第8行，變數i屬於short資料型態，可以表示的資料範圍為 -32768~32767。

2. 第11行，變數i的初值為32767。

3. 第12行，以%hd格式分別輸出i、i+1、i+2之值，結果分別為32767、 -32768、-32767。這是因為32767已經是i的最大值，i+1的結果 產生溢位，反而變成short的最小值(即-32768)。

4. 第13行，改以%d格式分別輸出i、i+1、i+2之值，結果分別為32767 、32768、32769。這是因為C自動地將short轉成int，當以%d來看i 時，其值為32767。當以%d來看i+1時，其值為32767+1(即32768)。 由此可見，不匹配的轉換指定詞將會產生不可預期輸出的結果。

5. 第9行，變數j屬於unsigned short資料型態，可以表示的資料範圍為 0~65535。第15行，變數j的初值為65535。

6. 第16行，以%hu格式分別輸出j、j+1、j+2之值，結果分別為65535 、0、1。這是因為65535已經是j的最大值，i+1的結果產生溢位， 反而變成unsigned short的最小值(即0)。

⊃3.5.2 浮點數

3.14159、$1.01*10^3$、1.01E3、5.858E-15等均為浮點數,其中,3.14159是一般記號表示法,$1.01*10^3$是科學記號表示法,1.01E3則是指數記號表示法。在C語言裡採用一般記號和指數記號兩種表示法。

浮點數(Floating Point) 又稱為**實數(Real Number)**,它是有小數點的數,可以拿來進行算術運算,也可以用來比較大小。

浮點數和整數的差異主要如下:

1. 整數沒有小數點,浮點數有小數點。

2. 兩者儲存方式不同。整數分成正負號和整數兩個部分,或單純的整數不含正負號。浮點數則一律分成正負號、小數和指數三個部分來儲存。

3. 浮點數所能表現的資料範圍比整數來得大。

4. 整數的運算速度比浮點數快。

5. 浮點數在做減法、除法運算時精確度容易失真。

浮點數依其所使用的記憶體由小到大分別為float(單精確度)和double(雙精確度)和long double(擴充精確度)等三種。其中,float、double、long均為C語言的關鍵字。

float使用32個位元來表示一個浮點數,有6位有效數字,指數介於10^{-37}到10^{38}之間。

double使用64個位元來表示一個浮點數,有15位有效數字,指數介於10^{-307}到10^{308}之間。

long double使用80個位元來表示一個浮點數,有19位有效數字,指數介於10^{-4931}到10^{4932}之間。

有效數字愈多,表示精確度愈高;指數愈大,表示所能處理的浮點數也愈大。

表3.10　浮點數所需的記憶體大小(位元)及其資料範圍

浮點數資料型態	PC Windows XP 所佔位元數	資料範圍
float	32	1.17549e-37至3.40282e+38
double	64	2.22507e-307至1.79769e+308
long double	80	3.3621e-4931至1.18973e+4932

輸入浮點數的格式為：

【輸入浮點數的格式】

```
1. [±]整數.小數[f]          // f 可以改用 F
2. [±]整數.小數[l]          // l 可以改用 L
3. [±]整數.小數[e[±]]指數   // e 可以改用 E
```

其中f、F、l、L均為後置符號，f、F用來表示float型態，l、L用來表示long double型態。

以下均為正確的浮點數：

3.14;　　　　　　// 或 3.14f;
1.23456789F;　　// 或 1.23456789
－1.23e－5　　　// 或 －1.23E－5
1.2345678E5　　 // 或 1.2345678e5
2.　　　　　　　// 或 2
2e2　　　　　　 // 或 2.e2
.123e2　　　　　// 或 .123e+2

若沒有特別指定，編譯器會以double來處理浮點數。例如，編譯器會自動地將3.14轉成double來處理，而以float格式來處理3.14f。

float、double、long double均可用%f和%e格式來輸出。

表3.11　輸出浮點數時，常用的轉換指定詞

輸出格式	意義
%f	以一般記號表示法輸出浮點數
%e或%E	以指數記號表示法輸出浮點數

範例程式9： 浮點數

```
1  // 程式名稱：3_float1.c
2  // 程式功能：浮點數
3
4  #include <stdio.h>
5
6  int main(void)
7  {
8     float f1 = 3.14f;           // 或 float f1 = 3.14;
9     float f2 = 1.23456789F;     // 或 float f2 = 1.23456789;
10    float f3 = -1.23e-5;        // 或 float f3 = -1.23E-5;
11    float f4 = 1.2345678E5;     // 或 float f4 = 1.2345678e5;
12    float f5 = 2.;              // 或 float f5 = 2;
13    float f6 = 2e2;             // 或 float f6 = 2.e2;
14    float f7 = .123e2;          // 或 float f7 = .123E2;
15    printf("f1=%f   f1=%e\n", f1, f1);
16    printf("f2=%f   f2=%e\n", f2, f2);
17    printf("f2=%2.3f   f2=%2.3e\n", f2, f2);
18    printf("f3=%f   f3=%e\n", f3, f3);
19    printf("f4=%.1f   f3=%.1e\n", f4, f4);
20    printf("f5=%f   f5=%e\n", f5, f5);
21    printf("f6=%f   f6=%e\n", f6, f6);
22    printf("f7=%f   f7=%e\n\n", f7, f7);
23
24    double d1 = 1.23456789012345;
25    double d2 = -1.23456789012345e10;
```

```
26    printf("d1=%f  d1=%e\n", d1, d1);
27    printf("d2=%f  d2=%e\n", d2, d2);
28
29    //system("PAUSE");
30    return 0;
31 }
```

【執行結果】

```
f1=3.140000   f1=3.140000e+000
f2=1.234568   f2=1.234568e+000
f2=1.235   f2=1.235e+000
f3=-0.000012   f3=-1.230000e-005
f4=123456.8   f3=1.2e+005
f5=2.000000   f5=2.000000e+000
f6=200.000000   f6=2.000000e+002
f7=12.300000   f7=1.230000e+001


d1=1.234568   d1=1.234568e+000
d2=-12345678901.234501   d2=-1.234568e+010
```

【程式說明】

1. 第8-9行，其中後置符號f和F均可用來表示float型態的浮點數。以 %f、%e輸出float型態的資料時，內定小數點之後取6位(第7位四捨五入)，因此，第16行f2的輸出結果為f2=1.234568。

2. 第17行，%2.3f乃以小數點之後取3位(第4位四捨五入)來輸出f2，輸出結果為f2=1.235。

3. 第18行，以%f輸出f3時，小數點最後的3被捨棄了，若改以%e(指數)格式輸出，就能保留3。

4. 以%f、%e輸出double型態的資料時，內定小數點之後取6位(第7位四捨五入)。

範例程式10： 浮點數的精確度

```c
1 // 程式名稱：3_float2.c
2 // 程式功能：浮點數的精確度
3
4 #include <stdio.h>
5
6 int main(void)
7 {
8    float area_f1, area_f2;
9    double area_d;
10
11    area_f1 = 123.123f * 3.14159f;
12    area_f2 = 123.123 * 3.14159;
13    area_d  = 123.123 * 3.14159;
14
15    printf("area_f1=%f  area_f1=%e\n", area_f1, area_f1);
16    printf("area_f2=%f  area_f2=%e\n", area_f2, area_f2);
17    printf("area_d =%f  area_d =%e\n", area_d, area_d);
18
19    system("PAUSE");
20    return 0;
21 }
```

【執行結果】

```
area_f1=386.802002  area_f1=3.868020e+002
area_f2=386.801971  area_f2=3.868020e+002
area_d =386.801986  area_d =3.868020e+002
```

【程式說明】

1. 第11行，編譯器會將123.123和3.14159都以float型態來儲存，然後進行乘法計算，其結果亦以float型態儲存，最後再將結果指定給變數area_f1。

2. 第12行，編譯器會將123.123和3.14159都轉為double型態，然後進行乘法計算，其結果亦以double型態儲存，最後將結果指定給變數area_f1時須轉成float型態。

3. 第13行，編譯器會將123.123和3.14159都轉為double型態，然後進行乘法計算，其結果亦以double型態儲存，最後再將結果指定給變數area_d。

4. 我們發現三者輸出結果不盡相同，其中以area_d的輸出結果最為精確，因為double型態的精確度高於float。

範例程式11： 浮點數的溢位與捨去誤差

```
1 // 程式名稱：3_float3.c
2 // 程式功能：浮點數的溢位與捨去誤差
3
4 #include <stdio.h>
5
6 int main(void)
7 {
8     float f;
9     f = 3.40282e+38 * 3.40282e+38;      // 產生溢位
10    printf("f =%f  f =%e\n", f, f);
11
12    float f1, f2;
13    f1 = 1.0e10 + 1.0;                   // 產生捨去誤差
14    f2 = f1 - 1.0e10;                    // 產生捨去誤差
15    printf("f1=%f  f1=%e\n", f1, f1);
16    printf("f2=%f  f2=%e\n", f2, f2);
17
18    double d1, d2;
19    d1 = 1.0e10 + 1.0;                   // 不會產生捨去誤差
20    d2 = d1 - 1.0e10;                    // 不會產生捨去誤差
21    printf("d1=%f  d1=%e\n", d1, d1);
```

```
22    printf("d2=%f  d2=%e\n", d2, d2);
23
24    //system("PAUSE");
25    return 0;
26 }
```

【執行結果】

```
f =1.#INF00   f =1.#INF00e+000
f1=10000000000.000000   f1=1.000000e+010
f2=0.000000   f2=0.000000e+000
d1=10000000001.000000   d1=1.000000e+010
d2=1.000000   d2=1.000000e+000
```

【程式說明】

1. 第8-9行，當變數f之值產生溢位時，其輸出結果將以#INF表示之。

2. 第12-14行，由於float資料型態的精確度只有6位，因此，處理太大或太小的數時容易產生捨棄誤差。

3. 第18-20行，改以double資料型態後就不容易產生捨棄誤差，因為double的精確度比較高。

⊃3.5.3 字元

'A'、'@'、'1'、'+' 等均屬於字元型態的資料，字元型態的資料是用char來宣告，它用來表示「單一字元」而非字串。字元資料可以拿來進行算術運算，也可以用來比較大小。

在C語言裡，char資料是以整數的方式來儲存。一般而言，電腦是用8個位元來儲存一個字元，因此，最多可以表示出0到255等共256種字元資料。

ASCII編碼表(參考附錄2)是我們最常用的字元集，由美國國家標準局所制定的**ASCII編碼表(American Standard Code for Information**

Interchange，**美國資訊交換標準碼)**是目前電腦和電腦間資料交換最被廣泛採用的格式之一，許多電腦的文字檔是直接以ASCII碼為其內碼，以便於交換。

ASCII碼有7個位元和8個位元(又稱延伸ASCII碼)兩種編碼形式，編碼範圍從0到127共128個字元，主要有大小寫英文字母、數字、特殊符號和控制碼，編碼值大於128的字元，則為一些圖形符號。

ASCII碼的詳細編碼內容請參考附錄2，其字元可歸納為：

1. 控制及通訊字元(共34個)：編號0～32及編號127。

2. 阿拉伯數字(共10個)：編號48～57。

3. 大寫英文字母(共26個)：編號65～90。

4. 小寫英文字母(共26個)：編號97～122。

5. 符號(共32個)：編號33～47，編號58～64，編號91～96，編號123～126。

ASCII是以整數來編碼，例如0代表null(空字元)，7代表bell(發出嗶一聲)，10代表line feed(換行)，48到57分別代表 '0' 到 '9'，61代表'='，65到90分別代表 'A' 到 'Z'，97到122則分別代表 'a' 到 'z'。

表示字元的方法有底下幾種：

1. 用單引號框住字元，例如：'A'。

2. 用10進位表示字元，例如：65代表ASCII編碼表中編號為65的字元，亦即'A'。

3. 用8進位表示字元，例如：'\101'和0101都是代表ASCII編碼表中編號為65的字元，亦即'A'。

4. 用16進位表示字元，例如：'\x0041'和0x0041都是代表ASCII編碼表中編號為65的字元，亦即'A'。

範例程式12：字元

```
 1 // 程式名稱：3_char1.c
 2 // 程式功能：字元
 3
 4 #include <stdio.h>
 5
 6 int main(void)
 7 {
 8    char char1, char2, char3, char4, char5, char6;
 9
10    char1 = 'A';                // 直接以單引號指定
11    char2 = 65;                 // 以10進位指定
12    char3 = '\101';             // 以8進位指定
13    char4 = 0101;               // 以8進位指定
14    char5 = '\x0041';           // 以16進位指定
15    char6 = 0x0041;             // 以16進位指定
16
17    printf("char1=%c  char1=%d\n", char1, char1);
18    printf("char2=%c  char2=%d\n", char2, char2);
19    printf("char3=%c  char3=%d\n", char3, char3);
20    printf("char4=%c  char4=%d\n", char4, char4);
21    printf("char5=%c  char5=%d\n", char5, char5);
22    printf("char6=%c  char6=%d\n", char6, char6);
23
24    //system("PAUSE");
25    return 0;
26 }
```

【執行結果】

```
char1=A   char1=65
char2=A   char2=65
char3=A   char3=65
char4=A   char4=65
char5=A   char5=65
char6=A   char6=65
```

【程式說明】

1. 第14行，'\x0041'也可寫成'\x41'。

2. 第15行，0x0041也可寫成0x41。

從以上的範例我們知道，char1 = 'A'的意義相當於 char1 = 65，使用前者比較方便，因它不須查ASCII字碼表。同理，我們也可以用char1 = '?' 來將字元'?'指定給char1，那麼「char1 = ''';」的意義又是如何呢？

事實上，它是不正確的用法，因為「'」為**跳脫字元(Escape Character)**，使用跳脫字元時必須加上倒斜線「\」，例如：

```
char1 = '\'';
```

才是正確的用法，其意義是將倒斜線之後的單引號字元指定給變數char1。除了「'」之外，還有許多跳脫字元詳列於表3.12。其他跳脫字元的指定方式請看以下範例。

表3.12　跳脫字元(Escape Character)

字元	意義
\'	輸出單引號
\"	輸出雙引號
\\	輸出反斜線
\?	輸出問號
\a	發出嗶一聲
\b	倒退一格
\f	換頁，游標移到下一頁之首
\n	換行，游標移到下一行之首
\r	游標移本行之首
\t	水平跳格(Tab鍵)

表3.12　跳脫字元(Escape Character)(續)

字元	意義
\v	垂直跳格
\0ddd	8進位
\0xdddd	16進位

範例程式13： 跳脫字元

```
1  // 程式名稱：3_char2.c
2  // 程式功能：跳脫字元
3
4  #include <stdio.h>
5
6  int main(void)
7  {
8     char char1, char2, char3, char4, char5, char6;
9
10    char1 = 'a';
11    char2 = '?';
12    char3 = '\'';   // 不可寫成 char3 = ''';
13    char4 = '\"';   // 可以寫成 char4 = '"';
14    char5 = '\\';   // 不可寫成 char5 = '\';
15    char6 = '\n';
16
17    printf("ASCII編碼%d的字元為%c\n", char1, char1);
18    printf("ASCII編碼%d的字元為%c\n", char2, char2);
19    printf("ASCII編碼%d的字元為%c\n", char3, char3);
20    printf("ASCII編碼%d的字元為%c\n", char4, char4);
21    printf("ASCII編碼%d的字元為%c\n", char5, char5);
22    printf("ASCII編碼%d的字元為換行%c\n", char6, char6);
23    printf("\"我開始喜歡學習C程式語言！\"%c", char6);
24
25    //system("PAUSE");
26    return 0;
27  }
```

【執行結果】

```
ASCII編碼97的字元為a
ASCII編碼63的字元為?
ASCII編碼39的字元為'
ASCII編碼34的字元為"
ASCII編碼92的字元為\
ASCII編碼10的字元為換行
                          ← 這裡空了一行

"我開始喜歡學習C程式語言！"
```

【程式說明】

1. 第15行，「char6 = '\n';」中的跳脫字元「\n」乃是代表換行。

2. 第22行，第一個char6是以%d格式輸出，輸出10，因為「\n」乃是 ASCII編碼表中編號為10的字元。當以%c格式輸出第二個char6時，乃是要輸出「\n」，亦即將游標跳到下一行之首。換句話說，本行 敘述相當於：

   ```
   printf("ASCII編碼%d的字元為換行\n\n", char6);
   ```

3. 第23行，使用「\"」來將「我開始喜歡學習C程式語言！」前後加上 雙引號，同理，本行敘述相當於：

   ```
   printf("\"我開始喜歡學習C程式語言！\"\n");
   ```

⊃3.5.4 布林

布林型態的資料是用_Bool來宣告，只需用一個位元組來儲存。

布林型態的資料只有「false(假)」或「true(真)」兩種值，C語言將0視 為false，將非0均視為true(習慣上，我們用1來表示true)。其中，true和false 均非C的關鍵字。

為了與C++相容，C99標準在stdbool.h標頭檔裡定義了true和flase兩個常數，並且可以使用bool來代替_Bool。載入stdbool.h之後，在C程式中便可將bool、true、false視為關鍵字，並且該程式可以與C++相容。

布林型態變數通常用於迴圈(Loop)敘述中條件的判斷，當作旗標(Flag)來控制程式流程的分歧(Branch)、或跳躍(Jump)。

範例程式14： 布林

```
1  // 程式名稱：3_boolean1.c
2  // 程式功能：布林
3
4  #include <stdio.h>
5
6  int main(void)
7  {
8      _Bool flag1, flag2, flag3;
9
10     flag1 = 0;    // false
11     flag2 = 1;    // true
12     flag3 = 2;    // true
13
14     if(flag1) printf("flag1=true\n");
15     else      printf("flag1=flase\n");
16
17     if(flag2) printf("flag2=true\n");
18     else      printf("flag2=flase\n");
19
20     if(flag3) printf("flag3=true\n");
21     else      printf("flag3=flase\n");
22
23     printf("sizeof _Bool is %d\n", sizeof flag1);
24
25     //system("PAUSE");
26     return 0;
27 }
28
```

【執行結果】

```
flag1=flase
flag2=true
flag3=true
sizeof _Bool is 1
```

【程式說明】

1. 第14-15行，由於flag1之值為0，代表false，執行第15行印出 flag1=flase。

2. 第17-18行，C將0以外的值均視為true，因此，印出flag2=true。

3. 第23行，布林型態的變數flag1使用一個位元組來儲存。

範例程式15： 布林

```
1  // 程式名稱：3_boolean2.c
2  // 程式功能：布林
3
4  #include <stdio.h>
5  #include <stdbool.h>
6
7  int main(void)
8  {
9      bool flag1 = true, flag2 = false;
10
11     printf("flag1=%d\nflag2=%d\n", flag1, flag2);
12     printf("sizeof bool is %d\n", sizeof flag1);
13
14     //system("PAUSE");
15     return 0;
16 }
```

【執行結果】

```
flag1=1
flag2=0
sizeof bool is 1
```

【程式說明】

1. 第5行，載入stdbool.h。

2. 第9行，可以改用bool來宣告布林變數，並且可以直接使用true和false來指定布林變數值。

3. 第11行，內定true的輸出結果為1，false的輸出結果為0。

3.6 衍生資料型態

除了基本資料型態之外，我們先來介紹兩種衍生資料型態。

3.6.1 字串

字元型態僅用來表示「單一字元」，字串則須用字元陣列來表示。

字串是多個字元型態資料的集合，不可以直接拿來進行算術運算，但可以比較字串的大小以進行排序。

字元須用兩個單引號框住(例如'A'、'@'等)，而字串則須用雙引號框住(例如"John"、"The C Programming Language"、"A"等)。

編譯器在處理字串資料時會自動地在字串的尾端加上一個null字元(即 '\0'，ASCII 0)來作為字串的結束符號。因此，字串

```
"C Language"
```

會被儲存成圖3.3之格式，該字串從最左邊的字元 'C' 到最右邊的字元 'e' 共計10個字元，因此，字串的總長度為10。

儲存字串時有兩個特性：

1. 從字元陣列的第0號位置開始儲存。

2. 編譯器會在字串的結尾處自動地存入 '\0' 來當作字串的結束符號。

3. 陣列的大小(或長度)至少須為字串長度加1。

我們將在第9章、第10章分別介紹陣列和字串用法，在此我們先舉一個簡單例子來感受一下字串的涵義。首先，我們需要用一個字元陣列來儲存字串。

```
char s1[15];
```

其涵義如下：

1. s1是一個char型態的一維陣列，陣列的大小(或稱長度)為15。

2. 換句話說，s1陣列共有15個元素，每一個元素都只能存放一個字元型態的資料。

圖3.3是將字串"C Language"儲存於字元陣列 s1 之結構，s1 共計有15個元素，元素的編號從0到14。請注意！第10個字元存放的null字元('\0')為字串結束符號。

0	1	2	3	4	5	6	7	8	9	10	11	12	13	14
C		L	a	n	g	u	a	g	e	\0				

圖3.3　字串"C Language"儲存在字元陣列s1[15]之結構

strlen()是C語言內建的字串函數，它可以傳回某字串的長度，長度的計算並不包括字串結束符號 '\0'。

strlen()函數的原型記載在標頭檔string.h裡，使用strlen()時須用#include 將 string.h載入。

【使用strlen()的語法】

```
1. strlen(字串變數名稱);
2. strlen(字串);
```

以圖3.3為例，strlen(s1)的結果為10，而sizeof(s1) 的結果為15。此外，轉換指定詞%s專門用來輸出字串資料。

範例程式16： 字串

```c
 1 // 程式名稱：3_string1.c
 2 // 程式功能：字串
 3
 4 #include <stdio.h>
 5 #include <string.h>
 6
 7 int main(void)
 8 {
 9     char s1[15] = "C Language";
10     int i;
11
12     i = strlen(s1);
13     printf("字元陣列s1的大小為%d\n", sizeof(s1));
14     printf("字串\"%s\"共有%d個字元，其長度為%d\n\n", s1, i, i);
15
16     char s2[] = "C Language";
17     printf("字元陣列s2的大小為%d\n", sizeof(s2));
18     printf("字串\"%s\"共有%d個字元，其長度為%d\n\n", s2, strlen(s2),
19         strlen(s2));
20
21     char s3[] = {'A','B','C','\0'};
22     printf("字元陣列s3的大小為%d\n", sizeof(s3));
23     printf("字串\"%s\"共有%d個字元，其長度為%d\n\n", s3, strlen(s3),
24         strlen(s3));
25
```

```
26      printf("字串\"%s\"的長度為%d\n", "123", strlen("123"));
27
28      //system("PAUSE");
29      return 0;
30 }
```

【執行結果】

字元陣列s1的大小為15
字串"C Language"共有10個字元，其長度為10

字元陣列s2的大小為11
字串"C Language"共有10個字元，其長度為10

字元陣列s3的大小為4
字串"ABC"共有3個字元，其長度為3

字串"123"的長度為3

【程式說明】

1. 第5行，標頭檔string.h裡提供了strlen()函數的原型。

2. 第9行，宣告 s1 是一個擁有15個元素的char型態陣列，並將字串"C Language"指定給s1。

3. 第12行，用strlen(s1)取得 s1 裡實際儲存字串的長度，得到10，亦即指"C Language"共有10個字元。

4. 第13行，用sizeof(s1)取得 s1 的大小，得到15，亦即第9行所宣告之陣列大小。

5. 第14行，輸出字串資料時須使用%s格式。

6. 第16行，宣告字元陣列時若沒有指定陣列的大小，則將以存放字串的長度加1為陣列大小。因此，第17行輸出s2的大小為11。

7. 第21行，是另外一種指定方式，一個字元接著一個字元指定，這種
   方式最後必須自行加上null字元。

範例程式17： 字串

```c
 1 // 程式名稱：3_string2.c
 2 // 程式功能：字串
 3
 4 #include <stdio.h>
 5 #include <string.h>
 6 #define INPUT1 "請輸入科系:"
 7 #define INPUT2 "你輸入的是:"
 8
 9 int main(void)
10 {
11     char s1[30];
12
13     printf("%s", INPUT1);
14     scanf("%s", s1);
15     printf("%s\"%s\"，其長度為%d\n", INPUT2, s1, strlen(s1));
16
17     printf("INPUT1的長度為%d\n", strlen(INPUT1));
18     printf("INPUT1所佔之記憶體大小為%d個位元組\n", sizeof INPUT1);
19
20     //system("PAUSE");
21     return 0;
22 }
```

【執行結果】

請輸入科系:資訊系
你輸入的是:"資訊系"，其長度為6
INPUT1的長度為11
INPUT1所佔之記憶體大小為12個位元組

【程式說明】

1. 第6行，定義INPUT1為一個字串常數，其值為"請輸入科系:"，共計11個位元(一個中文字佔兩個位元)。

2. 第14行，從鍵盤讀入字串s1之值，字串格式"%s"用來與s1搭配。請注意！使用scanf()函數讀取整數、浮點數資料時，變數名稱前須加上&，但讀取字元陣列時陣列名稱前不可加上&。換句話說，本敘述不可寫成：

   ```
   scanf("%s", &s1);
   ```

3. 第17行，用strlen()函數來計算INPUT1的長度，結果為11，並不包含null字元。

4. 第18行，用sizeof來計算INPUT1所佔之記憶體大小，其值為12，sizeof會將null字元一起計算進去。

使用sacnf()讀取資料時，會以空白字元、換行為間隔符號來區隔輸入的資料，因此，如果你輸入「資訊工程 系」將只接收到「資訊工程」，因為其中多了一個空白字元。

【執行結果】

請輸入科系:資訊工程　系
你輸入的是:"資訊工程"，其長度爲8

⊃3.6.2　列舉

列舉(Enumeration)資料型態將變數的值域限制在某個範圍，例如：

```
enum SEASON1 {spring1, summer1, autumn1, winter1};
```

宣告SEASON為一個列舉資料型態，它包含spring1、summer1、autumn1和winter1四個列舉元。

列舉資料型態規定列舉元均屬於「整數常數」，並內定其值從0開始依序遞增，且增值為1。換句話說，spring1的值為0，summer1的值為1，autumn1的值為2，winter1的值為3。並且，我們可以說SEASON1的值域為{0,1,2,3}。

當然也可以設定列舉元的初值，若沒設定，則內定列舉元的值是前一個列舉元的值加1。例如：

```
enum SEASON2 {spring2=2, summer2, autumn2=-1,
              winter2=autumn1+summer2};
```

表示summer2的值為3，winter2的值為5。

範例程式18： 列舉

```
1 // 程式名稱：3_enum1.c
2 // 程式功能：列舉
3
4 #include <stdio.h>
5
6 int main(void)
7 {
8     int spring;
9     enum SEASON1 {spring1, summer1, autumn1, winter1};
10    enum SEASON2 {spring2=2, summer2, autumn2=-1,
11                     winter2=autumn1+summer2};
12
13    spring = spring1 + spring2;
14    printf("spring =%d\n", spring);
15    printf("spring1=%d summer1=%d autumn1=%d winter1=%d\n", spring1,
16            summer1, autumn1, winter1);
17    printf("spring2=%d summer2=%d autumn2=%d winter2=%d\n", spring2,
18            summer2, autumn2, winter2);
19
20    //system("PAUSE");
21    return 0;
22 }
```

【執行結果】

```
spring =2
spring1=0 summer1=1 autumn1=2 winter1=3
spring2=2 summer2=3 autumn2=-1 winter2=5
```

【程式說明】

1. 第9行，列舉元spring1、summer1、autumn1、winter1等均可視為整數常數。

2. 第10-11行，自行設定列舉元的初值。

3.7 關於整數和浮點數的符號常數定義

各類型整數的最大值、最小值是以符號常數的方式定義在limits.h裡，例如：

```
#define CHAR_BIT  8                         // 用8個位元來表示char
#define SCHAR_MIN (-128)        // 有號char的最小值為-128
#define SCHAR_MAX 127           // 有號char的最大值為127
#define UCHAR_MAX 255           // 無號char的最大值為255
#define LONG_MAX  2147483647L              // long 的最大值
#define LONG_MIN  (-LONG_MAX-1)            // long 的最小值
```

習慣上，符號常數是以大寫字母來命名。

至於浮點數的最大值、最小值定義則記錄在float.h裡，我們分別用以下兩個範例來列印出整數和浮點數的符號常數定義值。

範例程式19： 定義整數最大值、最小值的符號常數

```
1 // 程式名稱：3_limits_h.c
2 // 程式功能：定義整數最大值、最小值的符號常數
3
4 #include <stdio.h>
5 #include <limits.h>
6
7 int main(void)
8 {
9     printf("char所佔用的位元數為:%d\n", CHAR_BIT);
10    printf("char能表示的最小值為:%d\n", CHAR_MIN);
11    printf("char能表示的最大值為:%d\n", CHAR_MAX);
12    printf("signed char能表示的最小值為:%d\n", SCHAR_MIN);
13    printf("signed char能表示的最大值為:%d\n", SCHAR_MAX);
14    printf("unsigned char能表示的最大值為:%d\n", UCHAR_MAX);
15    printf("short能表示的最小值為:%d\n", SHRT_MIN);
16    printf("short能表示的最大值為:%d\n", SHRT_MAX);
17    printf("unsigned short能表示的最大值為:%d\n", USHRT_MAX);
18    printf("int能表示的最小值為:%d\n", INT_MIN);
19    printf("int能表示的最大值為:%d\n", INT_MAX);
20    printf("unsigned int能表示的最大值為:%u\n", UINT_MAX);
21    printf("long能表示的最小值為:%ld\n", LONG_MIN);
22    printf("long能表示的最大值為:%ld\n", LONG_MAX);
23    printf("unsigned long能表示的最大值為:%llu\n", ULONG_MAX);
24
25    //system("PAUSE");
26    return 0;
27 }
```

【執行結果】

```
char所佔用的位元數爲:8
char能表示的最小值爲:-128
char能表示的最大值爲:127
signed char能表示的最小值爲:-128
signed char能表示的最大值爲:127
unsigned char能表示的最大值爲:255
short能表示的最小值爲:-32768
short能表示的最大值爲:32767
unsigned short能表示的最大值爲:65535
int能表示的最小值爲:-2147483648
int能表示的最大值爲:2147483647
unsigned int能表示的最大值爲:4294967295
long能表示的最小值爲:-2147483648
long能表示的最大值爲:2147483647
unsigned long能表示的最大值爲:4294967295
```

範例程式20： 定義浮點數最大值、最小值的符號常數

```
 1  // 程式名稱:3_float_h.c
 2  // 程式功能:定義浮點數最大值、最小值的符號常數
 3
 4  #include <stdio.h>
 5  #include <float.h>
 6
 7  int main(void)
 8  {
 9      printf("float用%d個位元來儲存尾數\n", FLT_MANT_DIG);
10      printf("float小數的最少有效位數有%d位\n", FLT_DIG);
11      printf("float指數的最小值爲:%d\n", FLT_MIN_10_EXP);
12      printf("float指數的最大值爲:%d\n", FLT_MAX_10_EXP);
13
14      printf("float能表示的最小正數值爲:%e\n", FLT_MIN);
15      printf("float能表示的最大正數值爲:%e\n", FLT_MAX);
```

```
16
17    printf("double小數的最少有效位數有%d位\n", DBL_DIG);
18    printf("double能表示的最小正數值為:%e\n", DBL_MIN);
19    printf("double能表示的最大正數值為:%e\n", DBL_MAX);
20
21    //system("PAUSE");
22    return 0;
23 }
```

【執行結果】

```
float用24個位元來儲存尾數
float小數的最少有效位數有6位
float指數的最小值為:-37
float指數的最大值為:38
float能表示的最小正數值為:1.175494e-038
float能表示的最大正數值為:3.402823e+038
double小數的最少有效位數有15位
double能表示的最小正數值為:2.225074e-308
double能表示的最大正數值為:1.797693e+308
```

3.8 綜合練習

⊃3.8.1 float變數之應用：計算身體質量指數(BMI)

身體質量指數(BMI) = 體重 / 身高^2

其中，體重的單位為公斤，而身高的單位是公尺。

範例程式21： float變數之應用：計算身體質量指數(BMI)

```
1 // 程式名稱:3_bmi.c
2 // 程式功能:身體質量指數(BMI) = 體重(公斤) / 身高(公尺)平方
3
```

```
 4 #include <stdio.h>
 5
 6 int main(void)
 7 {
 8    float w, h, bmi;
 9
10    printf("輸入體重(公斤):");
11    scanf("%f", &w);    //輸入體重
12    printf("輸入身高(公分):");
13    scanf("%f", &h);     //輸入身高
14
15    h = h / 100;    //公分轉公尺
16    bmi = w / (h * h);
17
18    printf("身體質量指數(BMI) = %2.1f\n", bmi);
19
20    //system("PAUSE");
21    return 0;
22 }
```

【執行結果】

輸入體重(公斤):65.5
輸入身高(公分):170.5
身體質量指數(BMI) = 22.5

【程式說明】

1. 第8行，w、h、bmi三個變數均為float型態。

2. 第11行，用scanf()輸入體重w之值，其格式為%f(浮點數)。

⊃3.8.2 用整數(int)來處理字元

我們經常將字元視為一個int整數，例如：字元'0'等同於十進位整數48，字元'1'等同於十進位整數49。換言之，1 + '0'之值為49，等同於字元'1'，2 + '0'之值為50，等同於字元'2'。

範例程式22： 用整數(int)來處理字元

```c
1 // 程式名稱：3_char_is_int.c
2 // 程式功能：用整數(int)來處理字元
3
4 #include <stdio.h>
5
6 int main(void)
7 {
8     int i;
9     char c;
10
11    for(i = 0; i <= 2; i++)
12       printf("i = %d, 字元為'%c'\n", i, c = i + '0');
13    printf("\n");
14
15    for(i = 0; i <= 2; i++)
16      printf("i = %d, 字元'%c'的十進位值為整數 %d\n", i, c, c = i + '0');
17    printf("\n");
18
19    //system("PAUSE");
20    return 0;
21 }
```

【執行結果】

```
i = 0, 字元為'0'
i = 1, 字元為'1'
i = 2, 字元為'2'

i = 0, 字元'0'的十進位值為整數 48
i = 1, 字元'1'的十進位值為整數 49
i = 2, 字元'2'的十進位值為整數 50
```

【程式說明】

1. 第12行，字元'0'的十進位值為整數48，當i = 0時，c = 0 + '0' = 0 + 48 = 48。當i = 1時，c = 1 + '0' = 1 + 48 = 49。當i = 2時，c = 2 + '0' = 2 + 48 = 50。

2. 第16行，c值由c = i + '0'決定(亦即由右到左計算c之值)。

⭕3.8.3 用整數(int)來列印ASCII Codes

ASCII Codes是採用7個位元來編碼，編號從0到127分別代表128個不同的字元。大部分的電腦是採用8位元來編碼，編號128到256稱為擴充ASCII碼(Extended ASCII Codes)。

範例程式23： 用整數(int)來列印ASCII Codes

```
1  // 程式名稱：3_printascii.c
2  // 程式功能：用整數(int)來列印ASCII Codes
3
4  #include <stdio.h>
5  #include <ctype.h>
6
7  int main(void)
8  {
9    int c;    //不可宣告為char c;
10
11   printf("ASCII 編碼　八進位值　十進位值　十進位值\n");
12   for(c = 0; c <= 127; c++){    //127改成255試試看
13     if(isprint(c))    //這一行拿掉試試看
14       printf("    %c      %o      %d      %x\n", c, c, c, c);
15   }
16   //system("PAUSE");
17   return 0;
18 }
```

【執行結果】

ASCII 編碼	八進位值	十進位值	十六進位值
	40	32	20
!	41	33	21
"	42	34	22
#	43	35	23
$	44	36	24
%	45	37	25
&	46	38	26
'	47	39	27
(	50	40	28
)	51	41	29
*	52	42	2a
+	53	43	2b
,	54	44	2c
-	55	45	2d
.	56	46	2e
/	57	47	2f
0	60	48	30
1	61	49	31
2	62	50	32
3	63	51	33
4	64	52	34
5	65	53	35
6	66	54	36
7	67	55	37
8	70	56	38
9	71	57	39
:	72	58	3a
;	73	59	3b
<	74	60	3c
=	75	61	3d
>	76	62	3e
?	77	63	3f
@	100	64	40
A	101	65	41
B	102	66	42
C	103	67	43
D	104	68	44
E	105	69	45
F	106	70	46

【執行結果】

G	107	71	47
H	110	72	48
I	111	73	49
J	112	74	4a
K	113	75	4b
L	114	76	4c
M	115	77	4d
N	116	78	4e
O	117	79	4f
P	120	80	50
Q	121	81	51
R	122	82	52
S	123	83	53
T	124	84	54
U	125	85	55
V	126	86	56
W	127	87	57
X	130	88	58
Y	131	89	59
Z	132	90	5a
[	133	91	5b
\	134	92	5c
]	135	93	5d
^	136	94	5e
_	137	95	5f
`	140	96	60
a	141	97	61
b	142	98	62
c	143	99	63
d	144	100	64
e	145	101	65
f	146	102	66
g	147	103	67

【執行結果】

h	150	104	68
i	151	105	69
j	152	106	6a
k	153	107	6b
l	154	108	6c
m	155	109	6d
n	156	110	6e
o	157	111	6f
p	160	112	70
q	161	113	71
r	162	114	72
s	163	115	73
t	164	116	74
u	165	117	75
v	166	118	76
w	167	119	77
x	170	120	78
y	171	121	79
z	172	122	7a
{	173	123	7b
|	174	124	7c
}	175	125	7d
~	176	126	7e

【程式說明】

1. 第9行，c宣告為int，用整數來處理字元。

2. 第13行，用內建函數isprint(c)來判斷字元c是否為可列印字元，使用 isprint()函數時要引入<ctype.h>(詳第5行)。

3. 第14行，輸出格式%c用來列印出單一字元，而%o、%d、%x分別用來 列印出字元之八、十、十六進位值。

⊃ 3.8.4　內部變數

在大括號{…}內宣告的變數稱為內部變數(亦稱區域(Local)變數)，它的有效範圍僅限於該組大括號所涵蓋的區域以及其內部區域。

若外層區域宣告了某變數a；而內層區域並未宣告變數a，那麼很自然的，內層的變數a該依外層之宣告。換言之，內層區域內未宣告的變數，就參用外層區域的宣告。

但若外層區域宣告了某變數a，而內層區域又再次宣告了變數a，變數a該依外層或內層之宣告呢？我們將用下列例子來說明。

範例程式24： 內部變數(區域變數)

```
1  //程式名稱：3_inner.c
2  //程式功能：內部變數(區域變數)
3
4  #include <stdio.h>
5
6  int main(void)
7  {  //區域1
8     int a = -1;
9     {  //區域2
10       int a = 0, b = 0;
11       {  //區域3
12          int a = 1;
13          printf("區域 3: a = %d, b = %d\n",a ,b);
14       }
15       b++;
16       printf("區域 2: a = %d, b = %d\n", a, b);
17    }
18    printf("區域 1: a = %d\n",a);
19    //printf("區域 1: a = %d, b = %d\n", a, b);    //錯誤，b未宣告
20
21    //system("PAUSE");
22    return 0;
23 }
```

【執行結果】

```
區域 3： a = 1, b = 0
區域 2： a = 0, b = 1
區域 1： a = -1
```

【程式說明】

1. 第7~23行是一個區域範圍(區域1)，第9~17行是一個區域範圍(區域2)，第11~14行是一個區域範圍(區域3)。區域內宣告的變數屬於內部變數，它的有效範圍僅限於該區域以及其內部區域。因此，第13行的變數a是屬於第12行所宣告。而第16行用到的變數a指的是第10行所宣告的變數a。

2. 區域內未宣告的變數，就參用外層區域的宣告。例如：第13行的變數b在區域3並未宣告，那麼就使用外層(區域2)的宣告(第10行)。

3. 第13行，變數a為區域3之a，變數b為區域2之b。

4. 第16行，變數a、b均為區域2之變數。

5. 第18行，變數a為區域1之變數。

6. 第19行，是錯誤敘述，因區域1未宣告變數b。

○3.8.5 外部變數

在main()之外宣告的變數稱為外部變數(或稱全域(Global)變數)，它的有效範圍及於整支程式。main()之內，外部變數用extern關鍵字來宣告。

範例程式25： 外部變數(全域變數)

```
1 //程式名稱：a3_external.c
2 //程式功能：外部變數(全域變數)
3
4 #include <stdio.h>
```

```
 5 int a = -1, b = 1;      //a和b均為外部變數
 6
 7 int main(void)
 8 {
 9     printf("a = %d,    b = %d\n",a ,b);
10
11     extern int a, b;
12     printf("a = %d,    b = %d\n",a ,b);
13
14     int a = -2;
15     printf("a = %d,    b = %d\n",a ,b);
16
17     b++;
18     extern int a, b;
19     printf("a = %d,    b = %d\n",a ,b);
20
21     //system("PAUSE");
22     return 0;
23 }
```

【執行結果】

```
a = -1,    b = 1
a = -1,    b = 1
a = -2,    b = 1
a = -2,    b = 2
```

【程式說明】

1. 第5行，a和b均為外部變數。

2. 第9行，尚未宣告，將a和b視為外部變數。

3. 第11行，最好能用extern來宣告a和b均為外部變數而非內部變數。

4. 第14行，宣告a為內部變數，取代原有的外部變數。因此，第15行印出a之值為-2，不再是-1。

5. 第18行，再次宣告a和b均為外部變數。此時無法再改變a的屬性，a
   仍是內部變數，而b從頭到尾都是外部變數。

⊃3.8.6 靜態變數

靜態變數用static來宣告，靜態變數的值在程式執行過程中一直保存
著，不會因程式脫離某區域範圍而銷毀；也不會因再次被使用而重新設定
初值。

範例程式26： 靜態變數

```
1 //程式名稱：3_static.c
2 //程式功能：靜態變數
3
4 #include <stdio.h>
5 int multiply(void);    //函數原型
6
7 int main(void)
8 {
9    int i;
10
11   for(i = 1; i <= 5; i++)
12       printf("第 %d 次呼叫後，靜態變數 i 之值為 %d\n", i, multiply());
13
14   //system("PAUSE");
15   return 0;
16 }
17
18 int multiply(void)
19 {
20   static int i = 1;
21
22   i *= 2;    // i = i * 2;
23
24   return (i);
25 }
```

【執行結果】

```
第 1 次呼叫後，靜態變數 i 之值為 2
第 2 次呼叫後，靜態變數 i 之值為 4
第 3 次呼叫後，靜態變數 i 之值為 8
第 4 次呼叫後，靜態變數 i 之值為 16
第 5 次呼叫後，靜態變數 i 之值為 32
```

【程式說明】

1. 第20行，在multiply()函數裡宣告i為靜態變數，且初值為1。靜態變數的值會一直保存著，不會因離開multiply()函數而銷毀。因此，第2次呼叫multiply()函數時，i的值為2，2*2=4，傳回4。同理，第3次呼叫該函數時，i的值為4。換言之，第20行設定初值的動作只會做一次，再次執行multiply()函數時就以前次執行留下來的值再繼續下去。

3.9 後記

變數使用之前必須宣告它所屬的資料型態，可以在宣告時一併賦予初值，或在正式使用前賦予初值。

C語言提供的基本資料型態有整數、浮點數、字元和布林等四種，有一種說法是整數和浮點數兩類，因為可以將字元和布林視為整數。

要留意每一種資料型態的特徵，例如：它使用了多少記憶體空間、所能表示的資料範圍(值域)。

整數又分為「有號」和「無號」兩類，有號整數可以用來表示負整數、0和正整數。無號整數則用來表示大於或等於0的整數。

char、short、int、long、long long均屬有號整數型態，C規定後者的資料型態大於或等於前者，若加上unsigned就變成無號整數。

浮點數的精確度及值域由小到大分別為float、double、long double。

字元資料必須用單引號框住，字串資料則是用雙引號。C沒有提供string資料型態，而是用字元陣列來處理字串資料。

_Bool型態也是一種無號整數，它的值只有false或 true兩種值，0代表false，而非0均為true(習慣上，我們用1來表示true)。

我們也介紹了字串和列舉兩種衍生資料型態，我們用字元陣列來處理字串，列舉的列舉元也是一種整數型態變數。

關鍵字是程式語法規則裡用到的保留字，撰寫程式時，不可將關鍵字拿來當作識別字(變數、常數、函數、陣列等名稱)使用。

常數、變數、函數、陣列的名稱有大小寫之分，命名時須多加留意。

常數、變數都有固定的資料型態，在使用前必須事先宣告並賦予初值。

常數可以用#define來定義或用const來宣告。在C裡，可以變更用const宣告的常數值(編譯器會提出警告訊息)，然而，用#define定義的常數值事後不准被變更。

3.10 習題

1. C語言提供的基本資料型態有哪幾種？
2. C語言提供的整數資料型態有哪幾種？其所佔之位元組數及資料範圍各為何？
3. C語言提供的浮點數資料型態有哪幾種？其所佔之位元組數及資料範圍各為何？
4. C語言的字元和字串有哪些差別？要如何表示字串資料型態？
5. C語言用哪一種資料型態來處理char和_Bool資料型態？

6. 比較變數(Variable)和常數(Constant)的異同？

7. 何謂關鍵字(Keyword)？何謂保留字(Reserved Word)？試舉例說明之？

8. 何謂識別字(Identifier)？識別字的命名規則為何？

9. 下列跳脫字元(Escape Character)的意義為何？

    (a) \'   (b) \"   (c) \\   (d) \b   (e) \f

    (f) \n   (g) \r   (h) \t   (i) \ddd   (j) \uxxxx

10. 用基本資料型態來宣告變數的語法為何？

11. 將程式3_declare2.c中第13行的「pi = 3.14f;」改為「PI = 3.14f; 」，看看是否能編譯成功？是否可以執行？

12. 說明下列資料的意義？

    (1)0x123

    (2)1.23e-3

    (3)3.14159

    (4)0123

    (5)'\"

13. 指出下列程式錯誤之處並更正之？

```c
#include <stdio.h>
int main()
{
    float c = 32.1; f ; a;
    f = c * 9 / 5 + 32;
    printf("攝氏%.2d度，等於華氏%.2d度\n", c, f);
    system("PAUSE");
    return 0;
}
```

14. 指出下列程式錯誤之處並更正之？

```c
#include <stdio.h>
int main()
{
```

```
    int i, j;
    printf("輸入i j之值:");
    scanf("%d %d", i, j);
    avg = (i + j) /2.;
    printf("i=%d, j=%d, avg=%f\n", i, j);
    system("PAUSE");
    return 0;
}
```

15. 撰寫一程式計算一年365天共有多少秒？分別以整數和指數輸出結果。

    提示：整數的輸出結果為31536000，指數的輸出結果為3.153600e+007

16. 參考3.8.1節程式3_bmi.c，將w和h宣告為int，bmi之值取到小數點後兩位。

17. 參考3.8.2節程式3_char_is_int.c，將第16行改寫為

    printf("i = %d,十進位值整數%d的字元為'%c'\n", i , c = i + '0', c);

    看看結果為何？

18. 參考3.8.3節程式3_printascii.c，

    (1) 將第9行int改為char

    (2) 將第12行127改為256

    (3) 將第13行加//改為註解

    看看結果為何？

19. 修改3.8.6節程式3_static.c，將第12行print()敘述移到multiply()函數裡，接著將第12行改為呼叫multiply()，亦即

    ```
    for(i = 1; i <= 5; i++)
        multiply();
    ```

    然後列印出相同結果。提示：需要用到外部變數。

4 Chapter

敘述、運算式與運算子

4.1 前言

撰寫程式所要解決的問題不外乎「輸入、處理、輸出」三個部份,本章將介紹的運算式、運算元和運算子,主要是用來「處理」程式的計算邏輯。

C語言提供的運算子有:指定運算子、一元運算子、二元運算子和三元運算子。

一元運算子有 +(正號)、−(負號)、!(否定)和、~(取1的補數)等四個。

二元運算子則有算術運算子、遞增遞減運算子、關係運算子、邏輯運算子、移位運算子和位元運算子等六類。

三元運算子(又稱為條件運算子)則只有一個,它是簡易型的 if-then-else 敘述。

我們將於第6、7兩章介紹如何「處理」程式的流程,以及如何控制程式的執行順序,而「輸入、輸出」的相關敘述則安排在第5章。

本章學習主題包括:

➡ 各種運算子的用法
➡ 指定運算子與左數值
➡ 一元運算子
➡ 二元運算子:算術運算子、遞增遞減運算子、關係運算子、邏輯運算子、移位運算子和位元運算子
➡ 三元運算子
➡ 運算子的優先順序
➡ 資料型態轉換

4.2 運算式

還記不記得第3章計算圓形面積的程式(3_area.c)裡的一行敘述：

```
area = radius * radius * PI;
```

其功能是將radius * radius * PI的計算結果指定給area這個變數，其中，PI是一個浮點數常數，radius為整數變數，而area則為浮點數變數。

這行敘述中，「area = radius * radius * PI」也是一個典型的**運算式 (Expression)**。(不包含分號)

運算式是由**運算元(Operand)**和**運算子(Operator)**所組成。

在上述運算式中，我們稱area、radius、PI為運算元，而 = 和 * 則為運算子。

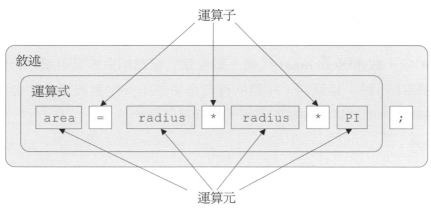

圖4.1　運算元和運算子

運算元可以是程式中的常數、變數、陣列元素、某資料值、函數名稱，而運算子主要是用來處理運算元之間的算術運算，例如 +(加)、−(減)、*(乘)、/(除)、%(餘數)等。

下列均為運算式：

1. -1
2. 1 + 2 + 3 + 4 + 5
3. i/2 > 5
4. a / (b − 1) * 21
5. i = i++ % 2 * (--j)
6. i = 12 + (k = 15)

每一個運算式的計算結果都是一個單一數值，例如，上述運算式2的結果為15，若 i 等於10則運算式3的結果為0(false)。此外，運算式6執行之後 k 之值為15，i 之值為27。

運算式的結尾必須加上分號以成為敘述，如此才能為編譯器所接受。接下來，我們來看看敘述的定義。

4.3 敘述

在C中，**敘述(Statement)**代表一個完整的程式指令，並且須以分號做為敘述的結束符號；相反地，完整的程式指令並不一定是敘述。敘述裡可能包含運算式，而運算式則是由運算元和運算子所組成。

例如：

area = r * r * PI 是一個運算式，而

area = r * r * PI; 是一個敘述。

又如：

i = (j = i++) * (k = 15); 也是一個敘述。

其中，「j = i++」是一個完整的程式指令，「k = 15」也是一個完整的程式指令，但兩者都非敘述。而「i = (j = i++) * (k = 15);」才是敘述，因為加上分號才是敘述。(註：習慣上也經常將指令視為敘述的代名詞)

常見的敘述可分為以下幾類：

1. **宣告敘述(Declaration Statement)**

   例如：

   ```
   int i;
   ```

2. **指定敘述(Assignment Statement)**

   例如：

   ```
   i = 0;
   ```

3. **函數敘述(Function Statement)**

   例如：

   ```
   printf("請輸入半徑：");
   scanf("%d", &radius);
   ```

4. **結構敘述(Structured Statement)或稱控制敘述**

   for、do-while、while等敘述稱之。例如：

   ```
   1    int i = 1, sum = 0;
   2    do sum = sum + i;
   3    while(i++ < 5);
   ```

5. **複合敘述(Compound Statement)**

   多個敘述用大括號括起來後就成為複合敘述，例如：

   ```
   8    int i = 1, sum = 0;
   9    do{
   10       sum = sum + i;
   11       printf("i=%d, sum=%d\n", i, sum);
   12   }while(i++ < 5);
   13   printf("i=%d\n", i);
   ```

   的執行結果為：

```
i=1, sum=1
i=2, sum=3
i=3, sum=6
i=4, sum=10
i=5, sum=15
i=6
```

上述程式中，第9-12行的do-while是屬於結構敘述，其意義是先執行大括號裡的敘述(第10-11行)，然後判斷while後面的(i++ < 5)是否成立，如果成立，就再次執行大括號裡的敘述，如此直到(i++ < 5)不成立時便結束do敘述，而去執行第13行的printf()。

上述程式中的「++」為遞增運算子，其意義請參考4.4.4節。

數個敘述用大括號括起來之後成為一體的程式區塊(Block)就稱為複合敘述，如本例之第10-11行。當複合敘述裡只有一個敘述時可以省略大括號。例如：

```
do
    sum = sum + i;
while(i++ < 5);
```

4.4 運算子

若以運算子運作於運算元的個數來區分，可將運算子分成下列三類：

1. 一元運算子(Unary Operators)：只運作在一個運算元上。

2. 二元運算子(Binary Operators)：運作在兩個運算元上。

3. 三元運算子(Ternary Operators)：運作在三個運算元上。

若依運算子的功能來區分則有指定運算子、遞增遞減運算子、算術運算子、關係運算子、邏輯運算子、移位運算子、位元運算子等。

○ 4.4.1 　指定運算子與複合指定

=(等號)是一個**指定運算子(Assignment Operator)**，其意義是將等號右邊的資料值、變數值、或運算式的計算結果轉換成等號左邊變數的資料型態，然後指定給等號左邊的變數。

例如：sum為int資料型態，則

```
sum = 100;
```

乃是要將整數100指定給變數sum，因此，sum的值為100。另一方面，如果avg為int資料形態，則

```
avg = (1 + 1 + 5 + 1 + 1) / 5;   //相當於 avg = 1.8;
```

其意義是：將計算結果(即浮點數1.8)轉換為整數1，然後將1指定給變數avg。

總而言之：**等號右邊的資料值必須以等號左邊變數的資料型態來作指定。**要將運算式的值指定給某一個變數時，須將該值轉換成變數所屬的資料型態，然後才指定給該變數。

指定運算子(=)所代表的意義並非「左右相等」，正確的意義是「將等號右邊的值以等號左邊變數的資料型態指定給該變數」。因此，前例中

```
sum = sum + i;
```

並非表示sum等於sum + i，而是將sum + i的結果指定給sum。若sum之值為1，i之值為2，則執行

```
sum = sum + i;
```

的過程如下：

1. 先計算sum + i 之值，亦即1 + 2，等於3。

2. 再將3指定給sum。

我們再來看幾個例子。下列敘述：

```
int i1 = 1, i2, i3;
i3 = 2 + (i2 = i1 + 2);    // 必須用小括號括起來
```

其意義是：

1. 將整數1指定給變數 i1。

2. 再將 i1 + 2的值(即整數3)指定給變數 i2。

3. 最後，將2 + i2的值(即整數5)指定給變數 i3。

換句話說，i1的值為1，i2的值為3，i3的值為5。亦即，先得知 i2的值，然後才得知 i3的值。

範例程式1： 指定運算子

```c
1 // 程式名稱：4_area.c
2 // 程式功能：指定運算子，計算圓形的面積
3
4 #include <stdio.h>
5
6 int main(void)
7 {
8    int radius = 5, area;
9    float PI = 3.14159f;
10
11   area = radius * radius * PI;
12   printf("半徑爲%d的圓形，其面積爲%d\n", radius, area);
13   //system("PAUSE");
14   return 0;
15 }
```

【執行結果】

半徑爲5的圓形，其面積爲78

【程式說明】

1. 第11行，計算圓面積area之值的過程，詳圖4.2所示。

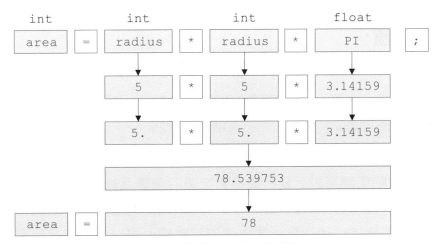

圖4.2　計算area之值的過程

範例程式2： 指定運算子

```
1 // 程式名稱：4_assign1.c
2 // 程式功能：指定運算子
3
4 #include <stdio.h>
5
6 int main(void)
7 {
8    int x , y , z, a;
9
10   x = y = 1;
11   a = 2 + (z = x + 2);    // 必須用小括號括起來
12   printf("x=%d  y=%d  z=%d  a=%d\n", x, y, z, a);
13
14   //system("PAUSE");
15   return 0;
16 }
```

【執行結果】

```
x=1   y=1   z=3   a=5
```

【程式說明】

1. 第10行，先將1指定給變數 y，然後再將變數 y 的值指定給變數 x。

2. 第11行，先將 x + 2 之值(即3)指定給變數 z，然後再將2 + z 的值(即5)指定給變數 a。請注意！必須用小括號將「z = x + 2」括起來。若使用Java則不需要加小括號。

以C語言的術語來說，我們稱等號左邊的運算元為**左數值(Lvalue)**，左數值可以是一個變數或陣列元素，它佔用某個記憶體位置，且記憶體位置的值是可以改變的。請注意！左數值的「數值」可以是各種資料型態的資料值，不僅可以是整數或浮點數，也可以是字元或字串。

等號右邊稱為**右數值(Rvalue)**，它是一個運算式，運算的結果是一個單純的資料值。

直接將運算子放在等號左邊的指定稱為複合指定，其語法如下：

【複合指定語法】

```
變數名稱  op=  運算式;   // op 為一個算術運算子
```

上述語法相當於：

      變數名稱　＝　變數名稱　op　（運算式）；

算術運算子用於複合指定的意義請參考表4.1。

表4.1　複合指定

複合指定	所代表的意義
x += y;	x = x + y;
x -= y;	x = x - y;
x *= y;	x = x * y;
x /= y;	x = x / y;
x %= y;	x = x % y;
x += y * z;	x = x +(y * z);
x /= y % z;	x = x /(y % z);

接下來，我們來看幾個複合指定敘述的實例：

i1 *= 5;

相當於：

i1 = i1 * 5;

同理，

i2 += 5;

相當於：

i2 = i2 + 5;

那麼，

i3 %= i1 - 25;

的意義又是如何呢？

範例程式3： 複合指定

```c
1  // 程式名稱：4_assign2.c
2  // 程式功能：複合指定
3
4  #include <stdio.h>
5
6  int main(void)
7  {
8      int i1 = 10, i2 = 20, i3 = 30;
9
10     i1 *= 5;                    // 相當於 i1 = i1 * 5;
11     i2 += 5;                    // 相當於 i2 = i2 + 5;
12     i3 %= i1 - 25;              // 相當於 i3 = i3 % (i1 - 25);
13     printf("i1=%d  i2=%d  i3=%d\n", i1, i2, i3);
14
15     //system("PAUSE");
16     return 0;
17 }
```

【執行結果】

```
i1=50   i2=25   i3=5
```

【程式說明】

1. 第12行，將「i1 - 25」視為表4.1中的y，因此，「i3 %= i1 - 25;」相當於「i3 = i3 % (i1 - 25);」，亦即，「i3 = 30 % (50 - 25);」，將30除以25的餘數(即5)指定給i3。

範例程式3： 複合指定

```c
1  // 程式名稱：4_assign2.c
2  // 程式功能：複合指定
3
4  #include <stdio.h>
5
6  int main(void)
7  {
8      int i1 = 10, i2 = 20, i3 = 30;
9
10     i1 *= 5;                    // 相當於 i1 = i1 * 5;
11     i2 += 5;                    // 相當於 i2 = i2 + 5;
12     i3 %= i1 - 25;              // 相當於 i3 = i3 % (i1 - 25);
13     printf("i1=%d  i2=%d  i3=%d\n", i1, i2, i3);
14
15     //system("PAUSE");
16     return 0;
17 }
```

【執行結果】

```
i1=50   i2=25   i3=5
```

【程式說明】

1. 第12行，將「i1 - 25」視為表4.1中的y，因此，「i3 %= i1 - 25;」相當於「i3 = i3 % (i1 - 25);」，亦即，「i3 = 30 % (50 - 25);」，將30除以25的餘數(即5)指定給i3。

⟳4.4.2 一元運算子

　　+(正號)、－(負號)、!(否定)和~(取1的補數)等四個運算子屬於一元運算子(又稱單元運算子)。其中，!為邏輯否定運算子，專門用在布林型態的資料上，亦即，true的否定變成false，false的否定變成true。

　　~為位元否定運算子，用來將位元資料中的0變成1，1變成0，也就是取1的補數。

　　我們舉一個例子來說明其用法。

範例程式4： 一元運算子

```c
1  // 程式名稱：4_unary.c
2  // 程式功能：一元運算子
3
4  #include <stdio.h>
5
6  int main(void)
7  {
8      _Bool b = 1;
9      char c = 127;
10     int  i = -32768;
11
12     printf("1. b=%d  !b=%d\n", b, !b);
13     printf("2. c=%d  -c=%d\n", c, -c);
14     printf("3. c=%d  ~c=%d\n", c, ~c);
15     printf("4. i=%d  -i=%d\n", i, -i);
16     printf("5. i=%d  ~i=%d\n", i, ~i);
17
18     //system("PAUSE");
19     return 0;
20 }
21
```

【執行結果】

```
1. b=1   !b=0
2. c=127   -c=-127
3. c=127   ~c=-128
4. i=-32768   -i=32768
5. i=-32768   ~i=32767
```

【程式說明】

1. 第12行，!b乃是 b 的否定，因 b 之值為1(true)，其否定為0(false)。

2. 第13行，變數 c 屬於char資料型態，它能處理的資料範圍為-128至127。c的值為127，所以-c之值為-127。

3. 第14行，c 的值為127，也就是2進位的 01111111。~c乃是對01111111取1的補數，結果為 10000000，即 -128。

4. 第15行，變數 i 的值為-32768。所以-i 之值為32768。

5. 第16行，變數 i 的值為-32768，~i 乃是對 i 取1的補數，結果為32767。

◑4.4.3 二元運算子：算術運算子

算術運算子(Arithmetic Operators)有：+(加)、−(減)、*(乘)、/(除)、%(取餘數)等5個。其中，「%」是**模數運算子(Modulus Operator)**，用來取某數的餘數。

其功能和計算的優先順序如表4.2所示。

表4.2：算術運算子

算術運算子	優先順序	功能	範例	計算的結果
*	1	相乘	2 * 5	10
/	1	相除	18 / 9	2
%	1	取餘數	13 % 8	5
+	2	相加	8 + 7	15
-	2	相減	10 - 2	8

算術運算子的計算規則如下：

1. *、/、%三者的優先順序高於 +、－。

2. 同等級的運算子則採「從左到右」的計算原則。

3. 相同資料型態的運算元才能作運算，若運算元的型態不同，則須先做型態轉換，然後才進行計算。最後，再將計算結果以等號左邊變數的資料型態來進行指定。

4. 整數進行除法運算所得的結果，只取整數部份，小數部份將自動捨棄。

5. %只能用於整數資料型態。

範例程式5： 算術運算子

```
1 // 程式名稱：4_arithmetic1.c
2 // 程式功能：算術運算子
3
4 #include <stdio.h>
5
6 int main(void)
7 {
8    int a, b, c, d, e, f;
9    float x, y, z;
```

```
10
11    a = 8 / 2;
12    b = 8 / 3;
13    c = 8 % 5;
14    d = 10. / 3.;
15    e = 5.8 + 3.7;
16    f = 2.5 * 2.1;
17
18    x = 15.8 / 2;
19    y = 1.2 / 3 * -(2-7);
20    //z = 5.8 % 2;        錯誤，%只能用於整數資料型態
21
22    printf("a=%d  b=%d  c=%d\n", a, b, c);
23    printf("d=%d  e=%d  f=%d\n", d, e, f);
24    printf("x=%f  y=%f  \n", x, y);
25
26    //system("PAUSE");
27    return 0;
28 }
```

【執行結果】

```
a=4   b=2   c=3
d=3   e=9   f=21
x=7.900000   y=2.000000
```

【程式說明】

1. 第12行，8/3的結果只取整數2，捨棄小數，然後將2指定給變數 b。

2. 第13行，8除以5的餘數為3，將3指定給變數 c。

3. 第14行，10. 和3. 型態相同，計算得到3.333333，再將整數3指定給變數 d。

4. 第15行，5.8加3.7得到9.5，再將整數9指定給變數 e。

5. 第16行，2.5乘2.1得到5.25，再將整數5指定給變數 f。

6. 第19行，「-(2-7)」中第一個「－(負)」為單元運算子，整個運算式相當於「y = 1.2 / 3 * 5;」。

7. 第20行，是錯誤的敘述，因為%只能用於整數資料型態。

⊃4.4.4 二元運算子：遞增遞減運算子

++ 為**遞增運算子(Incrementing Operator)**，它用來將運算元(變數)的值加1。

-- 為**遞減運算子(Decrementing Operator)**，它用來將運算元(變數)的值減1。

++(或 --)放在變數的前面(左邊)稱為前置(Prefix)運算，放在變數的後面(右邊)稱為後置(Postfix)運算。

前置運算：先將變數的值加1(++)或減1(--)，然後才做運算式的計算。換句話說，先將變數值加1(或減1)，然後才使用該變數。

後置運算：先做完運算式的計算，然後再將變數的值加1(++)或減1(--)。換句話說，先使用該變數，然後才將變數值加1(或減1)。

因此，

```
i++;   //相當於i = i + 1;
```

其意義是將 i 本身的值累加1，它相當於i = i + 1;，而

```
i--;   //相當於 i = i - 1;
```

其意義相當於 i = i - 1;。而

```
j = ++i;
```

其意義是將 i 的值加1，然後指定給變數 j。因此，它相當於下列兩行敘述：

```
i = i + 1;
j = i ;
```

同理，

```
j = j * (++i);
```

其意義相當於下列兩行敘述：

```
i = i + 1;
j = j * i;
```

亦即，先處理(++i)，將 i 的值加1，然後再將 j * i 的結果指定給 j。

請注意：

1. 遞增、遞減只對左數值(即變數或陣列元素)有所作用。

2. 遞增、遞減不能作用在運算式上。
   例如：(i%2*j)++是錯誤的用法。

3. 避免在一個運算式中對同一個左數值有多個遞增或遞減運算。
   例如：i= (++j/2) * (j++);

4. 避免在函數的參數中對同一個左數值有多個遞增或遞減運算。
   例如：printf("%d %d %d\n", ++i, i, i++);

接著，我們來看看遞增與遞減的範例程式。

範例程式6： 遞增遞減運算子

```
1 // 程式名稱：4_increment1.c
2 // 程式功能：遞增遞減運算子
3
4 #include <stdio.h>
5
6 int main(void)
7 {
8    int i = 0, j = 1;
```

```
9
10    i++;
11    printf("1. i=%d  j=%d\n", i, j);
12    j = ++i;
13    printf("2. i=%d  j=%d\n", i, j);
14    j = ++j * ++i;
15    printf("3. i=%d  j=%d\n", i, j);
16    j = i++;
17    printf("4. i=%d  j=%d\n", i, j);
18    j = j / i++;
19    printf("5. i=%d  j=%d\n", i, j);
20    j = --i;
21    printf("6. i=%d  j=%d\n", i, j);
22    j = j + (--i);
23    printf("7. i=%d  j=%d\n", i, j);
24    j = i--;
25    printf("8. i=%d  j=%d\n", i, j);
26    j = --j - (--i);
27    printf("9. i=%d  j=%d\n", i, j);
28
29    //system("PAUSE");
30    return 0;
31 }
32
```

【執行結果】

```
1. i=1  j=1
2. i=2  j=2
3. i=3  j=9
4. i=4  j=3
5. i=5  j=0
6. i=4  j=4
7. i=3  j=7
8. i=2  j=3
9. i=1  j=1
```

【程式說明】

1. 第8行，一開始 i 的值為0，j 的值為1。

2. 第10行，將 i 的值加1，成為2。所以第11行印出：1. i = 1　j = 1。

3. 第12行，先將 i 的值(即1)加1，成為2，再將2指定給 j。所以第13行印出：2. i = 2　j = 2。

4. 第14行，「j = ++j * ++i;」，先將 j 的值(即2)加1，成為3，將 i 的值(即2)加1，成為3，再將 j * i 的值指定給 j。所以第15行印出：3. i = 3　j = 9。

5. 第16行，「j = i++;」，先將 i 的值(即3)指定給 j，然後 i 的值再加1，成為4。所以第17行印出：4. i = 4　j = 3。

6. 第18行，「j = j / i++;」，先將 j / i 的結果(即0)指定給 j，然後將 i 的值(4)再加1，成為5。所以第19行印出：5. i=5　j=0。

7. 第20行，「j = --i;」，先將 i 的值(即5)減1，成為4，再將4指定給 j。所以第21行印出：6. i=4　j=4。

8. 第22行，「j = j + (--i);」，先將 i 的值(4)減1，成為3，再將 j+i 的結果(即7)指定給 j。所以第23行印出：7. i=3　j=7。

9. 第24行，「j = i--;」，先將 i 的值(3)指定給 j，再將 i 的值(3)減1，成為2。所以第25行印出：8. i=2　j=3。

10. 第26行，「j = --j - (--i);」，先將 j 的值(即3)減1，成為2，將 i 的值(即2)減1，成為1，再將 j-i 的值(1)指定給 j。所以第27行印出：9. i=1　j=1。

　　遞增(遞減)運算子經常與while、do-while、 for等迴圈敘述(第7章)一起使用。例如，要計算1+2+3+4+5之和時，可以用 i 來作計數器，用sum來儲存計算結果。

一開始 i 為0，sum也為0。計數器 i 須作累加的動作，分別從1、2....到5。當 i 值累加之後，也要將 i 的值加到sum裡。i 與sum值的變化過程如下：

	i	sum
步驟0：	0	0
步驟1：	1	sum = sum + i = 0 + 1 = 1
步驟2：	2	sum = sum + i = 1 + 2 = 3
步驟3：	3	sum = sum + i = 3 + 3 = 6
步驟4：	4	sum = sum + i = 6 + 4 = 10
步驟5：	5	sum = sum + i = 10 + 5 = 15
步驟6：	6	

我們以while迴圈來實作，while的語法為：

```
while(條件關係式){
   . . .
}
```

其意義是：當條件關係式成立時，就執行大括號裡的程式區塊一次，然後再次檢查條件關係式是否成立，如此周而復始，直到條件關係式不成立為止。

範例程式7： 遞增運算子，計算1+2+3+4+5之和

```
1 // 程式名稱：4_increment2.c
2 // 程式功能：遞增運算子，計算1+2+3+4+5之和
3
4 #include <stdio.h>
5
6 int main(void)
```

```
 7 {
 8     int i = 0, sum =0;
 9
10     while(++i <= 5){
11         sum = sum + i;
12         printf("i=%d   sum=%d\n", i, sum);
13     }
14     printf("i=%d   sum=%d\n", i, sum);
15
16     //system("PAUSE");
17     return 0;
18 }
19
```

【執行結果】

```
i=1   sum=1
i=2   sum=3
i=3   sum=6
i=4   sum=10
i=5   sum=15
i=6   sum=15
```

【程式說明】

1. 第10行，當(++i <= 5)成立時，要執行第11-12兩行敘述，每次作判斷之前，i 的值要先加1，然後才作判斷。

2. 從輸出結果我們發現，當 i 等於6時，會跳離while迴圈，因為sum的值還是15，並沒有加上6。

◯4.4.5 二元運算子：關係運算子

關係運算子有：>(大於)、>=(大於或等於)、<(小於)、<=(小於或等於)、==(等於)和!=(不等於)等六種，用法請參考6.3.1節。

⊃4.4.6 二元運算子：邏輯運算子

邏輯運算子(Logical Operators)有：&&(邏輯且)、‖(邏輯或)和！(邏輯否定)等三個，用法請參考6.3.2節。

⊃4.4.7 二元運算子：移位運算子

移位運算子(Shift Operators)有：>>(向右移位)、>>>(去負號向右移位)和<<(向左移位)等三個。

資料的位元碼向左移1位，表示乘以2的1次方，向左移2位，表示乘以2的2次方，依此類推。

例如：整數8的二進位表示法為 00001000，如果向左移動一位，結果為00010000，它相當於十進位的16。換句話說，8 << 1(8的二進位表示法整個向左移動一位)的結果等於16，亦即8*2。

資料的位元碼向右移1位，表示除以2的1次方，向右移2位，表示除以2的2次方，依此類推。

例如：整數8的二進位表示法為00001000，如果向右移動一位，結果為00000100，它相當於十進位的4。換句話說，8 >> 1(8的二進位表示法整個向右移動一位)的結果等於4，亦即8/2。

範例程式8： 移位運算子

```
1 // 程式名稱：4_shift.c
2 // 程式功能：移位運算子
3
4 #include <stdio.h>
5
6 int main(void)
7 {
8    int i = 8, j = 5;
```

```
 9
10    printf("1. i=%d\n", i);
11    i = i << 1;
12    printf("2. i=%d\n", i);
13    i = i << 1;
14    printf("3. i=%d\n", i);
15
16    i = 8;
17    printf("4. i=%d\n", i);
18    while((i = i >> 1) > 0)
19        printf("%d. i=%d\n", j++, i);
20
21    //system("PAUSE");
22    return 0;
23 }
```

【執行結果】

```
1. i=8
2. i=16
3. i=32
4. i=8
5. i=4
6. i=2
7. i=1
```

【程式說明】

1. 第18行，先做(i = i >> 1)運算，然後才判斷i是否大於0。當 i 大於0
   時，執行第19行，列印出 i 之值，否則就結束while敘述。

⊃4.4.8　二元運算子：位元運算子

　　位元運算子(Bitwise Operators)有：&(位元且)、|(位元或)和 ^(互斥或)等三個，位元運算子用來比對某兩個資料的所有位元。這裡所指的資料通常是整數或字元型態。

　　表4.3是 x、y 兩個位元進行 &、| 以及 ^ 運算之結果，當 x 等於 y 時，x ^ y的結果為0，否則為1。

表4.3　位元運算子

位元x	位元y	x & y	x | y	x ^ y
0	0	0	0	0
1	0	0	1	1
0	1	0	1	1
1	1	1	1	0

　　例如：整數8與整數13進行&運算的過程如下：

　　整數8的二進位表示法為 1000，整數13的二進位表示法為 1101。

　　1000 & 1101 得到 1000，亦即十進位的8。

　　同理，8 ^ 13相當於1000 ^ 1101，得到 0101，亦即十進位的5。

範例程式9： 位元運算子

```
1 // 程式名稱：4_bit.c
2 // 程式功能：位元運算子
3
4 #include <stdio.h>
5
6 int main(void)
7 {
8     int x, y, z;
```

```
 9    char ch1, ch2, ch3;
10
11    x = 8 & 13;
12    y = 8 | 13;
13    z = 8 ^ 13;
14    printf("x=%d  y=%d  z=%d\n", x, y, z);
15
16    ch1 = 5 | 'a';
17    ch2 = 5 + 'a';
18    ch3 = 'a' & 'A';
19    printf("ch1=%c  ch2=%c  ch3=%c\n", ch1, ch2, ch3);
20
21    //system("PAUSE");
22    return 0;
23 }
```

【執行結果】

```
x=8   y=13   z=5
ch1=e   ch2=f   ch3=A
```

【程式說明】

1. 第16行，整數5的二進位表示法為00000101，字元'a'的ASCII
   碼為97，其二進位表示法為01100001。兩者進行 | 運算，得到
   01100101，亦即等於十進位的101，ASCII碼為101的字元為'e'，所
   以第19行印出ch1的值等於 'e'。

2. 第17行，字元 'a' 的ASCII碼為97，5+97等於102，再將102指定給
   ch2。由於ASCII碼為102的字元為'f '，所以第19行印出ch2的值等
   於'f'。

3. 第18行，字元 'a' 的二進位表示法為1100001，而字元'A'的二進位表
   示法為1000001，兩者進行&運算，得到1000001，亦即等於十進位

的65，ASCII碼為65的字元為'A'，所以第19行印出ch3的值等於'A'。

○4.4.9 三元運算子

「?:」稱為**三元運算子(Ternary Operator)**或**條件運算子(Conditional Operator)**，它是一個簡易型的if-else敘述。

所謂簡易型的if-else乃指if和else之後都只有一行敘述。

【簡易型if語法】

```
if(條件關係式)
    變數名稱 = 條件成立時的值;
else
    變數名稱 = 條件不成立時的值;
```

簡易型 if-else 可用下列三元運算來取代：

【三元運算的語法】

```
變數名稱 = 條件關係式  ?  條件成立時的值 :  條件不成立時的值;
```

例如：

```
k = (i >= j) ? (i - j) : (j - i);
```

的意義是：當(i >= j)成立時，將(i - j)指定給k，否則將(j - i)指定給k。

它相當於：

```
if(i >= j)
    k = i - j;
else
    k = j - i;
```

範例程式10：三元運算子

```c
1 // 程式名稱：4_ternary.c
2 // 程式功能：三元運算子
3
4 #include <stdio.h>
5
6 int main(void)
7 {
8     int i = 1, j = 2, k = 0;
9
10    if(i >= j)
11       k = i - j;
12    else
13       k = j - i;
14    printf("k=%d\n", k);
15
16    k = (i >= j) ? (i - j) : (j - i);
17    printf("k=%d\n", k);
18
19    //system("PAUSE");
20    return 0;
21 }
```

【執行結果】

```
k=1
k=1
```

【程式說明】

1. 第16行，也可寫成：

```c
k = (i >= j) ? i - j : j - i;
```

4.5 運算子的優先順序

我們來看看下列敘述的運算過程：

```
e = x + y * z - i / j;
```

對 y 而言，有+和*兩個運算子與它有關，其中*的優先順序高於+，所以須先計算 y * z 之值。同理，對 i 而言，有-和 / 兩個運算子與它有關，其中 / 的優先序高於-，所以須先計算 i / j 之值。因此，以上敘述相當於：

```
e = x + (y * z) - (i / j);
```

至於先計算 y * z 或先計算 i / j，將視硬體執行效率而定。再來看以下敘述的運算過程：

```
e = x + a - b;
```

對 a 而言，有+和-兩個運算子與它有關，且+和-的優先順序相同，可以先計算 x + a，也可以先計算 a - b。此時，可以採用「由左而右」的運算規則，先計算 x + a，再將結果 -b。

運算子的優先順序請參考表4.4。為避免造成混淆，可以在運算式中加上適當的括號，因為括號的優先順序是所有運算子中最高者。此外，中括號的優先順序也最高，不過它只能代表陣列元素的索引(請參考第9章)。

程式語法中的運算式可以使用小括號，但不可使用中括號和大括號。

表4.4　運算子的優先順序

優先序	運算子	運算子的功能	結合性
1	( )	小括號	由左而右
	[]	中括號	由左而右
2	++	遞增	**由右而左**
	--	遞減	**由右而左**
	!	否定(一元運算子)	**由右而左**

表4.4 運算子的優先順序

優先序	運算子	運算子的功能	結合性
	+	正(一元運算子)	**由右而左**
	-	負(一元運算子)	**由右而左**
	~	位元邏輯非	**由右而左**
3	*	乘	由左而右
	/	除	由左而右
	%	取餘數	由左而右
4	+	加	由左而右
	-	減	由左而右
5	>>	向右移位	由左而右
	<<	向左移位	由左而右
	>>>	去負號向右移位	由左而右
6	>	大於	由左而右
	>=	大於等於	由左而右
	<	小於	由左而右
	<=	小於等於	由左而右
7	==	是否等於	由左而右
	!=	是否不等於	由左而右
8	&	且(位元邏輯)	由左而右
9	^	互斥或(位元邏輯)	由左而右
10	|	或(位元邏輯)	由左而右
11	&&	且(邏輯)	由左而右
12	||	或(邏輯)	由左而右
13	?:	條件	**由右而左**
14	=	指定	**由右而左**
	op=	複合指定	**由右而左**

範例程式11： 算術運算子優先順序

```c
1 // 程式名稱：4_priority.c
2 // 程式功能：運算子的優先順序
3
4 #include <stdio.h>
5
6 int main(void)
7 {
8     int e, x, y, z, a, b, i, j;
9
10    j = x = 5 + 10 / 3;
11    i = y = (5 + 10) / 2;
12    z = 3 * ((5 + 10) / 2);     // 不可寫成 z = 3 * [(5 + 10) / 2];
13    e = x + y * z - i / j;
14    printf("x=%d  y=%d  z=%d i=%d  j=%d  e=%d\n", x, y, z, i, j, e);
15
16    //system("PAUSE");
17    return 0;
18 }
19
```

【執行結果】

```
x=8   y=7   z=21 i=7   j=8   e=155
```

【程式說明】

1. 第10行，因為除法的優先順序高於加法，因此須先算出10/3的值，結果為3，然後才計算5+3之值，結果為8，最後再將8指定給 x 和 j。

2. 第11行，小括號內的運算式要先計算，5+10等於15，然後才計算15/2之值，結果為7，最後再將7指定給 y 和 i。

3. 第12行，可以用好幾組小括號來規劃運算式的計算順序。程式語法中的運算式可以使用小括號，但不可使用中括號和大括號。

4.6 資料型態轉換

一個運算式中，運算元如果分屬不同的資料型態，那麼就必須先做資料型態轉換，然後才可以進行計算。例如，下列敘述中radius為int型態，而area、PI為float型態。

```
area = radius * radius * PI;
// float   int     int   float
```

電腦在執行這行敘述時會自動將radius轉換為float型態，然後才來和PI做乘法運算。

資料型態轉換是為了運算時的精確度和合理性考量的臨時性動作，它並不會因此改變變數的資料型態，更不會因此而變更變數原有的資料值。

C提供兩種資料型態轉換機制：自動型態轉換和強制型態轉換。

4.6.1 自動型態轉換

在同時符合「資料型態相容」和「型態提升(Promotions)」兩個原則下，C會自動進行資料型態轉換。

1. 資料型態相容

整數之間的轉換、浮點數之間的轉換、整數轉為浮點數等均屬之。

2. 型態提升

由低資料型態提升到高資料型態，由小的資料範圍轉為大的資料範圍。

資料型態等級由低到高依序為：int、unsigned int、long、unsigned long、long long、unsigned long long、float、double、long double。

一般而言，C編譯器自動做資料型態轉換的規則如下：

1. 若運算式中運算元皆屬於同一型態(例如皆為整數或皆為浮點數)，則將值域小的轉成值域大的。

   例如：運算式中有short和char，則它們會被轉換成int或unsigned int。

2. 若運算式中運算元同時含有整數及浮點數，則先將整數轉成浮點數後再循規則1處理。

3. 若運算式中運算元含有字元及整數，則先將字元轉成整數，再循規則1和2處理。

因此，下列均屬於自動轉換的範疇：

1. short轉為int、long、long long、float、double。

2. int轉為long、long long、float、double。

3. long轉為long long、float、double。

4. float轉為double、long double。

5. double轉為long double。

6. char轉為整數、浮點數。

7. 整數轉為浮點數。

要將運算式的值指定給某個變數時，須將該值轉換成該變數所屬的資料型態，然後才指定給該變數。

⊃4.6.2 強制型態轉換

強制型態轉換又稱為**顯性轉換(Explicit Cast)**。當無法符合自動型態轉換的規則或有特殊需要時，可於運算式中以強制的方式來進行型態轉換。強制型態轉換的語法如下：

【強制型態轉換的語法】

1. (資料型態)變數名稱

2. (資料型態)常數值

其中，「(資料型態)」稱為**型態轉換運算子(Cast Operator)**。例如：

```
f2 = (float)i1 / i2;
```

會強制將 i1 轉換成float型態，然後才與 i2 進行除法運算。

採用強制型態轉換時，須謹守下列規則：

可以將值域小的轉換到值域大的，避免將值域大的轉換到值域小的。

因為將值域大的轉換到值域小的，容易發生資料流失的現象，造成計算結果精確度的失真。

其他注意事項如下：

1. 將實數轉成整數，則去小數後僅留整數部分。

   例如：i 為 int 型態的變數，下列敘述：

   ```
   i = (int)3.14159;
   ```

   執行後，i 之值為3，小數0.14159將被自動捨棄。

2. 若低精確度者(如float)能容納得下高精確度者(如double)之值時，則可以將高精確度者轉換成低精確度者。

   例如：

   ```
   float pi;
   double pid = 3.14159;
   pi = pid;
   ```

   float 型態的pi可以容納double型態pid之值，因此資料不會失真。

以下的範例包含自動型態轉換和強制型態轉換的用法，請留意輸出結果是否與您的預期相符。

範例程式12： 資料型態轉換

```
1 // 程式名稱：4_cast1.c
2 // 程式功能：資料型態轉換
3
4 #include <stdio.h>
5
6 int main(void)
7 {
8    int r = 10;
9    float pi = 3.14159f;
10   float area = 0;
11
12   area = r * r * pi;                    // 自動轉換
13   printf("area=%f  area=%e\n", area, area);
14
15   area = (float)r * (float)r * pi;      // 強制轉換
16   printf("area=%f  area=%e\n", area, area);
17
18   area = (float)(r * r) * pi;           // 強制轉換
19   printf("area=%f  area=%e\n", area, area);
20
21   //system("PAUSE");
22   return 0;
23 }
```

【執行結果】

```
area=314.158997  area=3.141590e+002
area=314.158997  area=3.141590e+002
area=314.158997  area=3.141590e+002
```

【程式說明】

1. 第12行，變數pi為浮點數，變數 r 為整數，浮點數的值域大於整數，編譯器會自動將 r 的值(即10)轉為浮點數，然後進行計算。

2. 第15、18行，採用強制轉換，其結果與自動轉換相同。

範例程式13： 資料型態轉換

```
1  // 程式名稱：4_cast2.c
2  // 程式功能：資料型態轉換
3
4  #include <stdio.h>
5
6  int main(void)
7  {
8     int i, j, k;
9     float f1, f2, f3;
10
11    i = 1 + 2.8 + 5.7;              // 自動轉換
12    printf("i=%d\n", i);
13
14    j = 1 +(int)2.8 + (int)5.7;     // 強制轉換
15    printf("j=%d\n", j);
16
17    k = 13 / 2.5;                   // 自動轉換
18    printf("k=%d\n", k);
19
20    f1 = 10 / 3;                    // 自動轉換
21    printf("f1=%f\n", f1);
22
23    f2 = (float)10 / 3;             // 強制轉換
24    printf("f2=%f\n", f2);
25
26    f3 = 10 / (float)3;            // 強制轉換
27    printf("f3=%f\n", f3);
```

```
28
29    //system("PAUSE");
30    return 0;
31 }
```

【執行結果】

```
i=9
j=8
k=5
f1=3.000000
f2=3.333333
f3=3.333333
```

【程式說明】

1. 第11行，計算「1 + 2.8 + 5.7」之值時，會將1自動轉為浮點數，然後與2.8和5.7相加，得到9.5，再將其中的整數9指定給變數 i。

2. 第14行，計算「1 +(int)2.8 + (int)5.7」之值相當於計算「1 + 2 + 5」之值，得到整數8，然後將它指定給變數 j。

3. 第17行，計算「13 / 2.5」之值時，會將13自動轉為浮點數，然後才除以2.5，得到5.5，接著再將其中的整數5指定給變數 k。

4. 第20行，計算「10 / 3」之值時，將整數10除以整數3，得到整數3，然後再將整數3指定給 float 變數 f1，結果為3.000000。

5. 第23行，計算「(float)10 / 3」之值時，先將整數10轉為浮點數，接著，也要將整數3轉為浮點數，然後相除，結果為3.333333。

範例程式14： 資料型態轉換

```c
1  // 程式名稱：4_cast3.c
2  // 程式功能：資料型態轉換
3
4  #include <stdio.h>
5
6  int main(void)
7  {
8      char c;
9      int i;
10     long l;
11     float f = 3.14159f;
12
13     c = 65;                 // 自動轉換
14     printf("c=%d  c=%c\n", c, c);
15
16     i = c = 'S';            // 自動轉換
17     printf("i=%d  i=%c\n", i, i);
18
19     i = 127;
20     c = i;                  // 自動轉換
21     printf("c=%d  c=%c\n", c, c);
22
23     c = i + 1;              // 自動轉換，產生異常現象
24     printf("c=%d  c=%c\n", c, c);
25
26     i = f;                  // 自動轉換
27     printf("i=%d\n", i);
28
29     f = 123456768909087654321.123f;
30     i = (int)f;             // 強制轉換，產生異常現象
31     printf("i=%d\n", i);
32
33     //system("PAUSE");
34     return 0;
35 }
```

【執行結果】

```
c=65   c=A
i=83   i=S
c=127   c=□
c=-128   c=□
i=3
i=-2147483648
```

【程式說明】

1. 第23-24行，將整數128(即 i+1)指定給 char 變數 c。對 c 而言，其值為 -128。

2. 第26-27行，f 之值為3.14159f，取整數得到3，將3指定給整數 i 時 不會產生異常，因為3是在 int 能表示的資料範圍之內。

3. 第29-31行，f 之值為12345676890987654321.123f，取整數得到 12345676890987654321，將該值指定給整數 i 時會產生異常，因為 12345676890987654321已經超出 int 所能表示的資料範圍。

使用強制轉換須牢記以下原則：

1. 若屬於擴大轉換(亦即將小資料範圍(例如 int)轉換到大資料範圍(例 如float))，則轉換時資料的精密度不會失真。

2. 若是採用**縮小轉換(Narrowing Conversion)**，就必須特別留意是否 有資料失真的異常情形發生。

4.7 綜合練習

4.7.1 指定運算子、增減運算子

指定運算子(=)的運算順序是從右到左。例如：

```
a /= b += c -= 2; 相當於
a /= (b += (c -= 2));
```

增(++)減(--)運算子只能使用於單一變數，不可使用於敘述式。因此，

```
(a + 1)++;    //錯誤
++(a + b);    //錯誤
```

都是錯誤敘述。

範例程式15： 指定運算子、增減運算子

```
 1 //程式名稱：4_assign.c
 2 //程式功能：指定運算子(=)
 3
 4 #include <stdio.h>
 5
 6 int main ()
 7 {
 8   int a = 3, b = 5, c = 2;
 9
10   a *= a + 2;   // a = a * (a + 2)
11   printf("a = %d\n", a);
12
13   a /= b += c -= 2;   // a /= (b += (c -= 2))
14   printf("a = %d, b = %d, c = %d\n", a, b, c);
15
16   printf("true = %d, false = %d\n", 1 == 1, 1 == 0);
17   a = 1 == 0;   // a = (1 == 0)
18   printf("a = %d\n", a); // 1 為 true, 0 為 false
```

```
19
20   //(a + 1)++;    //錯誤
21   //++(a + b);    //錯誤
22
23   //system("PAUSE");
24   return 0;
25 }
```

【執行結果】

```
a = 15
a = 3, b = 5, c = 0
true = 1, false = 0
a = 0
```

【程式說明】

1. 第10行，指定運算子的運算是從右到左，最後將運算結果指定給=號左邊的運算元。本行敘述相相當於a = a * (a + 2);。

2. 第13行，本行敘述相當於a /= (b += (c -= 2));。

3. 第16行，C語言用1來代表真，用0來代表否。

4. 第17行，a之值為否(0)。

5. 第20-21行，都是錯誤敘述，因為(a + 1)和(a + b)都是敘述式，不能與增減運算子搭配使用。

◑4.7.2 移位運算子(<<和>>)

m << n的意義是：m之值的二進位表示法向左移動n個位元，並補上n個0。它相當於m乘以2^n。

m >> n的意義是：m之值的二進位表示法向右移動n個位元，並補上n個0。它相當於m除以2^n。

範例程式16： 移位運算子

```
 1 //程式名稱:4_shift1.c
 2 //程式功能:移位運算子
 3
 4 #include <stdio.h>
 5
 6 int main ()
 7 {
 8    int i;
 9
10    printf ("10 << 2 的結果爲 %d\n",(10 << 2));  // 1010  --> 101000 = 40
11    printf ("10 >> 2 的結果爲 %d\n\n",(10 >> 2));  // 1010  -->  000010 = 2
12
13    for(i = 0; i <= 4; i++)    //左移 1 個位元相當於乘以2
14       printf("1 左移 %d 個位元等於 %d\n",i ,(1 << i));   // 1 左移 i 個位元
15
16    printf("\n");
17
18    for(i = 0; i <= 4; i++)    //右移 1 個位元相當於除以2
19       printf("256 右移 %d 個位元等於 %d\n",i ,(256 >> i));   //256 右移 i 個位元
20
21    //system("PAUSE");
22    return 0;
23 }
```

【執行結果】

```
10 << 2 的結果為 40
10 >> 2 的結果為 2


1 左移 0 個位元等於 1
1 左移 1 個位元等於 2
1 左移 2 個位元等於 4
1 左移 3 個位元等於 8
1 左移 4 個位元等於 16


256 右移 0 個位元等於 256
256 右移 1 個位元等於 128
256 右移 2 個位元等於 64
256 右移 3 個位元等於 32
256 右移 4 個位元等於 16
```

【程式說明】

1. 第10行，整數10的二進位表示法為1010，左移2個位元成為101000，亦即等於整數40。

2. 第11行，整數10的二進位表示法為1010，右移2個位元成為000010，亦即等於整數2。

3. 第13-14行，左移1個位元，相當於乘以2。

4. 第18-19行，右移1個位元，相當於除以2。

4.8 後記

運算式是由運算元和運算子所組成。

運算元可以是程式中的常數、變數、陣列元素、某資料值、函數名稱,而運算子主要是用來處理運算元之間的算術運算,例如 +(加)、−(減)、*(乘)、/(除)、%(餘數)等。

每一個運算式的計算結果都是一個單一數值,運算式的結尾必須加上分號以成為敘述。

敘述代表一個完整的程式指令,並且須以分號做為敘述的結束符號;相反地,完整的程式指令並不一定是敘述。

本章介紹了指定運算子、一元運算子、二元運算子和三元運算子。

指定運算子(=)所代表的意義並非「左右相等」,而是「將等號右邊的值以左邊的資料型態指定給左邊」。亦即,右數值必須以左數值的資料型態來指定。

一元運算子有: +(正號)、−(負號)、!(否定)和~(取1的補數)等四個。

二元運算子可區分成算術運算子、遞增遞減運算子、關係運算子、邏輯運算子、移位運算子和位元運算子等六類。

三元運算子是簡易型的 if-else 敘述。

運算式的求值大致上遵守以下規則:

1. 由左而右。

2. 小括號最優先。

3. 依照運算子的優先順序來計算。

請注意,程式中的運算式不可使用中括號和大括號,只能使用小括號。因為程式語法中,中括號代表陣列的維度,大括號代表程式區塊。

在運算式的計算過程中，除了編譯器會自動進行型態轉換外，也可以用強制的方式來轉換資料型態。

請注意，型態轉換要特別留意是否有資料精確度失真的情形發生。

4.9 習題

1. 下列程式敘述執行後，i、j、k、l、m、n之值各為何？

```
int i, j, k , l, m, n;
i = 10 / 2.5;
j = (5 + 3) * 2 / 3;
k = 15 % 4;
l = (10 + 2) / 5;
m = 2 - 3 * (n = 5 / 3);
```

2. 下列程式敘述執行後，i、j、k、l、m、n之值各為何？

```
int i, j, k , l, m, n;
i = 1.8 * 3;
j = 5.2 % 2;
k = 2.02 / 2 * 100;
l = (int)3.8 + 5.8;
m = (n = 3.3) + (-1.5);
```

3. 下列程式敘述執行後，i1、i2、i3、f1、f2之值各為何？

```
int i1, i2, i3;
float f1, f2;
i1 = 100 / 3;
i2 = 30 % 4;
i3 = 4 / 3 * (int)3.14 / 3 + 2;
f1 = 3.1416 / 3;
f2 = 18 + 3.2 - 14 / 5 * 100 % 3;
```

4. 下列各敘述的結果為何？

   (1) (3+2) > (4/2)

   (2) 10-3*5/2-1

   (3) 3>1 && 12<3 || 10>5

   (4) 'a' < 'b'

   (5) "abc" > "abba"

   (6) 20-1+3 > 20-3

   (7) 1-2>0 || 'a' < 'b'

5. 下列程式敘述執行後，i、j、k、l、a、b、c之值各為何？

```
int a = 1, b = 2, c = 3;
int i, j, k, l;
i = (a) + (--b) + c++;
j = (-a)+(b++)+(--c);
k = (++a+1)/c;
l += (--a)-(b);
```

6. 下列程式的輸出結果為何？

```
char a = 5, f='a';
short b = 15;
int c=10;
float d=2.1;
double e=120.3;
printf("(1)%c\n", a+f);
printf("(2)%f\n", c/d+e);
printf("(3)%f\n", e/d*(c+d)-f);
printf("(4)%d\n", (a*b)-(f%a));
printf("(5)%d\n", ++c%(int)d);
```

7. 下列程式的輸出結果為何？

```
int a = 128, x, y;
x = a >> 2;
y = a << 2;
printf("a=%d\n", a);
printf("x=%d\n", x);
printf("y=%d\n", y);
```

8. 下列程式的輸出結果為何？

```
int i = 10, j = 5, k;
char c;
k = (i%j > j/2) ? 0 : 1;
c = (i > j/2*2) ? 'Y' : 'N';
printf("k=%d\n", k);
printf("c=%c\n", c);
```

9. 下列程式的輸出結果為何？

```
int x = 1, y = 5;
x += x + y;
printf("(1)x=%d,y=%d\n", x, y);
x /= x * y++;
printf("(2)x=%d,y=%d\n", x, y);
x += ++y / --x;
printf("(3)x=%d,y=%d\n", x, y);
x %= --x * ++y;
printf("(4)x=%d,y=%d\n", x, y);
x -= (y=5) % (x=3);
printf("(5)x=%d,y=%d\n", x, y);
```

10. 下列程式的輸出結果為何？

```
int x, y, z;
x = 24 & 12;
y = 24 | 12;
z = 24 ^ 12;
printf("x=%d,y=%d,z=%d\n", x, y, z);
```

11. 下列程式的輸出結果為何？

```
char x, y, z;
x = 'e' | 1; // 'e'的ASCII值為101
y = 'e' + 1;
z = 'e' & 'f';
printf("x=%d,y=%d,z=%d\n", x, y, z);
```

12. 下列程式的輸出結果為何？

```
char c = 'a', ch;
while(c <= 'e'){
    ch = c + 1;
    printf("c=\'%c\', c=%d, ch=\'%c\', ch=%d\n", c, c, ch, ch);
    c++;
}
```

13. 下列程式的輸出結果為何？

```
char c = 'a', ch;
while(c++ <= 'e'){
    ch = c + 1;
    printf("c=\'%c\', c=%d, ch=\'%c\', ch=%d\n", c, c, ch, ch);
}
```

14. 下列程式的輸出結果為何？

```
int i = 10;
while(--i > 0)
    printf("i=%d\n", i--);
```

15. 下列程式的輸出結果為何？

```
int i = 10;
while(--i > 0)
    printf("i=%d\n", i--);
```

16. 下列程式的輸出結果為何？

```
#include <stdio.h>
#define COUNT 5
int main()
{
    int i = 0, sum = 0;
    while(i++ < COUNT)
        sum = sum + i;
    printf("sum=%d, i=%d\n", sum, i);
    //system("PAUSE");
    return 0;
}
```

17. 志明修C程式語言的成績如下：期中考87分，期末考88分，3次平時考
    成績分別為70、68、91。若期中考佔30%，期末考佔30%，平時考佔
    40%，試設計一程式，計算志明修C程式語言的成績(到小數點後1位)。

18. 試寫一程式，將攝氏溫度32.1度轉換為華氏溫度及絕對溫度，並以小數
    點後2位輸出。

    提示：華氏溫度 = 攝氏溫度 * 五分之九 + 32。

    　　　絕對溫度 = 攝氏溫度 + 273.16。

19. 在何種情況下，C編譯器會自動進行資料型態轉換？

20. 強制型態轉換的語法為何？

21. char、short、int轉為哪些資料型態時會自動進行型態轉換？

22. float、double轉為哪些資料型態時會自動進行型態轉換？

23. 下列程式片斷之執行結果為何？

    ```
    int x, a = 1, b = 2, c = 3;
    printf("%d,%d,%d,%d\n", x + 3, x - 1 , x = a - b + x, x = c);
    ```

24. 下列程式片斷之執行結果為何？

    ```
    int x = 1, y = 2, z = 3;
    x = y, y = z, z = x;
    printf("%d,%d,%d\n", x, y , z);
    ```

筆記欄

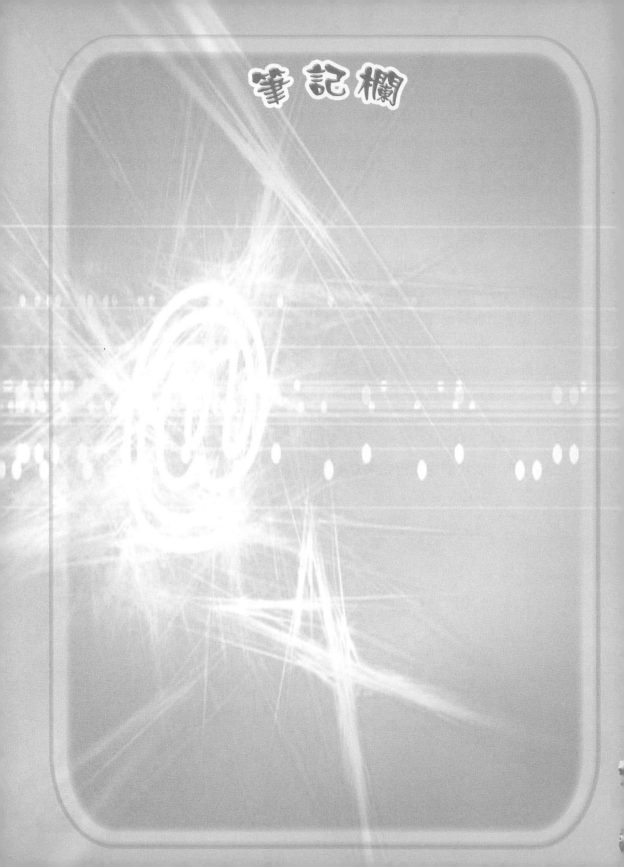

5 Chapter

格式化輸入與輸出

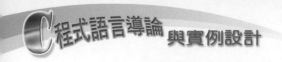

5.1 前言

前幾章我們已經有使用printf()和scanf()兩個函數的經驗,其中,printf()為精確的格式化輸出函數,而scanf()則是精確的格式化輸入函數。本章將深入探討這兩個函數的用法。

ANSI C提供的標準函數庫中有許多好用的函數,例如:輸入輸出函數、數學函數、字串函數、一般工具函數等等。我們撰寫程式時可以直接呼叫這些已經寫好的內建函數,以節省自己撰寫的工夫。

基本上,C將函數庫的實作留給設計編譯器的電腦廠商,撰寫編譯器的程式設計師可以依據硬體的特性來實作各類函數,以充分發揮硬體效益。

本章學習主題包括:

➡ printf()函數

➡ scanf()函數

➡ 格式轉換指定詞

➡ 修飾字元

➡ 旗標

5.2 資料流

C語言是用**資料流(Data Streams)**的概念來處理資料的輸入和輸出,資料流是一串由位元組所組成的資料序列。

C語言的標準資料流有以下三種:

1. **標準輸入資料流(Standard Input Stream)**

   scanf()、getchar()、gets()、sprintf()等輸入函數從標準輸入資料串流讀取資料。

2. **標準輸出資料流(Standard Output Stream)**

printf()、putchar()、puts()、sprintf()等輸出函數經由標準輸出資料串流輸出資料。

3. **標準錯誤資料流(Standard Error Stream)**

程式執行過程中的錯誤訊息會輸出到標準錯誤資料串流

從鍵盤、硬碟或光碟等輸入設備所輸入的資料會以位元組串流的形式暫存在記憶體裡,這個記憶體即是所謂的標準輸入資料串流,然後scanf()等輸入函數才從標準輸入資料串流讀取資料。

相反地,printf()等輸出函數會將要輸出的資料寫到標準輸出資料串流,然後再從標準輸出資料串流輸出到螢光幕、報表或檔案。

使用標準輸入/輸出函數須載入<stdio.h>。

5.3 printf()函數

函數原型(Function Prototype)乃是供編譯器用來檢查函數呼叫時所帶的參數個數和資料型態是否正確,以及檢查函數的傳回值是否正確。

printf()函數的原型如下(參考include資料夾裏的stdio.h檔):

```
int printf (const char*, ...);
```

printf()函數的語法如下:

【printf()語法】
printf(格式控制字串, 輸出項目1, 輸出項目2, ... , 輸出項目n);

格式控制字串(Format Control String)必須用雙引號框住,格式控制字串用來描述資料的輸出格式,它包括三種資訊:

1. 要輸出的訊息。

2. 以%帶頭的**轉換指定詞(Conversion Specifiers)**。

3. 介於%與轉換指定詞之間的**修飾字元**。

　　輸出項目是printf()函數的**參數列**，可以是零個、一個或多個輸出項目。並且，輸出項目可以是：常數、變數、陣列元素、運算式的值。並且，每一個輸出項目都要對應到一個轉換指定詞。

　　printf()函數用來輸出整數、浮點數、字元等資料型態的資料，輸出之前須將儲存在記憶體的資料值轉換成適當的格式，最後再以字元的型式顯示到螢光幕或列印到報表紙上。

　　例如，float變數PI的值為3.14159，則下列敘述：

```
printf("PI=%7.3f", PI);
```

　　的輸出結果如圖5.1所示，含小數點總共有7位(亦即寬度)，小數點後取3位(第4位四捨五入)。並且，整個輸出是向右對齊，不滿7位的部份是以空白字元填補。

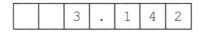

圖5.1　以"%7.3f"格式輸出3.14159的結果

　　圖5.1所顯示的輸出結果看起來是浮點數3.142，而實際輸出的資料是以文字方式來輸出。換句話說，printf()會自動地將3轉成字元'3'，然後輸出。因此，實際輸出的資料依序為：空白字元、空白字元、字元'3'、字元'.'、字元'1'、字元'4'和字元'2'。

　　上述例子中，雙引號裡的「%f」稱為轉換指定詞，而介於「%」與「f」之間的「7.3」稱為修飾字元。

⊃5.3.1　printf()的轉換指定詞

　　轉換指定詞(又稱為**格式指示符號**)用來將輸出項目轉換成特定格式來輸出，例如 %d 表示以有號十進位整數輸出，%o 表示以無號八進位整數輸出，%e 表示以指數記號輸出。

　　與printf()搭配的轉換指定詞及其涵義如表5.1所示。

表5.1　與printf()搭配的轉換指定詞

轉換指定詞	涵義	適用於
%c	單一字元	字元
%s	字串	字串
%d(或%i)	有號十進位整數	有號整數
%u	無號十進位整數	無號整數
%o	無號八進位整數	無號整數
%x	無號十六進位整數	無號整數
%X	無號十六進位整數	無號整數
%f	一般記號表示法	浮點數
%e	指數記號(e)表示法	浮點數
%E	指數記號(E)表示法	浮點數
%g、%G	以%f、%e或%E顯示浮點數	浮點數
%p	指標所指的記憶體位置	記憶體位置
%n	將printf()已經輸出的字元個數儲存到某變數	
%%	輸出百分比符號%	

轉換指定詞%c用來輸出單一字元,而%s用來輸出字串。

用於整數的轉換指定詞有%d、%i、%o、%u、%x、%X等。其中,%d和%i用在有號整數的輸出,而%u、%o、%x、%X則用來輸出無號整數,它們對於有號整數會產生非預期的輸出結果。

用於浮點數的轉換指定詞有%f、%e、%E、%g、%G等。其中,%f用在一般記號,%e和%E用在指數記號。

%f、%e、%E的內定有效位數為6位(小數點的右邊有6位),當資料的有效位數不足6時,不足的部份會自動補上0。

%g、%G的用法與%f、%e、%E極為類似,差別在於:

1. 對於小數點後不足的位數它不會補上0。

2. 當指數小於-4或大於等於指定的精確度時將會以%e(%E)輸出;否則,以%f輸出。

範例程式1: 列印整數

```
1  // 程式名稱:5_pint1.c
2  // 程式功能:列印整數
3
4  #include <stdio.h>
5
6  int main(void)
7  {
8      printf("1. 以\"%s\"列印整數%s之結果為:%d\n", "%d", "15", 15);
9      printf("2. 以\"%s\"列印整數%s之結果為:%d\n", "%d", "-15", -15);
10     printf("3. 以\"%s\"列印整數%s之結果為:%d\n", "%d", "+15", +15);
11     printf("4. 以\"%s\"列印整數%s之結果為:%u\n", "%u", "15", 15);
12     printf("5. 以\"%s\"列印整數%s之結果為:%u\n", "%u", "-15", -15);
13     printf("6. 以\"%s\"列印整數%s之結果為:%u\n", "%u", "+15", +15);
14     printf("7. 以\"%s\"列印整數%s之結果為:%o\n", "%o", "15", 15);
15     printf("8. 以\"%s\"列印整數%s之結果為:%x\n", "%x", "15", 15);
16     printf("9. 以\"%s\"列印整數%s之結果為:%X\n", "%X", "15", 15);
```

```
17      printf("10.以\"%s\"列印整數%s之結果為:%o\n",  "%o",  "-15",  -15);
18      printf("11.以\"%s\"列印整數%s之結果為:%x\n",  "%x",  "-15",  -15);
19      printf("12.以\"%s\"列印整數%s之結果為:%X\n",  "%X",  "-15",  -15);
20
21      //system("PAUSE");
22      return  0;
23 }
```

【執行結果】

1. 以"%d"列印整數15之結果為:15
2. 以"%d"列印整數-15之結果為:-15
3. 以"%d"列印整數+15之結果為:15
4. 以"%u"列印整數15之結果為:15
5. 以"%u"列印整數-15之結果為:4294967281
6. 以"%u"列印整數+15之結果為:15
7. 以"%o"列印整數15之結果為:17
8. 以"%x"列印整數15之結果為:f
9. 以"%X"列印整數15之結果為:F
10.以"%o"列印整數-15之結果為:37777777761
11.以"%x"列印整數-15之結果為:fffffff1
12.以"%X"列印整數-15之結果為:FFFFFFF1

【程式說明】

1. 第10行，%d對於正數不會顯示+號。

2. 第12、17-19行，%u、%o、%x、%X用於負整數的輸出時，會產生異常。

範例程式2： 列印整數，使用%d和%c

```
1 // 程式名稱:5_pint2.c
2 // 程式功能:列印整數，使用%d和%c
3
4 #include <stdio.h>
5
```

```
 6   int  main(void)
 7   {
 8       short  int  i  =  101,  j  =  357;
 9
10       printf("i=%d   %c\n",  i,  i);
11       printf("j=%d   %c\n",  j,  j);
12
13       //system("PAUSE");
14       return  0;
15   }
```

【執行結果】

```
i=101    e
j=357    e
```

【程式說明】

1. 第8行，short int使用兩個位元組來儲存i和j之值，其中j之值為357，其二進位內容如下：

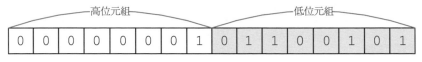

圖5.2　變數 j 的二進位內容

2. 第11行，以%c來列印short int時只會印出低位元組的資料，因此，將二進位01100101印出，即印出ASCII碼為101的字元 'e'。

3. 事實上，以%c列印357相當於以%c列印357%256，因為357除以256的餘數為101。

範例程式3： 列印浮點數

```
1  // 程式名稱：5_pfloat1.c
2  // 程式功能：列印浮點數
3
4  #include <stdio.h>
5
6  int main(void)
7  {
8      printf("1.以\"%s\"列印浮點數%s之結果為:%f\n", "%f", "123.4567899",
            123.4567899);
9      printf("2.以\"%s\"列印浮點數%s之結果為:%f\n", "%f", "-123.4567899",
            -123.4567899);
10     printf("3.以\"%s\"列印浮點數%s之結果為:%f\n", "%f", "+123.4567899",
            +123.4567899);
11     printf("4.以\"%s\"列印浮點數%s之結果為:%e\n", "%e", "123.4567899",
            123.4567899);
12     printf("5.以\"%s\"列印浮點數%s之結果為:%e\n", "%e", "-123.4567899",
            -123.4567899);
13     printf("6.以\"%s\"列印浮點數%s之結果為:%e\n", "%e", "+123.4567899",
            +123.4567899);
14     printf("7.以\"%s\"列印浮點數%s之結果為:%E\n", "%E", "123.4567899",
            123.4567899);
15     printf("8.以\"%s\"列印浮點數%s之結果為:%E\n", "%E", "-123.4567899",
            -123.4567899);
16     printf("9.以\"%s\"列印浮點數%s之結果為:%E\n", "%E", "+123.4567899",
            +123.4567899);
17
18     //system("PAUSE");
19     return 0;
20 }
21
```

【程式語言導論與實例設計】

【執行結果】

1.以"%f"列印浮點數123.4567899之結果爲:123.456790

2.以"%f"列印浮點數-123.4567899之結果爲:-123.456790

3.以"%f"列印浮點數+123.4567899之結果爲:123.456790

4.以"%e"列印浮點數123.4567899之結果爲:1.234568e+002

5.以"%e"列印浮點數-123.4567899之結果爲:-1.234568e+002

6.以"%e"列印浮點數+123.4567899之結果爲:1.234568e+002

7.以"%E"列印浮點數123.4567899之結果爲:1.234568E+002

8.以"%E"列印浮點數-123.4567899之結果爲:-1.234568E+002

9.以"%E"列印浮點數+123.4567899之結果爲:1.234568E+002

【程式說明】

1. 當資料的有效位數大於6位時，%f、%e、%E都會自動四捨五入。

2. %f、%e、%E對於正浮點數不會顯示＋號，對於負浮點數會顯示－號。

範例程式4： 列印浮點數

```
1   //  程式名稱：5_pfloat2.c
2   //  程式功能：列印浮點數
3
4   #include  <stdio.h>
5
6   int  main(void)
7   {
8       printf("1.以\"%s\"列印浮點數%s之結果爲:%g\n",  "%g",
            "123456789.123",  123456789.123);
9       printf("2.以\"%s\"列印浮點數%s之結果爲:%g\n",  "%g",  "123",  123);
10      printf("3.以\"%s\"列印浮點數%s之結果爲:%g\n",  "%g",  "12.3",  12.3);
11      printf("4.以\"%s\"列印浮點數%s之結果爲:%g\n",  "%g",  "0.123",  0.123);
12      printf("5.以\"%s\"列印浮點數%s之結果爲:%g\n",  "%g",  "0.00123",
            0.00123);
13      printf("6.以\"%s\"列印浮點數%s之結果爲:%g\n",  "%g",  "0.000123",
            0.000123);
```

```
14      printf("7.以\"%s\"列印浮點數%s之結果為:%g\n", "%g", "0.0000123",
        0.0000123);
15      printf("8.以\"%s\"列印浮點數%s之結果為:%g\n", "%g", "0.00000123",
        0.00000123);
16      printf("9.以\"%s\"列印浮點數%s之結果為:%G\n", "%G", "0.00000123",
        0.00000123);
17
18      //system("PAUSE");
19      return 0;
20  }
```

【執行結果】

1.以"%g"列印浮點數123456789.123之結果為:1.23457e+008

2.以"%g"列印浮點數123之結果為:5.28414e-308

3.以"%g"列印浮點數12.3之結果為:12.3

4.以"%g"列印浮點數0.123之結果為:0.123

5.以"%g"列印浮點數0.00123之結果為:0.00123

6.以"%g"列印浮點數0.000123之結果為:0.000123

7.以"%g"列印浮點數0.0000123之結果為:1.23e-005

8.以"%g"列印浮點數0.00000123之結果為:1.23e-006

9.以"%G"列印浮點數0.00000123之結果為:1.23E-006

【程式說明】

1. 第9行，用%g來輸出整數時會產生異常現象。

2. 第10-12行，會改以%f來輸出，但小數點後不足的位數不會補上0。

3. 第13行，0.000123若以指數記號表示，其指數為－4，此時仍然以%f來輸出。

4. 第14行，0.0000123若以指數記號表示，其指數為－5，此時則改以%e(%E)來輸出。

範例程式5： 轉換指定詞%n、%p、%%

```c
1  //  程式名稱：5_pcount.c
2  //  程式功能：轉換指定詞%n、%p、%%
3
4  #include  <stdio.h>
5
6  int  main(void)
7  {
8      int  count;
9      int  i = 80;
10     int  *ptr_i = &i;
11
12     printf("12345%n",  &count);
13     printf("共輸出%d個字元\n",  count);
14
15     printf("變數i的值爲%d，變數i所在的記憶體位置爲%p\n",  i,  &i);
16     printf("整數指標ptr_i所指的記憶體位置爲%p\n",  ptr_i);
17     printf("記憶體位置%p所儲存的資料值爲%d\n",  ptr_i,  *ptr_i);
18
19     printf("%d%%的利潤是由%d%%的員工所創造\n",  i,  100-i);
20
21     //system("PAUSE");
22     return  0;
23  }
```

【執行結果】

```
12345共輸出5個字元
變數i的值爲80，變數i所在的記憶體位置爲0022FF68
整數指標ptr_i所指的記憶體位置爲0022FF68
記憶體位置0022FF68所儲存的資料值爲80
80%的利潤是由20%的員工所創造
```

【程式說明】

1. 第10行,宣告 ptr_i 是一個指向整數的指標,並將變數 i 所在的記憶體位置(&i)指定給 ptr_i。

2. 第12行,用轉換指定詞%n將輸出的字元個數儲存到變數count。

3. 第15行,用轉換指定詞%p來輸出變數 i 所在的記憶體位置。

4. 第16行,ptr_i需要用轉換指定詞%p來輸出。

5. 第17行,*ptr_i是一個整數,需要用轉換指定詞%d來輸出。

6. 第19行,轉換指定詞%%用來輸出「%」符號。

⊃5.3.2 printf()的修飾字元與旗標

介於%與轉換指定詞之間的修飾字元用來定義輸出的外觀,例如向左對齊、向右對齊、寬度、精確度等。修飾字元是一個選項,輸出時可以指定修飾字元,也可以不指定。

printf()常用的修飾字元及其涵義如表5.2所示。

表5.2 與printf()搭配的修飾字元

修飾字元	涵義
旗標(flag)	有space、−、＋、#、0等五種,可以同時使用數個旗標,旗標的意義如表5.3所示。 例如:"%-5d"、"% 5.2f"。
欄位寬度(width) digits	輸出的最小寬度(位數),當資料的位數超出最小寬度時,可以輸出更多位數。 對浮點數而言,寬度包括小數點。 例如:"%5d"、"%8s"。

表5.2　與printf()搭配的修飾字元(續)

修飾字元	涵義
精確度(Precision) .digits	對於%d、%i：表示最少要輸出幾位。 對於%f、%e、%E：表示小數點右邊要顯示幾位數。 對於%g、%G：表示要顯示幾位有效數字。 對於%s：表示要顯示的字元個數。 例如："%.3f"、"%7.2f"。
h	表示short int或unsigned short int。 例如："%hd"、"%hu"、"%hx"。
hh	表示short char或unsigned char 例如："%hhd"、"%hhu"、"%hhx"。
l	表示long int或unsigned long int。 例如："%ld"、"%lu"。 表示double。 例如："%lf"。
ll	表示long long int或unsigned long long int。 例如："%lld"、"%llu"。
L	表示long double。 例如："%Lf"。

　　欄位寬度、精確度可與各種轉換指定詞搭配使用，其方式有下列幾種：

1. 兩者都不使用。

2. 只使用欄位寬度，格式為：「%欄位寬度+轉換指定詞」，例如 "%5d"。

3. 只使用精確度，格式為：「%.精確度+轉換指定詞」，例如"%.3f"。

4. 兩者都用，格式為：「%欄位寬度.精確度+轉換指定詞」，例如 "%7.3f"。

上述「+」號乃連接之意。

當資料的位數小於指定的欄位寬度時，則資料會向右對齊來列印。當資料的位數大於欄位寬度時，則以資料的位數來列印。

精確度用於%d、%i等整數轉換指定詞，表示至少要輸出幾位。用於%f、%e、%E等浮點數轉換指定詞，表示小數點右邊要顯示幾位數。用於%g、%G等浮點數轉換指定詞，表示要顯示幾位有效數字。用於%s則表示要顯示的字元個數。

當資料的位數小於指定的精確度時，不足的部份會自動補0。

修飾詞h、l用在整數轉換指定詞(d、i、o、u、x、X)之前，分別用來表示short、long整數。

表5.3　與printf()搭配的旗標

旗標字元	涵義	預設值
space(空格)	資料若為正數，則保留空格；若為負數，則在空格處印出負號(－)。 若與旗標+一起使用，則本項功能無效。 例如："% 7.2f"。	
-	向左對齊。 例如："%-8s"。	向右對齊。
+	在數值資料前加上正負號。 例如："%+7.2f"。	正數不加正號，負數自動加負號。
#	對於%o、%x、%X：分別加上0、0x、0X。 對於%f、%e、%E：一定要輸出小數點。 對於%g、%G：可避免小數點後面的0被移除。 例如："%#x"、"%#7.2f"。	

表5.3　與printf()搭配的旗標(續)

旗標字元	涵義	預設值
0	數值資料的寬度不足時，以0補足。 若已使用其他旗標或設定精確度，則本項功能無效。 例如："%08d"、"%07.2f"。	以空白補足。

空格旗標會在輸出正數時，保留空格；輸出負數時，印出負號。

＋旗標會在正數前加上正號，在負數前加上負號。

－旗標用來將輸出向左對齊。

#旗標會在輸出八進位數時加上0當做前置符號，會在輸出十六進位數時加上0x或0X當做前置符號。

0旗標會在不足欄位寬度的數值資料前補上0。

範例程式6： 列印整數，使用修飾字元

```
1  //  程式名稱：5_pint3.c
2  //  程式功能：列印整數，使用修飾字元
3
4  #include <stdio.h>
5
6  int main(void)
7  {
8      printf("1.  以\"%-s\"列印整數%s之結果為:%+d\n", "%+d", "-15", -15);
9      printf("2.  以\"%-s\"列印整數%s之結果為:%+d\n", "%+d", "15", 15);
10     printf("3.  以\"%-s\"列印整數%s之結果為:%+d\n", "%+d", "0", 0);
11     printf("4.  以\"%-s\"列印整數%s之結果為:% d\n", "% d", "15", 15);
12     printf("5.  以\"%-s\"列印整數%s之結果為:% d\n", "% d", "-15", -15);
13     printf("6.  以\"%-s\"列印整數%s之結果為:%+5d\n", "%+5d", "+15", +15);
14     printf("7.  以\"%-s\"列印整數%s之結果為:%-5d\n", "%-5d", "15", 15);
15     printf("8.  以\"%-s\"列印整數%s之結果為:%05d\n", "%05d", "15", 15);
```

```
16      printf("9. 以\"%-s\"列印整數%s之結果爲:%05d\n", "%05d", "-15", -15);
17      printf("10.以\"%-s\"列印整數%s之結果爲:%.5d\n", "%.5d", "15", 15);
18      printf("11.以\"%-s\"列印整數%s之結果爲:%.5d\n", "%.5d", "-15", -15);
19      printf("12.以\"%-s\"列印整數%s之結果爲:%05.3d\n", "%05.3d", "15",
            15);
20      printf("13.以\"%-s\"列印整數%s之結果爲:%05.3d\n", "%05.3d", "-15",
            -15);
21
22      //system("PAUSE");
23      return  0;
24  }
```

【執行結果】

```
1.  以"%+d"列印整數-15之結果爲:-15
2.  以"%+d"列印整數15之結果爲:+15
3.  以"%+d"列印整數0之結果爲:+0
4.  以"% d"列印整數15之結果爲: 15
5.  以"% d"列印整數-15之結果爲:-15
6.  以"%+5d"列印整數+15之結果爲:    +15
7.  以"%-5d"列印整數15之結果爲:15
8.  以"%05d"列印整數15之結果爲:00015
9.  以"%05d"列印整數-15之結果爲:-0015
10.以"%.5d"列印整數15之結果爲:00015
11.以"%.5d"列印整數-15之結果爲:-00015
12.以"%05.3d"列印整數15之結果爲:    015
13.以"%05.3d"列印整數-15之結果爲:    -015
```

【程式說明】

1. 第8-10行，(輸出結果1至3)以"+d"格式輸出整數時，正數和0都會顯示＋號，負數則會顯示－號。

2. 第11-12行，(輸出結果4至5)以"+ d"格式輸出整數時，正數前會多顯示一個空白號，負數則會顯示－號。

3. 第13-14行，(輸出結果6-7)輸出寬度為5，包含+、－號在內。

4. 第15-16行，(輸出結果8-9)以"%05d"格式輸出，至少輸出5位，不足者補0。

5. 第17-18行，(輸出結果10-11)以"%.5d"格式輸出，至少輸出5位，不足者補0。

6. 第19-20行，(輸出結果12-13)輸出寬度為5，至少輸出3位，不足者補0。

範例程式7： 列印整數，使用修飾字元

```
1   // 程式名稱：5_pint4.c
2   // 程式功能：列印整數，使用修飾字元
3
4   #include <stdio.h>
5
6   int main(void)
7   {
8       short int i = 1, j = -i;
9
10      printf("i=%d   %hd   %hu   ", i, i, i);
11      printf("j=%d   %hd   %hu\n", j, j, j);
12      i = 97;
13      do{
14          j = -i;
15          printf("i=%d   %hd   %hu   %c   ", i, i, i, i);
16          printf("j=%d   %hd   %hu\n", j, j, j);
17          i++;
18      }while(i <= 100);
19
20      //system("PAUSE");
21      return 0;
22  }
23
```

【執行結果】

```
i=1     1    1    j=-1    -1     65535
i=97    97   97   a   j=-97   -97    65439
i=98    98   98   b   j=-98   -98    65438
i=99    99   99   c   j=-99   -99    65437
i=100   100  100  d  j=-100  -100   65436
```

【程式說明】

1. 第11行，整數-1以%hu格式列印時會出現65535，因為short int是以2個位元組來儲存，2個位元組表示的整數範圍為0到65535。一旦要用short int來表示正、負整數，則表示的正整數為0到32767，而32768到65535則用來代表負整數的-1到-32768。

2. 第16行，整數-97以%hu格式列印時會印出65439(=65535-97+1)，

範例程式8： 列印整數，使用#旗標

```c
1  // 程式名稱：5_pint5.c
2  // 程式功能：列印整數，使用#旗標
3
4  #include <stdio.h>
5
6  int main(void)
7  {
8      int i = 128;
9
10     printf("i=%d   %o   %x   %X\n", i, i, i ,i);
11     printf("i=%d   %#o   %#x   %#X\n", i, i, i ,i);
12
13     //system("PAUSE");
14     return 0;
15 }
16
```

【執行結果】

```
i=128    200    80    80
i=128    0200    0x80    0X80
```

【程式說明】

1. 第10行，分別以十進位、八進位、十六進位、十六進位列印整數 i 之值。

2. 第11行，在八進位之前加上0、在十六進位之前加上0x或0X。

範例程式9： 列印浮點數，使用修飾字元

```
1   // 程式名稱：5_pfloat3.c
2   // 程式功能：列印浮點數，使用修飾字元
3
4   #include <stdio.h>
5
6   int main(void)
7   {
8       char s[] = "123.123456789";
9       float f = 123.123456789;
10
11      printf("1. 以\"%-6s\"列印浮點數%s之結果為:%f\n", "%f", s, f);
12      printf("2. 以\"%-6s\"列印浮點數%s之結果為:%10f\n", "%10f", s, f);
13      printf("3. 以\"%-6s\"列印浮點數%s之結果為:%10.7f\n", "%10.7f", s, f);
14      printf("4. 以\"%-6s\"列印浮點數%s之結果為:%g\n", "%g", s, f);
15      printf("5. 以\"%-6s\"列印浮點數%s之結果為:%7g\n", "%7g", s, f);
16      printf("6. 以\"%-6s\"列印浮點數%s之結果為:%8g\n", "%8g", s, f);
17      printf("7. 以\"%-6s\"列印浮點數%s之結果為:%9g\n", "%9g", s, f);
18      printf("8. 以\"%-6s\"列印浮點數%s之結果為:%10g\n", "%10g", s, f);
19      printf("9. 以\"%-6s\"列印浮點數%s之結果為:%10.1g\n", "%10.1g", s, f);
20      printf("10.以\"%-6s\"列印浮點數%s之結果為:%10.2g\n", "%10.2g", s, f);
21      printf("11.以\"%-6s\"列印浮點數%s之結果為:%10.3g\n", "%10.3g", s, f);
```

```
22      printf("12.以\"%-6s\"列印浮點數%s之結果爲:%10.4g\n", "%10.4g", s, f);
23      printf("13.以\"%-6s\"列印浮點數%s之結果爲:%10.5g\n", "%10.5g", s, f);
24
25      //system("PAUSE");
26      return 0;
27  }
```

【執行結果】

```
1.  以"%f    "列印浮點數123.123456789之結果爲:123.123459
2.  以"%10f   "列印浮點數123.123456789之結果爲:123.123459
3.  以"%10.7f"列印浮點數123.123456789之結果爲:123.1234589
4.  以"%g    "列印浮點數123.123456789之結果爲:123.123
5.  以"%7g   "列印浮點數123.123456789之結果爲:123.123
6.  以"%8g   "列印浮點數123.123456789之結果爲: 123.123
7.  以"%9g   "列印浮點數123.123456789之結果爲:  123.123
8.  以"%10g  "列印浮點數123.123456789之結果爲:   123.123
9.  以"%10.1g"列印浮點數123.123456789之結果爲:     1e+002
10. 以"%10.2g"列印浮點數123.123456789之結果爲:   1.2e+002
11. 以"%10.3g"列印浮點數123.123456789之結果爲:        123
12. 以"%10.4g"列印浮點數123.123456789之結果爲:      123.1
13. 以"%10.5g"列印浮點數123.123456789之結果爲:      123.12
```

【程式說明】

1. 第13行，小數點後面要印出7位。

2. 比較輸出結果4至8。內定寬度爲7位(含小數點)

3. 比較輸出結果9至13。對於%g、%G而言，精確度用來表示輸出的最大有效位數(不算小數點)。

範例程式10： 列印浮點數，使用#旗標

```
1  // 程式名稱：5_pfloat4.c
2  // 程式功能：列印浮點數，使用#旗標
3
4  #include <stdio.h>
5
6  int main(void)
7  {
8      float f = 123, g = 123.0;
9
10     printf("f=%f    %#f    %g    %#g\n", f, f ,f, f);
11     printf("g=%f    %#f    %g    %#g\n", g, g ,g, g);
12
13     //system("PAUSE");
14     return 0;
15 }
```

【執行結果】

```
f=123.000000    123.000000    123    123.000
g=123.000000    123.000000    123    123.000
```

【程式說明】

1. 第10行，#旗標可以強迫%g印出小數點後的0。

範例程式11： 列印字串，使用修飾字元

```
1  // 程式名稱：5_pstring1.c
2  // 程式功能：列印字串，使用修飾字元
3
4  #include <stdio.h>
5
6  int main(void)
7  {
```

```
 8      char s[]="C programming language";
 9
10      printf("0.!123456789012345678901234567890l\n", s);
11      printf("1.!%s!\n", s);
12      printf("2.!%15s!\n", s);
13      printf("3.!%30s!\n", s);
14      printf("4.!%-30s!\n", s);
15      printf("5.!%-30.5s!\n", s);
16
17      //system("PAUSE");
18      return 0;
19 }
```

【執行結果】

```
0.!123456789012345678901234567890l
1.!C programming language!
2.!C programming language!
3.!             C programming language!
4.!C programming language             !
5.!C pro                              !
```

【程式說明】

1. 第13行，當資料的位數(22)小於指定的寬度(30)時，則向右對齊來列印。

2. 第14行，用－強迫向左對齊來列印。

3. 第15行，向左對齊，且只印出5個字元。

5.4 scanf()函數

scanf()函數可以從標準輸入資料流當中讀取整數、浮點數、字元、字串等不同資料型態的資料，讀取時可以指定字元也可以跳過某些字元。

除了scanf()函數外，第7和14章將介紹的getchar()函數專門用來讀取字元資料，而gets()則專門用來讀取字串資料。

scanf()函數的原型如下(參考include資料夾裏的stdio.h檔)：

```
int scanf (const char*, ...);
```

scanf()函數的語法如下：

【scanf()語法】

scanf(格式控制字串, 輸入項目1, 輸入項目2, ... , 輸入項目n);

格式控制字串必須用雙引號框住，它包括以下資訊：

1. 以%帶頭的轉換指定詞。

2. 介於%與轉換指定詞之間的修飾字元。

3. 要略過的字元。

輸入項目是scanf()函數的參數列，可以是零個、一個或多個參數。而且，輸入項目必須是一個變數或陣列，不可以是運算式。

scanf()函數用來將從鍵盤輸入的字母、數字、標點符號等字元轉換成輸入項目所對應的資料型態，然後指定給該輸入項目。換句話說，scanf()是將文字轉換為整數、浮點數、字元或字串。

例如，下列敘述：

```
printf("請輸入兩個整數:");
scanf("%d %d", &i, &j);
printf("%d * %d = %ld\n", i, j, i*j);
```

的執行結果如下：

請輸入兩個整數:21 10
21 * 10 = 210

輸入的兩個整數分別為21和10，且兩者之間以空白隔開。事實上，從鍵盤輸入的「21 10」均為文字字元，sacnf()會根據轉換指定詞「%d」的指示，將文字串"21"轉換成整數21，然後指定給整數變數i。同理，將文字串"10"轉換成整數10，然後指定給整數變數j。

空白字元、換行字元和跳格字元三者均屬於**空白符號**，scanf()會以空白符號來區隔輸入的資料。因此，從鍵盤輸入的「21 10」將被視為「21」和「10」兩項資料，前者指定給 i，後者指定給 j。

請注意！scanf()讀取的資料若指定給變數，則變數名稱前須加上&，但若指定給字元陣列，則陣列名稱前不須加上&。

5.4.1 scanf()的轉換指定詞

與scanf()搭配的轉換指定詞及其涵義如表5.4所示。

表5.4　與scanf()搭配的轉換指定詞

轉換指定詞	涵義	適用於
%c	讀入單一字元	字元
%s	讀入字串	字串
%d	讀入有號十進位整數	有號整數
%i	讀入有號十、八、或十六進位整數	有號整數
%o	讀入八進位整數	無號整數
%u	讀入無號十進位整數	無號整數
%x、%X	讀入十六進位整數	無號整數
%f、%e、%E	讀入浮點數	浮點數
%n	將scanf()已經讀入的字元個數儲存到某變數	
%%	略過輸入時的百分比符號%	

　　%d和%i用於整數的輸入，%o、%u、%x和%X用於無號整數的輸入，%f、%e、%E用於浮點數的輸入，%c用於字元的輸入，%s用於字串的輸入。

範例程式12： 輸入整數

```
 1  // 程式名稱：5_sint1.c
 2  // 程式功能：輸入整數
 3
 4  #include <stdio.h>
 5
 6  int  main(void)
 7  {
 8      int  i,  j,  k,  l,  m,  n;
 9
10      printf("請輸入六個整數，格式依序為%s :", "%d %d %i %i %i %i");
11      scanf("%d %d %i %i %i %i", &i, &j, &k, &l, &m, &n);
12      printf("%d %d %i %i %i %i\n\n", i, j, k, l, m, n);
13
14      printf("請輸入四個整數，格式依序為%s :", "%o %o %x %x");
15      scanf("%o %o %x %x", &i, &j, &k, &l);
16      printf("%d %d %d %d\n", i, j, k, l);
17      printf("%#o %#o %#x %#x\n\n", i, j, k, l);
18
19      printf("請輸入兩個整數，格式依序為%s :", "%u %u");
20      scanf("%u %u", &i, &j);
21      printf("%u %u\n", i, j);
22      printf("%d %d\n", i, j);
23
24      //system("PAUSE");
25      return  0;
26  }
```

【執行結果】

請輸入六個整數，格式依序為%d %d %i %i %i %i : 10 -10 10 -10 -010 -0x10
10 -10 10 -10 -8 -16

請輸入四個整數，格式依序為%o %o %x %x : 010 -010 0x10 -0x10
8 -8 16 -16
010 037777777770 0x10 0xfffffff0

請輸入兩個整數，格式依序為%u %u :10 -10
10 4294967286
10 -10

【程式說明】

1. 第11行，%i 可以用來讀取十進位、八進位、十六進位的正負整數，
   變數名稱前須加上&。

2. 第15-17行，%o、%x 分別用來讀取八進位、十六進位的正整數，若
   讀到負數而仍然用%#o、%#x 輸出時會產生異常，須改以%d 輸出。

3. 第20-22行，%u 用來讀無號整數，若讀到負數而仍然用%u 輸出時會
   產生異常，須改以%d 輸出。

範例程式13： 輸入浮點數

```
1  // 程式名稱：5_sfloat1.c
2  // 程式功能：輸入浮點數
3
4  #include <stdio.h>
5
6  int main(void)
7  {
8      float f1, f2, f3;
9      //double d1, d2, d3;
```

```
10
11      printf("請輸入三個浮點數，格式依序為%s ：", "%f %e %g");
12      scanf("%f %e %g", &f1, &f2, &f3);
13      //scanf("%lf %le %lg", &d1, &d2, &d3);
14      printf("%f %e %g\n", f1, f2, f3);
15
16      //system("PAUSE");
17      return 0;
18  }
```

【執行結果】

請輸入三個浮點數，格式依序為%f %e %g ：1.23 1.23e-5 1.23e+5
1.230000 1.230000e-005 123000

【程式說明】

1. 第12行，可以用%f、%e、%g來讀取浮點數，變數名稱前須加上&。

2. %lf、%le、%lg可以用來讀取double型態的浮點數，請參考第9、13行。

5.4.2 scanf()的修飾字元

與scanf()搭配的修飾字元及其涵義如表5.5所示。

表5.5　與scanf()搭配的修飾字元

修飾字元	涵義
*	稍後才指定。 例如："%*d"、"%*s"。
寬度(digits)	輸入資料的最大寬度(位數)，當資料的位數超出最大寬度時，只擷取到「寬度」所指定之位數。 對浮點數而言，寬度包括小數點。 例如："%8s"。

表5.5 與scanf()搭配的修飾字元(續)

修飾字元	涵義
h	1. "%hd"、"%hu"： 將輸入轉換為short int。 2. "%ho"、"%hx"、"%hu"： 將輸入轉換為unsigned short int。
hh	將輸入轉換為signed char或unsigned char 例如："%hhd"、"%hhu"。
l	1. "%ld"、"%li"：將輸入轉換為long int。 2. "%lo"、"%lx"、"%lu"： 將輸入轉換為unsigned long。 3. "%lf"、"%le"： 將輸入轉換為double。
ll	將輸入轉換為long long int或unsigned long long int。
L	"%Lf"、"%Le"： 將輸入轉換為long double。

　　修飾詞h和l放在%d、%i、%o、%x、%u等整數轉換詞之前，分別用來輸入short和long整數。

　　修飾詞l和L放在%f、%e、%E等浮點數轉換詞之前，分別用來輸入double和long double浮點數。

範例程式14： 輸入字串及字元

```
1   // 程式名稱：5_sstring1.c
2   // 程式功能：輸入字串及字元
3
4   #include <stdio.h>
5
6   int main(void)
7   {
8       char s[10], c1, c2;
9
10      printf("請輸入一個字串 :");
11      scanf("%s", s);
```

```
12        printf("s=%s，其長度為%d\n", s, strlen(s));
13
14        printf("請輸入一個字串  :");
15        scanf("%5s %c %c", s, &c1, &c2);
16        printf("s=%s，其長度為%d\n", s, strlen(s));
17        printf("c1=%c\n", c1);
18        printf("c2=%c\n", c2);
19
20        //system("PAUSE");
21        return 0;
22    }
```

【執行結果】

```
請輸入一個字串  :123456789012345
s=123456789012345，其長度為15
請輸入一個字串  :1234567890
s=12345，其長度為5
c1=6
c2=7
```

【程式說明】

1. 第8行，s是一個字元陣列，陣列大小為10。

2. 第11行，陣列 s 前不須加上&，當輸入的字串長度大於陣列大小(10)時仍可接受。

3. 第15行，輸入一個字串，將前面5個字元指定給陣列 s，接下來的兩個字元分別指定給 c1 和 c2，c1 和 c2 前須加&。

5.5 其他技巧

○5.5.1 使用修飾字元*

修飾字元*用於printf()函數時，乃是「取代」之意。例如：

```
printf("i=%5d\n", i);
```

可以改寫成：

```
printf("i=%*d\n", 5, i);
```

當中的*將被5所取代。

範例程式15： 輸出整數、浮點數，使用修飾字元*

```
1  // 程式名稱：5_other1.c
2  // 程式功能：輸出整數、浮點數，使用修飾字元*
3
4  #include <stdio.h>
5
6  int main(void)
7  {
8      int i = 123;
9      float f = 123.123456789;
10
11     printf("i=%5d\n", i);
12     printf("i=%*d\n", 5, i);
13     printf("f=%7.3f\n", f);
14     printf("f=%*.*f\n", 7, 3, f);
15
16     //system("PAUSE");
17     return 0;
18 }
```

【執行結果】

```
i=    123
i=    123
f=123.123
f=123.123
```

【程式說明】

1. 第14行，第一個*號被7所取代，第二個*號被3所取代。

修飾字元 * 用於scanf()函數時，乃是「忽略」之意。可以略過某些輸入，或略過某幾個字元。

在格式串列中可以使用某些特定字元來規範輸入的格式，下列範例中我們規定日期的輸入格式為yy/mm/dd，我們以「/」為年、月、日的間隔符號。此外，我們也將利用修飾字元*的特性來增加輸入的彈性，用其它字元來取代「/」。

範例程式16： 輸入整數，使用修飾字元*

```
1   // 程式名稱：5_other2.c
2   // 程式功能：輸入整數，使用修飾字元*
3
4   #include <stdio.h>
5
6   int main(void)
7   {
8       int i, j;
9       int yy, mm, dd;
10
11      printf("請輸入三個整數  :");
12      scanf("%*d %d %d", &i, &j);
13      printf("i=%d   j=%d\n", i, j);
14
```

```
15      printf("請輸入日期，格式爲yy/mm/dd  :");
16      scanf("%3d/%2d/%2d", &yy, &mm, &dd);
17      printf("yy=%d    mm=%d    dd=%d\n", yy, mm, dd);
18
19      printf("請輸入日期，格式爲yy*mm*dd  :");
20      scanf("%3d%*c%2d%*c%2d", &yy, &mm, &dd);
21      printf("yy=%d    mm=%d    dd=%d\n", yy, mm, dd);
22
23      printf("請輸入日期，格式爲yy**mm**dd  :");
24      scanf("%3d%*2c%2d%*2c%2d", &yy, &mm, &dd);
25      printf("yy=%d    mm=%d    dd=%d\n", yy, mm, dd);
26
27      //system("PAUSE");
28      return 0;
29 }
```

【執行結果】

```
請輸入三個整數  :77  88  99
i=88    j=99
請輸入日期，格式爲yy/mm/dd  :95/03/01
yy=95    mm=3    dd=1
請輸入日期，格式爲yy*mm*dd  :95-03/01
yy=95    mm=3    dd=1
請輸入日期，格式爲yy**mm**dd  :95--03--01
yy=95    mm=3    dd=1
```

【程式說明】

1. 第12行，略過第一個輸入，即略過77。

2. 第16行，輸入時年、月、日之間須用/隔開。

3. 第20行，輸入時年、月、日之間可用任何字元(例如/或－等)隔開，讀取時將略過這些字元。

4. 第24行，輸入時年、月、日之間可用任何兩個字元隔開。

➲5.5.2 指定寬度讓輸出更美觀

使用水平跳格(\t)或指定寬度可以讓輸出更為美觀。

範例程式17： 指定寬度，讓輸出更美觀

```c
 1  //  程式名稱: 5_other3.c
 2  //  程式功能:指定寬度,讓輸出更美觀
 3
 4  #include <stdio.h>
 5
 6  int main(void)
 7  {
 8      int i = 3, j = 5;
 9
10      printf("%d %d %d\n", i, i*i, i*i*i);
11      printf("%d %d %d\n\n", j, j*j, j*j*j);
12
13      printf("%d \t%d \t%d\n", i, i*i, i*i*i);
14      printf("%d \t%d \t%d\n\n", j, j*j, j*j*j);
15
16      printf("%5d %5d %5d\n", i, i*i, i*i*i);
17      printf("%5d %5d %5d\n", j, j*j, j*j*j);
18
19      //system("PAUSE");
20      return 0;
21  }
```

【執行結果】

```
3 9 27
5 25 125

3       9       27
5       25      125

    3       9      27
    5      25     125
```

【程式說明】

1. 第13-14行，使用水平跳格(\t)讓輸出對齊。

2. 第16-17行，改用指定寬度就能讓數值資料向右對齊。

⊃5.5.3　輸出整段文章

　　使用printf()函數來輸出整段文章時，可以將文章分成一行一行，然後用printf()一行一行地輸出。另一種方式是在每一行之末加上反斜線(\)，然後按下Enter鍵來換行，將剩下的部份打在新的一行上。要注意的是新一行的資料必須從最左邊開始輸入，如此，資料才能一直連續而不中斷。

範例程式18：輸出整段文章

```
1   // 程式名稱：5_other4.c
2   // 程式功能：輸出整段文章
3
4   #include <stdio.h>
5
6   int  main(void)
7   {
8       printf("我若將所有的賙濟窮人，又捨己身叫人焚燒，卻沒有愛，仍然與我無益。");
9       printf("愛是恆久忍耐，又有恩慈；愛是不嫉妒；愛是不自誇，不張狂，");
10      printf("不作害羞的事，不求自己的益處，不輕易發怒，不計算人的惡，不喜歡不義，\
11  只喜歡真理；凡事包容，凡事相信，凡事盼望，凡事忍耐。愛是永不止息。\n");
12
13      //system("PAUSE");
14      return  0;
15  }
```

【執行結果】

我若將所有的賙濟窮人，又捨己身叫人焚燒，卻沒有愛，仍然與我無益。愛是恆久忍耐，又有恩慈；愛是不嫉妒；愛是不自誇，不張狂，不作害羞的事，不求自己的益處，不輕易發怒，不計算人的惡，不喜歡不義，只喜歡真理；凡事包容，凡事相信，凡事盼望，凡事忍耐。愛是永不止息。

【程式說明】

1. 第10行，最後有一個反斜線，代表與下一行的資料要串接起來。

2. 第11行，新一行的資料必須從最左邊開始輸入。

⊃5.5.4 printf()和scanf()的傳回值

printf()的傳回值表示共輸出多少字元，包括空白、\n、\t等跳脫字元都要列入計算。

scanf()的傳回值表示成功輸入多少筆資料。

當傳回值為負值時，表示輸入/輸出有異常，必須檢查資料或程式是否正確。

範例程式19：printf()和scanf()的傳回值

```
1  // 程式名稱：5_other5.c
2  // 程式功能：printf()和scanf()的傳回值
3
4  #include <stdio.h>
5
6  int main(void)
7  {
8      int i , j, k, return_value;
9      float f = 0.123456789;
10
11     return_value = printf("i=%5d", 123);
```

```
12        printf("，共輸出%d個字元\n", return_value);
13
14        return_value = printf("f=%5.3f\n", f);
15        printf("，共輸出%d個字元\n", return_value);
16
17        printf("\n請輸入三個整數:");
18        return_value = scanf("%d %d %d", &i, &j, &k);
19        printf("i=%d, j=%d, k=%d, 共輸入%d筆資料\n", i, j, k, return_value);
20
21        //system("PAUSE");
22        return 0;
23    }
```

【執行結果】

```
i=    123，共輸出7個字元
f=0.123
，共輸出8個字元

請輸入三個整數:100  101  abc
i=100, j=101, k=4198592, 共輸入2筆資料
```

【程式說明】

1. 第11-12行，共輸出 i、=、空白、空白、1、2、3等共計7個字元。

2. 第14-15行，共輸出 f、=、0、.、1、2、3、\n 等共計8個字元。

3. 第18行，第一個輸入為100，第二個輸入為101，第三個輸入為abc，由於第三個輸入非整數，不被接受，只有2筆資料成功地輸入。

⊃5.5.5 跳脫字元

與printf()搭配的跳脫字元及其涵義如表5.6所示。

表5.6 跳脫字元(Escape Character)

字元	意義
\'	輸出單引號
\"	輸出雙引號
\\	輸出反斜線
\?	輸出問號
\a	發出嗶一聲
\b	倒退一格
\f	換頁，游標移到下一頁之首
\n	換行，游標移到下一行之首
\r	游標移到本行之首
\t	水平跳格(Tab鍵)
\v	垂直跳格
\0ddd	8進位
\0xdddd	16進位

範例程式20： 跳脫字元

```
1  // 程式名稱：5_escape.c
2  // 程式功能：跳脫字元
3
4  #include <stdio.h>
5
6  int main(void)
7  {
8      printf("\t%d", 123);
```

```
 9        printf("\t\"%s\"\n", "abc");
10
11        //system("PAUSE");
12        return 0;
13 }
14
```

【執行結果】
123　　　　"abc"

【程式說明】

1. 第9行，印出字串時加上雙引號。

5.6 後記

C語言是用資料流的概念來處理資料的輸入和輸出，鍵盤的輸入會連接到標準輸入資料流，而標準輸出資料流則輸出到螢光幕。當然，也可以將輸入/輸出導向其它周邊裝置，例如從檔案輸入，輸出到報表或檔案等。

printf()函數用來輸出整數、浮點數、字元、字串等不同資料型態的資料，它是由格式控制字串和參數列所構成。

printf()的格式控制字串用來描述資料的輸出格式，它包括三種資訊：

1. 要輸出的訊息。

2. 以%帶頭的轉換指定詞。

3. 介於%與轉換指定詞之間的修飾字元。

printf()的參數列用來描述要輸出的項目有哪些，可以是零個、一個或多個輸出項目。輸出項目可以是：常數、變數、陣列元素、運算式的值。

scanf()函數可以從標準輸入資料流當中讀取整數、浮點數、字元、字串等不同資料型態的資料，它也是由格式控制字串和參數列所構成。

scanf()的格式控制字串包括三種資訊：

1.　以%帶頭的轉換指定詞。

2.　介於%與轉換指定詞之間的修飾字元。

3.　要略過的字元。

scanf()的參數列用來描述要輸入的項目有哪些，可以是零個、一個或多個輸入項目。輸入項目必須是變數或陣列，不可以是運算式。

5.7 習題

1. 試說明printf()函數的語法？

2. 用於整數輸出的轉換指定詞有哪些？分別說明它們所代表的意義。

3. 用於浮點數輸出的轉換指定詞有哪些？分別說明它們所代表的意義。

4. 用於字元、字串輸出的轉換指定詞為何？

5. 用來輸出short整數的修飾詞為何？用來輸出long整數的修飾詞為何？

6. 用來輸入double浮點數的轉換指定詞有哪些？

7. 用來輸出long double浮點數的修飾詞為何？

8. 達成下列輸出所需的旗標分別為何？

   (1)向左對齊

   (2)輸出正負號

   (3)數值資料的寬度不足時，以0補足

   (4)資料若為正數則保留空格，若為負數則在空格處印出負號(－)

   (5)以0x前置符號輸出十六進位數值

9. 指出下列敘述錯誤之處並更正之？

   ```
   (1)printf("%u\n", -100);           // 輸出 -100
   (2)printf("%c\n", "abc");          // 輸出 abc
   (3)printf(""%s"\n", "abc");        // 輸出 "abc"
   (4)printf("%s\n", 'a');            // 輸出 a
   (5)printf("%d %d\n", 1, 2, 3);     // 輸出 1 2 3
   ```

10. 下列各敘述的輸出結果為何？

    ```
    (1)printf("%5d\n", 123);
    (2)printf("%#o\n", 15);
    (3)printf("%d%%\n", 80);
    (4)printf("%.5f\n", 1.23456789);
    (5)printf("%+.5f\n", 1.23456789);
    (6)printf("%10.5f\n", 1.23456789);
    (7)printf("%+10.5f\n", 1.23456789);
    ```

```
(8)printf("%.5e\n", 123.123456789);
(9)printf("%10.5e\n", 123.123456789);
(10)printf("%.5g\n", 123.123456789);
```

11. 下列輸出所需的轉換指定詞為何？

    (1)向左對齊且欄位寬度為20的字串

    (2)輸出字串的前10個字元

    (3)以指數記號輸出浮點數，且寬度固定為15

    (4)輸出帶前置符號0x的十六進位整數，且寬度固定為4

    (5)輸出寬度為5的整數，當整數位數少於欄位寬度時以0補足

12. 以scanf()、printf()完成下列敘述？

    (1)輸入一個double值1.23e-20到變數 a

    (2)輸出一個字串abcdefghij，擷取前5個字元到字元陣列s

    (3)輸入一個八進位值0125到變數 o

    (4)輸入一個十六進位值0x125到變數 h

    (5)輸出87.85%，輸出87.8%

13. 以%g輸出浮點數123.12345678912345，當精確度為1到15時，輸出結果各為何？

14. 使用scanf()函數，分別以%d和%i格式輸入十進位正負整數、八進位正負整數、十六進位正負整數，輸出結果以比較兩者的差異。

15. 使用scanf()函數輸入一個字串，輸出字串內容及其長度，再一一輸出字串的所有字元。

16. 下列程式的輸出結果為何？

```
#include <stdio.h>
#define FORMAT "%d%c%d%s\n"
int main()
{
    printf(FORMAT, 80, '/', 20, "原理");
    //system("PAUSE");
    return 0;
}
```

17. 試寫一程式，輸入攝氏溫度，然後將之轉換為華氏溫度及絕對溫度輸出，輸出的精確度到小數點後1位。

    提示：華氏溫度 ＝ 攝氏溫度 ＊ 五分之九 ＋ 32。

    絕對溫度 ＝ 攝氏溫度 ＋ 273.16。

筆記欄

6 Chapter

結構化程式設計與選擇結構

6.1 前言

結構化程式設計採用「循序」、「選擇」和「重複」等三種程式結構。其中，循序結構是指一個敘述接著一個敘述執行，而選擇和重複結構則專門用來控制程式敘述的執行順序。它們都藉由一個「決策」來決定下一步要執行的程式敘述為何。

上述三種程式結構有一個共同特徵，那就是：只有一個入口和一個出口。

選擇結構根據「決策」來決定程式的走向，「決策」可以是一個條件關係式，也可以是一個運算式。「決策」的結果不是true(真、成立)便是false(假、不成立)。

C語言將0值視為false，將非0值視為true。

本章將介紹C語言提供的選擇結構，包括：

➡ if

➡ if-else

➡ 巢狀if

➡ else-if

➡ switch

而重複結構將在第7章介紹。

6.2 結構化程式設計

結構化程式設計的主要目的是要消除goto敘述所造成的程式結構雜亂，不容易閱讀，不容易除錯，不容易維護等缺點。因此，結構化程式強調不使用goto敘述。

　　所謂結構化程式設計，乃指採用「循序」、「選擇」和「重複(迴圈)」等三種程式結構來設計程式，並且不使用goto敘述。上述三種程式結構有一個共同特徵，那就是：只有一個入口，也只有一個出口。

⊃ 6.2.1　循序結構

　　循序結構(Sequence Structure)是指一個敘述接著一個敘述地執行程式，如圖6.1所示。

　　循序結構是各種程式語言內定的特性，也就是說，若沒有用選擇或重複結構裡的「決策」來改變敘述的執行順序，那麼內定就是以一個敘述接著一個敘述的方式來循序地執行。

　　循序結構只有單一的出入口。觀察圖6.1(b)，將虛線所涵蓋範圍視為一個完整的功能，那麼它只有一個入口，也只有一個出口。

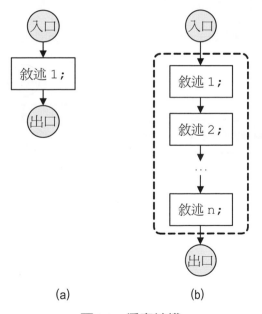

(a)　　　　　　　(b)

圖6.1　循序結構

⊃6.2.2 選擇結構

選擇結構(Selection Structure)是一種控制程式走向的敘述，它會根據「決策」的結果來決定下一個被執行的敘述為何。

這裡所謂的「決策」其實是一個條件關係式，條件關係式採用關係運算子來做比較，例如：「sex == 'M'」。此外，關係運算子也經常與邏輯運算子搭配使用，例如：「sex == 'M' && score >= 60」。

圖6.2(a)是選擇結構中最簡單的一種，菱形代表「決策」，當「決策」成立時就執行敘述 t；否則，便離開選擇結構。

圖6.2(b)中，虛線所涵蓋的範圍是一個 if-else 選擇結構，其意義是：如果「決策」成立，就執行敘述t；否則，就執行敘述f。執行完畢後就離開選擇結構。

這裡提到的敘述 t、敘述 f 可以只是單一的敘述，也可以是複合敘述。

請注意！選擇結構只有一個入口，也只有一個出口。

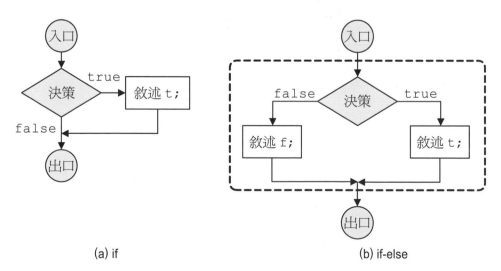

(a) if　　　　　　　　　　　　　　(b) if-else

圖6.2　兩種選擇結構：if 和 if-else

　　除此之外，還有更複雜的選擇結構，雖然比較複雜，不過其原理都是相同的。

　　如果圖6.2(b)中的敘述 t 也是一個 if-else 選擇結構，那麼就會變成圖6.3的巢狀 if。

　　圖6.3的意義是：當「決策1」不成立時，執行敘述 f1，然後從出口離開。否則，就再判斷「決策2」是否成立，若成立，就執行敘述 t2；若不成立，則執行敘述 f2。執行完敘述 t2 或 f2 後，都要從出口離開。

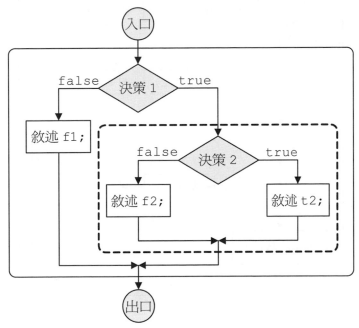

圖6.3　選擇結構：巢狀 if-else

　　同理，圖6.3中的敘述 f1、敘述 t2、敘述 f2 也可以是 if-else 結構。

　　而圖6.4是另外一種選擇結構，我們稱它為 switch。其意義是：當「決策1」成立時，執行敘述1，然後從出口離開；若「決策1」不成立，那就繼續判斷「決策2」。

當「決策2」成立時，就執行敘述2，然後從出口離開；若「決策2」不成立，那就繼續判斷「決策3」。

依此類推，一旦「決策1」到「決策n」都不成立，那麼就執行「內定的敘述」，然後從出口離開。

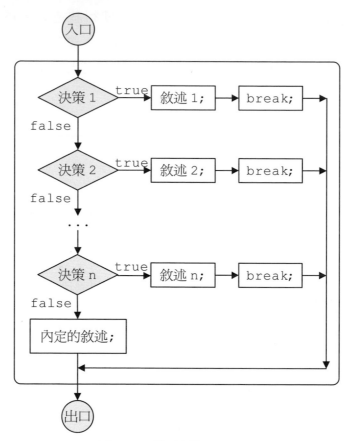

圖6.4　選擇結構：switch

◯6.2.3 重複結構

重複結構(Iteration Structure)又稱為**迴圈(Loop)**結構。

重複結構和選擇結構有一個共通點，就是透過「決策」來決定要執行哪些程式敘述。不同的是，選擇結構執行後便離開，而重複結構會回到決策點，再重新做一次決策。

圖6.5(a)是while重複結構，它的意義是：當「決策」成立時，執行敘述t，然後再次判斷「決策」是否成立。如此周而復始，直到「決策」不成立時便脫離重複結構。

圖6.5(b)也是一個重複結構，我們稱它為do-while，它會先執行敘述t，然後才判斷「決策」是否成立。如果「決策」成立，則須再次執行敘述t。如此周而復始直到「決策」不成立為止。

敘述 t 可以是單一敘述，也可以是複合敘述。

請注意！重複結構也只有一個單一的出入口。

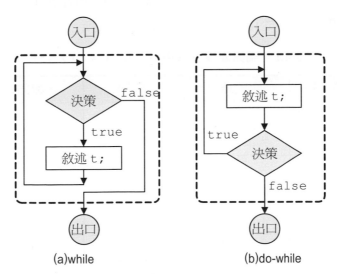

圖6.5　兩種重複結構：while和do-while

除了while和do-while之外，還有一種稱為for的重複結構，我們留待第7章再作介紹。

6.3 選擇結構

C語言提供的選擇結構有以下三種：

1. **if**：又稱為**單一選擇式敘述(Single Selection Statement)**。

2. **if-else**：又稱為**雙重選擇式敘述(Double Selection Statement)**。

3. **switch**：又稱為**多重選擇式敘述(Multiple Selection Statement)**。

6.3.1 關係運算子

關係運算子(Relational Operators)屬於二元運算子，它專門用來比較運算元之大小，比較的結果不是true便是false。

關係運算子有：>(大於)、>=(大於或等於)、<(小於)、<=(小於或等於)、==(等於)和!=(不等於)等六種，其功能如表6.1所示。

表6.1　關係運算子(假設 x = 5，y = 1，z = 5)

關係運算子	意義	範例	比較的結果
>	大於	x > y	true
>=	大於或等於	x >= y	true
<	小於	x < y	false
<=	小於或等於	x <= y	false
==	等於	x == z	true
!=	不等於	x != y	true

關係運算子中的「等於」是用兩個連續等號(即 ==)來表示，以便和指定運算子(即 =)有所區隔。

關係運算子通常會與if、while、do-while、for等敘述搭配，用來判斷某條件是否成立，然後據以決定程式的走向。

⊃6.3.2 邏輯運算子

邏輯運算子(Logical Operators)也屬於二元運算子，它有：&&(邏輯且)、||(邏輯或)和!(邏輯否定)等三個。其中，邏輯否定(!)的意義和4.4.2節介紹的一元否定(!)的意義是相同的。

邏輯運算子須與關係運算式一起搭配，用來判斷某條件是否成立。

假設x、y均為關係運算式，當x與y做 &&(邏輯且)運算，須x、y兩者皆為true時，結果才為true。當x與y做 ||(邏輯或)運算，只要x、y兩者之一為true，結果即為true。其它細節詳如表6.2所示。

表6.2 邏輯運算子

關係式x	關係式y	x && y	x || y	!x
true	true	true	true	false
true	false	false	true	false
false	true	false	true	true
false	false	false	false	true

邏輯運算子經常與if、while、do-while、for等敘述搭配，用來判斷兩個關係式是否同時成立或只有一個成立。

⊃6.3.3 if

if根據「決策」來決定程式的走向，「決策」可以是一個條件關係式，也可以是一個運算式。為方便起見，我們在介紹if語法時，統一以「運算式」來代表「決策」，其原因稍後再說明。

【if 語法】	
if(運算式) 　　敘述1;	if(expression) 　　statement 1;

if敘述的意義是：當「決策」成立時，就執行敘述1。執行完畢後，便離開if去執行下一個敘述。反之，若「決策」不成立，便直接離開if，不執行敘述1了。

這裡有幾個重點需要提醒讀者注意：

1. 敘述1可以是一個單純的敘述，也可以是複合敘述。
2. 條件關係式它是由關係運算子和邏輯運算子組合而成的運算式。
3. 若「運算式」是一個條件關係式，則當條件關係式為true時，表示「決策」成立，當條件關係式為false時，表示「決策」不成立。
4. 若「運算式」是一般算術運算式，那麼若運算式的值為0，就代表false，亦即「決策」不成立；反之，若運算式的值是非0值，那就代表true，亦即「決策」成立。
5. 在C語言裡，0被視為false，任何非0的數值都代表true，而習慣上是以1來表示true。

因此，

表6.3　運算式的值所代表的意義

項次	if(運算式)	true或false
1	if(0.123)	true
2	if(1)	true
3	if(0)	false
4	if(5 < 3)	false
5	i = 0; if(i == 0)	true
6	if(i = 0)	false

　　其中，第6個 if 裡的「i = 0」是將0指定給 i，換句話說，運算式的值為 0，因此 if 條件不成立。

　　關係運算子和邏輯運算子要相互搭配，例如：判斷一個字元變數ch的值是否為小寫英文字母，不可寫成：

```
if('a' <= ch <= 'z')
```

正確的寫法為：

```
if(ch >= 'a' && ch <= 'z')  或
if('a' <= ch && ch <= 'z')
```

　　語法中的敘述1也可以是複合敘述。換句話說，我們可以用左右大括號 "{"和"}" 框住一群敘述，來代替敘述1，亦即：

```
if(運算式){
    敘述 11;
    敘述 12;
    ...
    敘述 1n;
}
```

　　用左右大括號框住的敘述都要加分號，而右大括號"}"之後不需加分號。

範例程式1： 使用if來判斷一個整數是奇數或偶數

```
1 // 程式名稱：6_if1.c
2 // 程式功能：使用if來判斷一個整數是奇數或偶數
3
4 #include <stdio.h>
5
6 int main(void)
7 {
8     int i;
9     printf("請輸入整數:");
```

```
10    scanf("%d", &i);
11
12    if(i % 2 == 1)
13      printf("%d為奇數\n", i);
14    if(i % 2 != 1)
15      printf("%d為偶數\n", i);
16
17    //system("PAUSE");
18    return 0;
19 }
```

【執行結果】

```
請輸入整數:33
33為奇數
```

【執行結果】

```
請輸入整數:88
88為偶數
```

【程式說明】

1. 第12-13行是一組 if 敘述，第14-15行是另一組 if 敘述。

2. 第12-13行，如果(i % 2 == 1)成立，就去執行第13行；否則，就結束 if 去執行下一個敘述(即第14行)。

3. 第14-15行，如果(i % 2 != 1)成立，就去執行第15行；否則，就結束 if 去執行下一個敘述(即第16行)。

4. 我們執行這支程式兩次，第一次輸入33，第12行，33除以2的餘數為1，必須執行第13行印出「33為奇數」。接著，執行第14行的 if 判斷，由於條件不成立，就不執行第15行了。

5. 第二次執行時輸入88，第12行，88除以2的餘數為0，條件不成立，不必執行第13行。接著，執行第14行的 if 判斷，由於條件成立，就執行第15行印出「88為偶數」。

6. 無論輸入值為何，第12行和第14行都會被執行一次，事實上這是不必要的，因為(i % 2 == 1)和(i % 2 != 1)兩個關係式互斥，兩者不會同時發生，改用 if-else 便可減少一次比較。

◯ 6.3.4　if-else

if-else是由 if 區段和 else 區段所組合而成，其語法如下：

【if-else語法】	

if(運算式)
　　敘述1；
else
　　敘述2；
	if(expression)
	statement 1;
	else
	　statement 2;

　　if-else敘述的意義是：當「決策」成立時，執行敘述 1。否則，執行敘述 2。敘述1和敘述2執行完畢後，便離開 if 去執行下一個敘述。

　　敘述1和敘述2可以是單一敘述或複合敘述。

範例程式2： C語言視非0值為true，0值為flase

```
1 // 程式名稱：6_ifelse1.c
2 // 程式功能：C語言視非0值為true，0值為flase
3
4 #include <stdio.h>
5
6 int main(void)
7 {
8     int i = 1;
9     char c = 'a';
```

```
10
11    printf("測試1:");
12    if(i)
13       printf("%d 為 true\n", i);
14
15    printf("測試2:");
16    if(c)
17       printf("%c 為 true\n", c);
18
19    printf("測試3:");
20    if(0)
21       printf("0 為 true\n");
22    else
23       printf("0 為 flase\n");
24
25    //system("PAUSE");
26    return 0;
27 }
```

【執行結果】

```
測試1:1 為 true
測試2:a 為 true
測試3:0 為 flase
```

【程式說明】

1. 第12行，變數 i 的值為1，C語言將非0值均視為true，須執行第13行。

2. 第16行，變數 c 的值為 'a'，C語言將非0值均視為true，須執行第17行。

3. 第20行，C語言將0值視為false，必須執行第23行，而非執行第21行。

範例程式3： 使用if-else來判斷一個整數是偶數或奇數

```c
 1 // 程式名稱：6_ifelse2.c
 2 // 程式功能：使用if-else來判斷一個整數是奇數或偶數
 3
 4 #include <stdio.h>
 5
 6 int main(void)
 7 {
 8     int i;
 9     printf("請輸入整數:");
10     scanf("%d", &i);
11
12     if(i % 2 == 1)
13         printf("%d爲奇數\n", i);
14     else
15         printf("%d爲偶數\n", i);
16
17     //system("PAUSE");
18     return 0;
19 }
```

【執行結果】

請輸入整數:33
33爲奇數

【執行結果】

請輸入整數:88
88爲偶數

【程式說明】

1. 輸入值為33時，會執行第12和13兩行。輸入值為88時，會執行第12和15兩行。

2. 與上一節的程式6_if1.c相比，減少了一次if比較。

範例程式4： 關係運算子的應用

```
1  // 程式名稱：6_relational.c
2  // 程式功能：關係運算子的應用
3
4  #include <stdio.h>
5
6  int main(void)
7  {
8      int x = 5, y = 10, z = 5;
9      _Bool b = 0;
10
11     if(x > y) printf("x(=%d) 大於 y(=%d)\n", x, y);
12     else          printf("x(=%d) 小於 y(=%d)\n", x, y);
13
14     if(x == z) printf("x(=%d) 等於 z(=%d)\n", x, z);
15     else           printf("x(=%d) 不等於 z(=%d)\n", x, z);
16
17     if(!b) printf("!b(=%d) 為 true\n", !b);
18     else    printf("b(=%d) 為 false\n", b);
19
20     //system("PAUSE");
21     return 0;
22 }
```

【執行結果】

```
x(=5) 小於 y(=10)
x(=5) 等於 z(=5)
!b(=1) 為 true
```

【程式說明】

1. 第11行，如果(x > y)成立，就執行第11行 if 後的printf()；否則，就執行第12行else後的printf()。

   因 x 的值為5，y 的值為10，關係式(x > y)的結果為flase，必須執行第12行else後的printf()，印出：「x(=5) 小於 y(=10)」。

2. 第17行，因為 b 之值為0(false)，!b 就變成true，必須執行第17行 if 後的printf()，印出：「!b(=1) 為 true」。

   ! 為邏輯運算子，表示「非」、「相反」之意。

在處理排序問題時必須比較兩數之大小，然後作交換，我們在第9章將會探討這個問題。在此，我們先來看看如何找出 x 和 y 兩整數中之小者。底下的範例提供三種寫法，其中第一種寫法是初學者經常犯的錯誤，請特別留意。

範例程式5： if-else的應用，找出x和y兩整數中之小者

```
1  // 程式名稱：6_2min.c
2  // 程式功能：if-else的應用，找出x和y兩整數中之小者
3
4  #include <stdio.h>
5
6  int main(void)
7  {
8      int x = 9, y = 8, min = 0;
9
10     // 第1種寫法，錯誤用法
11     if(x <= y)
12         min = x;
13     min = y;
14     printf("1. min(%d,%d)=%d\n", x, y ,min);
15
16     // 第2種寫法
```

```
17    if(x <= y) min = x;
18    else         min = y;
19    printf("2. min(%d,%d)=%d\n", x, y ,min);
20
21    // 第3種寫法
22    min = (x <= y) ? x : y;
23    //(x <= y) ? min = x : min = y;    // 錯誤用法
24    printf("3. min(%d,%d)=%d\n", x, y ,min);
25
26    //printf("3. min(%d,%d)=%d\n", x, y ,(x <= y) ? x : y);
27
28    //system("PAUSE");
29    return 0;
30 }
```

【執行結果】

```
1. min(9,8)=8
2. min(9,8)=8
3. min(9,8)=8
```

【程式說明】

1. 第11-13行，第1種寫法是初學者經常犯的錯誤。雖然從結果來看是正確的，但若將 x 和 y 的值對調，結果就錯了。因為當 x 小於 y 時，須執行第12行，即「min = x;」，這時還是正確的。但離開 if 敘述後會執行第13行，即「min = y;」，結果便錯了。第12和13兩行敘述是互斥的，中間須加else。

2. 第17-18行，改用if-else寫法就可避免上述錯誤。也就是說，應盡量用if-else而少用單獨的 if。或者，也可用虛擬的else來與if搭配，例如：

```
if(運算式)
    敘述t;
else;    //虛擬的else
```

3. 第22行，採用條件運算子「? :」，它的意義和第2種寫法相同。請注意，不可以寫成：

```
(x <= y) ? min = x : min = y;   // 這是錯誤用法
```

4. 第22和24行可以改寫成26行的形式，即

```
printf("3. min(%d,%d)=%d\n", x, y ,(x <= y) ? x : y);
```

換句話說，可以在printf()裡使用條件運算子。

第4章4.4.4節計算1+2+3+4+5之和的範例程式7(4_increment2.c)可改寫如下，請比較兩支程式的差異就更能明白遞增(遞減)運算子的妙用了。

範例程式6： 計算1+2+3+4+5之和

```
1 // 程式名稱：6_sum.c
2 // 程式功能：計算1+2+3+4+5之和
3
4 #include <stdio.h>
5
6 int main(void)
7 {
8    int i = 0, sum =0;
9
10   while(1){    // 無窮迴圈
11      i++;
12      if(i <= 5){
13         sum = sum + i;
14         printf("i=%d  sum=%d\n", i, sum);
15      }
16      else
17         break;
18   }
19   printf("i=%d  sum=%d\n", i, sum);
20
21   //system("PAUSE");
22   return 0;
23 }
```

【執行結果】

```
i=1    sum=1
i=2    sum=3
i=3    sum=6
i=4    sum=10
i=5    sum=15
i=6    sum=15
```

【程式說明】

1. 第10行，「while(1)」相當於「while(true)」，是一個無窮迴圈。

2. 第12-17行，當「(i <= 5)」成立時，要執行第13-14行；否則，執行第17行。break敘述用來跳離外層迴圈，亦即跳離while迴圈。

範例程式7： 邏輯運算子的應用

```c
1 // 程式名稱：6_logical.c
2 // 程式功能：邏輯運算子的應用
3
4 #include <stdio.h>
5
6 int main(void)
7 {
8    _Bool b;
9    int i = 1, j = 2, k = 3;
10
11   b = (i > j);
12
13   if(b && (j > (i - k)))
14      printf("1. 兩個關係式皆為true\n");
15   else
16      printf("1. 兩個關係式至少有一方為false\n");
17
```

```
18    if(!b || ((k - i) == j))
19        printf("2. 兩個關係式至少有一方為true\n");
20    else
21        printf("2. 兩個關係式皆為false\n");
22
23    //system("PAUSE");
24    return 0;
25 }
```

【執行結果】

1. 兩個關係式至少有一方為false

2. 兩個關係式至少有一方為true

【程式說明】

1. 第11行，關係式(i > j)的結果為false，將0指定給變數b。

2. 第13行，布林變數b之值為false，關係式(j > (i-k))的結果為true，false和true做&&運算的結果為false。因此，必須執行第16行，印出：1. 兩個關係式至少有一方為false。

3. 第18行，布林變數b之值為false，!b變成true，關係式((k-i) == j)的結果為true，true和true做 || 運算的結果為true，因此，必須執行第19行，印出：2. 兩個關係式至少有一方為true。

⊃6.3.5 巢狀if

if(或 if-else)裡面還有一個 if(或 if-else)，稱之為**巢狀 if(Nest if)**，其語法如下：

【if-else 語法】	
| ```
if(運算式1)
    if(運算式2)
        敘述1;
    else
        敘述2;
else
    if(運算式3)
        敘述3;
    else
        敘述4;
``` | ```
if(expression 1)
    if(expression 2)
        statement 1;
    else
        statement 2;
else
    if(expression 3)
        statement 3;
    else
        statement 4;
``` |

C99規範規定編譯器至少須支援127層巢狀 if。

巢狀 if 是由外層 if 和內層 if 所組成，內層 if 不是完整地出現在外層 if 的 if 區段之內，便是完整地出現在外層 if 的 else 區段之內。換句話說，內層 if 不可以分散在外層 if 的 if 區段和 else 區段。

上述語法中，粗體字的部份可以改寫成下一節的 else-if 格式。

圖6.6中(a)和(b)是錯誤用法，因為內層 if 同時橫跨了外層 if 的 if 區段和 else區段改成(c)就對了。

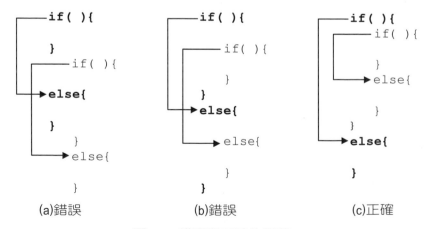

(a)錯誤   (b)錯誤   (c)正確

圖6.6　錯誤和正確的巢狀 if

如果用矩形來表示一個完整敘述,那麼圖6.7中(a)和(b)是正確的敘述結構,因為內層敘述完整地包含於外層結構之內。像圖6.7(c)的橫跨現象是錯誤用法。

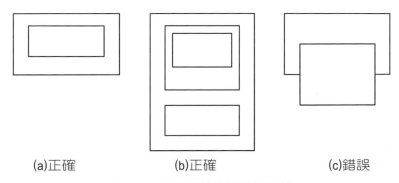

(a)正確　　　　　　　(b)正確　　　　　　　(c)錯誤

圖6.7　錯誤和正確的敘述結構

比較兩個整數之大小只要用一個 if 敘述便可以完成了,但是要比較三個整數之大小就有點複雜。不過,使用巢狀 if 便可以輕易地解決這個問題。演算流程圖如圖6.8所示,我們需要用到三層巢狀 if。

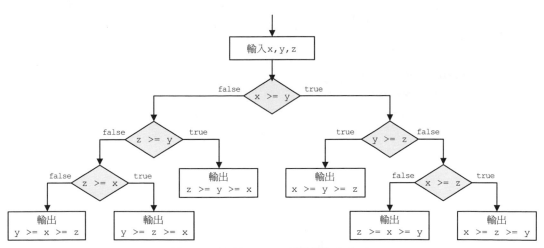

圖6.8　比較 x,y,z 三個整數之大小

範例程式8： 比較x、y、z三個整數之大小

```
1  // 程式名稱：6_3max1.c
2  // 程式功能：if-else的應用，比較x、y、z三個整數之大小
3
4  #include <stdio.h>
5
6  int main(void)
7  {
8     int x = 88, y = 99, z = 101;
9
10    printf("x=%d, y=%d, z=%d\n", x, y, z);
11    if(x >= y){
12       if(y >= z)
13          printf("%d >= %d >= %d\n", x, y, z);
14       else{
15          if(x >= z)
16             printf("%d >= %d >= %d\n", x, z, y);
17          else
18             printf("%d >= %d >= %d\n", z, x, y);
19       }
20    }
21    else{    // x < y
22       if(z >= y)
23          printf("%d >= %d >= %d\n", z, y, x);
24       else{
25          if(z >= x)
26             printf("%d >= %d >= %d\n", y, z, x);
27          else
28             printf("%d >= %d >= %d\n", y, x, z);
29       }
30    }
31
32    //system("PAUSE");
33    return 0;
34  }
```

【執行結果】

```
x=88, y=99, z=101
101 >= 99 >= 88
```

【程式說明】

1. 本例使用三層巢狀 if 來比較 x、y、z 三個整數之大小，總共有6種可能。本例第11-30行之 { 和 } 均可省略。

○6.3.6 else-if

上一節介紹的巢狀 if 可以改寫成else-if結構，else-if的語法如下：

【else-if 語法】

```if(運算式1)```
   敘述1;
```else if(運算式2)```
   敘述2;
```else if(運算式3)```
   敘述3;
```...```
```else```
   敘述n;
	```if(expression 1)```
	   ```statement 1;```
	```else if(expression 2)```
	   ```statement 2;```
	```else if(expression 3)```
	   ```statement 3;```
	```...```
	```else```
	   ```statement n;```

else-if語法較為簡潔，同樣地，敘述1到敘述 n 可以為單一敘述或複合敘述。

C程式語言導論 與實例設計

範例程式9： else-if的應用，比較x、y、z三個整數之大小

```c
1  // 程式名稱：6_3max2.c
2  // 程式功能：else-if的應用，比較x、y、z三個整數之大小
3
4  #include <stdio.h>
5
6  int main(void)
7  {
8      int x = 88, y = 99, z = 101;
9
10     printf("x=%d, y=%d, z=%d\n", x, y, z);
11     if(x >= y)
12         if(y >= z)
13             printf("%d >= %d >= %d\n", x, y, z);
14         else if(x >= z)
15             printf("%d >= %d >= %d\n", x, z, y);
16         else
17             printf("%d >= %d >= %d\n", z, x, y);
18     else if(z >= y)    // x < y
19             printf("%d >= %d >= %d\n", z, y, x);
20         else if(z >= x)
21             printf("%d >= %d >= %d\n", y, z, x);
22         else
23             printf("%d >= %d >= %d\n", y, x, z);
24
25     //system("PAUSE");
26     return 0;
27 }
```

【執行結果】

```
x=88, y=99, z=101
101 >= 99 >= 88
```

【程式說明】

1. 第18-23行可改為：

```
18    else{    // x < y
19       if(z >= y)
20          printf("%d >= %d >= %d\n", z, y, x);
21       else if(z >= x)
22          printf("%d >= %d >= %d\n", y, z, x);
23       else
24          printf("%d >= %d >= %d\n", y, x, z);
25    }
```

⊃6.3.7 switch

　　switch敘述同時結合了 if和**標記(Label)**的功能(參考6.4節)，用來將程式的控制權轉移到某個標記上面，然後從該標記的位置繼續執行程式。

　　switch敘述是根據運算式的值來控制程式的走向，它的運作流程如圖6.9所示。switch敘述的語法如下：

【switch語法】

```
switch(運算式){
    case 標記1:    //標記必須是一個整數常數或整數常數運算式
        [敘述1;]
        [break;]
    case 標記2:
        [敘述2;]
        [break;]
    ...
    case 標記n:
        [敘述n;]
        [break;]
    [default:]
        [敘述d;]
}
```

　　其中，運算式的值必須為一個整數(char資料型態也屬於整數資料型態)，不可以為浮點數或字串。而且，標記也必須是一個整數常數或整數常數運算式，不可以拿變數來當作標記。

　　switch敘述的意義如下：運算式的值(即計算結果)如果等於標記 x，就跳躍(Jump)到敘述 x，從敘述 x 開始往下執行。若執行到break敘述，就強迫跳離switch敘述。

　　如果運算式的值不等於任何一個標記，而且又有default標記的話，那麼就必須執行default標記裡的敘述 d，執行完畢之後便跳離switch敘述。

　　請注意！一旦運算式的值等於標記 x，那麼就不需再比較是否等於標記 x+1、標記 x+2...了(請參考圖6.9)。

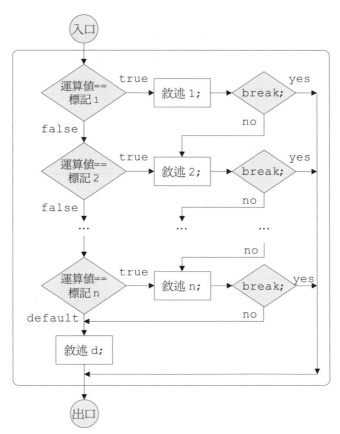

圖6.9　switch敘述的運作流程

switch語法裡用中括號 [] 框住的部份為選項，可選用也可不選用。因此，

1. 標記之後可以沒有任何敘述。

2. 標記之後不一定有break敘述。若省略break，則會繼續執行下一個敘述，直到break敘述或switch的 } 才會跳離switch。

3. 可以沒有default標記。

此外，case和default區段裡有多個敘述時，不需要如複合敘述般用左右大括號框住。

範例程式10： Switch的應用

```
1  // 程式名稱：6_switch1.c
2  // 程式功能：switch的應用
3
4  #include <stdio.h>
5
6  int main(void)
7  {
8      int i = 3;
9
10     switch(i){
11         case 1 :
12             printf("東\n");
13         case 2 :
14             printf("西\n");
15         case 3 :
16             printf("南\n");
17             //break;
18         case 4 :
19             printf("北\n");
20         default :
21             printf("輸入錯誤！\n");
22     }
23
24     //system("PAUSE");
25     return 0;
26 }
```

```
【執行結果】

南
北
輸入錯誤！
```

【程式說明】

1. 第10行，因為 i 等於3，與標記3相等，因此直接跳躍到第15行，從第15行開始往下執行。共計執行第16、19、21等三行敘述，列印出「南」、「北」及「輸入錯誤！」。

2. 若將第17行的註解(//)拿掉，則僅會執行第16行，列印出「南」。此乃遇到break就會強迫跳離switch敘述之故。

範例程式11：switch的應用

```
1  // 程式名稱：6_switch2.c
2  // 程式功能：switch的應用
3
4  #include <stdio.h>
5
6  int main(void)
7  {
8      int i = 3;
9
10     switch(i){
11         case (1)  : printf("東\n");
12         case 1+1  : printf("西\n");
13         case (1+2): printf("南\n");
14                     break;
15         case 4    : printf("北\n");
16         default   : printf("輸入錯誤！\n");
17     }
18
```

```
19      //system("PAUSE");
20      return 0;
21  }
```

【執行結果】

南

【程式說明】

1. 第11-13行，標記可以是整數常數(第11行)或整數常數運算式(第12、13行)。

2. 可以用小括號將標記括住，例如第11、13行。

範例程式12： switch的應用，判斷算術運算子的種類

```
1  // 程式名稱：6_switch3.c
2  // 程式功能：switch的應用，判斷算術運算子的種類
3
4  #include <stdio.h>
5
6  int main(void)
7  {
8      char ch = '*';
9
10     switch(ch){
11        case '+' :
12        case '-' :
13           printf("\'%c\'屬於加、減運算子\n", ch);
14           break;
15        case '*' :
16        case '/' :
17        case '%' :
18           printf("\'%c\'屬於乘、除、取餘數運算子\n", ch);
19           break;
```

```
20      case '(' :
21      case ')' :
22          printf("\'%c\'屬於左、右括號\n", ch);
23          break;
24      default  :
25          printf("\'%c\'非左、右括號，也非算術運算子\n", ch);
26  }
27
28  //system("PAUSE");
29  return 0;
30 }
```

【執行結果】

'*'屬於乘、除、取餘數運算子

【程式說明】

1. 第8行，我們用char變數ch的值來當作判斷條件。

2. 第11-14行，當ch的值為加號('+')或減號('－')時，都會執行第13-14
   行，然後跳離switch敘述。

3. 第15-19行，當ch的值為乘號('*')、除號('/')或取餘數('%')時，都會執
   行第18-19行，然後跳離switch敘述。

4. 第20-23行，當ch的值為為左括號或右括號時，都會執行第22-23
   行，然後跳離switch敘述。

5. 若非上述幾種情形，則執行第25行。

6.4 標記與goto敘述

結構化程式設計主張避免使用goto敘述,因為它會造成程式結構紊亂,不利於後續維護。不過,時程緊迫時少量地使用goto也無傷大雅。

goto敘述分成兩段,首先需要定義**標記(Label)**名稱,然後用「goto 標記名稱;」來將程式執行流程轉移到標記所在的位置。其語法如下:

【goto語法1】

```
標記名稱:
   ...
goto 標記名稱;
```

一支程式中可以有數個標記,標記名稱之後要加冒號(:),「標記名稱:」可以放在goto之前或之後。

標記名稱可以和變數名稱重複,但不可使用關鍵字來當作標記名稱。

範例程式13: goto的應用,判斷一個整數是偶數或奇數

```
1  // 程式名稱:6_goto.c
2  // 程式功能:goto的應用,判斷一個整數是奇數或偶數
3
4  #include <stdio.h>
5
6  int main(void)
7  {
8     int i;
9  loop:
10     printf("請輸入整數,結束時輸入-1:");
11     scanf("%d", &i);
12
13     if(i == -1)
```

```
14      goto stop;
15    if(i % 2 == 1){
16        printf("%d為奇數\n", i);
17        goto loop;
18    }
19    else{
20        printf("%d為偶數\n", i);
21        goto loop;
22    }
23 stop:
24    printf("結束\n", i);
25
26    //system("PAUSE");
27    return 0;
28 }
```

【執行結果】

請輸入整數，結束時輸入-1:33
33為奇數
請輸入整數，結束時輸入-1:88
88為偶數
請輸入整數，結束時輸入-1:-1
結束

【程式說明】

1. 第9行，定義標記loop。第17、21行，將程式執行流程轉移到第9行的loop。

2. 第23行，定義標記stop。第14行，將程式執行流程轉移到第23行的stop。

3. goto敘述用起來很方便，但造成程式不容易閱讀和維護，我們將在下一章用while來改寫本支程式。

6.5 綜合練習

本節我們將舉幾個例題來複習本章所介紹的選擇結構。

⊃6.5.1 字串資料的比對與計數

輸入一個字串資料，然後列印出該字串中共有幾個英文字母？共有幾個阿拉伯數字？

範例程式14： 字串中共有幾個英文字母？共有幾個阿拉伯數字？

```
1  // 程式名稱：6_count.c
2  // 程式功能：字串中共有幾個英文字母？共有幾個阿拉伯數字？
3
4  #include <stdio.h>
5
6  int main(void)
7  {
8      char ch, s[80];
9      int i, count_a, count_n;
10
11     printf("請輸入一個字串 :");
12     scanf("%s", s);
13     printf("長度為%d的字串%s\n", strlen(s), s);
14
15     i = count_a = count_n = 0;
16
17     while((ch = s[i]) != '\0'){
18       if((ch >= 'a' && ch <= 'z') || (ch >= 'A' && ch <= 'Z'))
19         count_a++;
20       else if(ch >= '0' && ch <= '9')
21         count_n++;
22       else;
23       ++i;
```

```
24    }
25
26    printf("其中，有%d個英文字母，有%d個阿拉伯數字，", count_a, count_n);
27    printf("其他字元有%d個\n", strlen(s)-count_a-count_n);
28
29    //system("PAUSE");
30    return 0;
31 }
```

【執行結果】

請輸入一個字串 :1a2B3c;:>
長度為9的字串1a2B3c;:>
其中，有3個英文字母，有3個阿拉伯數字，其他字元有3個

【程式說明】

1. 第17-24行，while敘述——檢視 s[] 陣列裡的每一個元素。這段while
   敘述可以用下列兩種方式來改寫：

```
ch = s[i];
while(ch != '\0'){
        ...
   ch = s[++i];
}
```

   或

```
while((ch = s[i++])!= '\0'){
   ...       // 須刪掉第23行的++i;
}
```

2. 第18行，判斷字元 ch 是否為英文字母。

3. 第20行，判斷字元 ch 是否為阿拉伯數字。

⊃6.5.2　將阿拉伯數字轉為國字

　　輸入一個字串，字串中的每一個字元都是0到9之間的阿拉伯數字，然後將該字串轉換成國字輸出，例如：輸入"123"，則轉換成"一二三"輸出。

　　strcat(d, s)函數用來連結兩個字串，將字串 s 串接在字串 d 之後。例如：

```
char x[10] = "abc";
char y[10] = "123";
strcat(x, y);
```

則 x 之值為"abc123"。

範例程式15： 將阿拉伯數字轉為國字

```
1  // 程式名稱：6_convert.c
2  // 程式功能：將阿拉伯數字轉爲國字
3
4  #include <stdio.h>
5  #include <string.h>
6
7  int main(void)
8  {
9      char ch, s[40], sout[80] = "";
10     int i = 0;
11
12     printf("請輸入阿拉伯數字:");
13     scanf("%s", s);
14
15     while((ch = s[i++]) != '\0'){
16         switch(ch){
17             case '1' : strcat(sout,"一"); break;
18             case '2' : strcat(sout,"二"); break;
19             case '3' : strcat(sout,"三"); break;
20             case '4' : strcat(sout,"四"); break;
21             case '5' : strcat(sout,"五"); break;
```

```
22          case '6' : strcat(sout,"六"); break;
23          case '7' : strcat(sout,"七"); break;
24          case '8' : strcat(sout,"八"); break;
25          case '9' : strcat(sout,"九"); break;
26          case '0' : strcat(sout,"零"); break;
27          default  : printf("輸入錯誤，%c非阿拉伯數字\n", ch);
28       }
29    }
30    printf("輸入:%s\n", s);
31    printf("輸出:%s\n", sout);
32
33    //system("PAUSE");
34    return 0;
35 }
```

【執行結果】

請輸入阿拉伯數字:1357924680
輸入:1357924680
輸出:一三五七九二四六八零

【程式說明】

1. 第15-29行，一開始sout為空字串(第9行)，若ch之值為'1'，就將"一"串接到sout之後。若ch之值為'2'，就將"二"串接到sout之後，並依此類推。

6.5.3 計算投資報酬率

假設年投資報酬率為10%，投資1百萬元本金，採複利計算，經過幾年資金可增加一倍？

範例程式16： 計算投資報酬率

```
1  //程式名稱：6_profit.c
2  //程式功能：計算投資報酬率(假設年投資報酬率為10%，投資1百萬元本金，
3  //          採複利計算，經過幾年資金可增加一倍？(使用for)
4
5  #include <stdio.h>
6
7  int main ()
8  {
9    int capital = 1000000;   //本金
10   float rate = 0.1;            //每年投資報酬率10%
11   int year = 0, goal;          //年投資報酬目標
12
13   printf("假設年投資報酬率為10%，投資1百萬元本金，採複利計算，經過幾年資金可增加一倍？\n");
14   goal = 2 * capital;
15   for( ; ; ){
16     capital = capital * (1 + rate);
17     year ++;
18     printf(" %d 年後，本利和為 %d 元\n", year, capital);
19     if(capital < goal)
20        continue;
21     else
22        break;
23   }
24   printf("經過 %d 年本金可增加一倍\n", year);
25
26   //system("PAUSE");
27   return 0;
28 }
```

【執行結果】

假設年投資報酬率為10%，投資1百萬元本金，採複利計算，經過幾年資金可增加一倍？

1年後，本利和為1100000元

2年後，本利和為1210000元

3年後，本利和為1331000元

4年後，本利和為1464100元

5年後，本利和為1610510元

6年後，本利和為1771561元

7年後，本利和為1948717元

8年後，本利和為2143588元

經過8年本金可增加一倍

【程式說明】

1. 第15-23行，用一個無限迴圈(第15行)來測試是否達到投資目標，當達到時就用break跳離迴圈。

⊃6.5.4　使用is函數來判斷字元的種類

常用的is內建函數及其功能如下：

isdigit(ch)：用來判斷ch是否為數字字元。

isalpha(ch)：用來判斷ch是否為英文字母字元。

isspace(ch)：用來判斷ch是否為空白字元。

使用上述函數時須引入ctype.h。

範例程式17： 使用is函數來判斷字元的種類

```
1 //程式名稱：6_if_is.c
2 //程式功能：使用is函數來判斷字元的種類(使用is函數)
3
4 #include <stdio.h>
5 #include <ctype.h>
```

```
 6
 7 int main ()
 8 {
 9    int i, digit = 0, alpha = 0, space = 0, other = 0;
10    char ch, s[] = "z;123, A bc, G<;";
11
12    printf("字串\"%s\"的長度為 %d ，\n", s, strlen(s));
13
14    for(i = 0; (ch = s[i]) != '\0'; i++){ // Error ch = s[i] != '\0'
15       if(isdigit(ch))          //ch是否為數字字元
16          digit++;
17       else if(isalpha(ch))     //ch是否為英文字母字元
18          alpha++;
19       else if(isspace(ch))     //ch是否為空白字元
20          space++;
21       else
22          other++;
23    }
24    printf("其中有 %d 個阿拉伯數字，", digit);
25    printf("有 %d 個英文字母，", alpha);
26    printf("有 %d 個空白，", space);
27    printf("還有 %d 個其他字元\n", other);
28
29    //system("PAUSE");
30    return 0;
31 }
```

【執行結果】

字串"z;123, A bc, G<;"的長度為 16 ，
其中有 3 個阿拉伯數字，有 5 個英文字母，有 3 個空白，還有 5 個其他字元

【程式說明】

1. 第5行，使用is函數時須引入ctype.h。

2. 第14行，for裡不可寫成ch = s[i] != '\0'。

⊃6.5.5 將字串裡的英文單字逐一列印出來

運用isalpha(ch)函數用來判斷ch是否為英文字母字元，然後將字串裡的英文單字一一擷取出來。

範例程式18： 將字串裡的英文單字逐一列印出來

```c
1  //程式名稱：6_getEtoken.c
2  //程式功能：將字串裡的英文單字逐一列印出來
3
4  #include <stdio.h>
5  #include <ctype.h>
6
7  int main(void)
8  {
9      char s[] = "Waste your money and you're only out of money, but "
10             "waste  your time and you've lost a part of your life.";
11     char ch, word[20];
12     int i, j, count = 0;
13
14     for(i = 0, j = 0; (ch = s[i]) != '\0'; i++){
15         if(isalpha(ch) || ch == '\'')
16             word[j++] = ch;
17         else{
18             if(j > 0){
19                 word[j] = '\0';
20                 j = 0;
21                 count++;
22                 printf("%2d.%-10s", count, word);    // - 表示向左對齊
23                 if(count % 5 == 0)
24                     printf("\n");
25             }
26             else
27                 continue;
28         }
```

```
29        }
30        printf("\n總共有 %d 個英文單字\n", count);
31
32        //system("PAUSE");
33        return 0;
34 }
```

【執行結果】

```
1.Waste      2.your       3.money      4.and       5.you're
6.only       7.out        8.of         9.money     10.but
11.waste     12.your      13.time      14.and      15.you've
16.lost      17.a         18.part      19.of       20.your
21.life
總共有 21 個英文單字
```

【程式說明】

1. 第15-16行，我們用isalpha(ch)來判斷字元ch是否為英文字母，如果是，就將之存入word[]陣列中。

2. 我們也能擷取出像you've這種有「'」號的縮寫單字，其關鍵在第15行的|| ch == '\'"。

⊃6.5.6 將字串裡的中文字逐一列印出來

假設字串str的內容為"2012 我愛 C 程式語言"，本範例要將其中的中文字逐一挑選出來。

中文字是採用雙位元組字集，換言之，一個中文字是由高位元組和低位元組兩個位元組所構成，由高位元組的編碼特性便能區分出中文字。

範例程式19： 將字串裡的中文字逐一列印出來

```c
1  //程式名稱：6_getCtoken1.c
2  //程式功能：將字串裡的中文字逐一列印出來
3
4  #include <stdio.h>
5
6  int main(void)
7  {
8      int i, j = 0, ch ;
9      char cw[3], str[] = "2012 我愛 C 程式語言";
10
11     printf("字串:\"%s\"\n", str);
12     printf("內含有下列中文字:");
13
14     for(i = 0; (ch = str[i]) != '\0'; i++){ // 不可寫成 ch = str[i] != '\0'
15         if(ch < 0){ //為中文字
16             cw[j++] = ch;
17             cw[j++] = str[++i];
18             cw[j] = '\0';
19             printf("%s，", cw);
20             j = 0;
21         }
22     }
23
24     //system("PAUSE");
25     return 0;
26 }
```

【執行結果】

字串:"2012 我愛 C 程式語言"
內含有下列中文字:我，愛，程，式，語，言，

【程式說明】

1. 第14-22行，從字串str[]擷取單一字元ch，若ch的值小於0，表示該字元為中文字的高位元組，而接下來的字元則為中文字的低位元組。

2. 第16-19行，擷取高、低兩個位元組便能組合成一個中文字。

⊃6.5.7 讀入一檔案，將檔案裡的中文字逐一列印出來

在正式介紹本範例前，我們先來看下列敘述：

```
int main(int argc, char *argv[])
```

其中，argc和argv是main()函數的參數(Argument)，它們是作業系統和程式溝通的橋樑。

argc是argument count的縮寫，用以取得在作業系統命令列輸入的參數個數。而argv則是argument vector的縮寫，argv[]是一個一維陣列，專門用來存放作業系統命令列輸入的參數內容。

例如：在Windows命令提示字元下輸入下列指令：

```
C>copy data1.txt data2.txt
```

則argc的值等於3，因為有"copy"、"data1.txt"和"data2.txt"等3個參數。

而且，argv[0]的內容為"copy"，argv[1]的內容為"data1.txt"，argv[2]的內容則為"data2.txt"。

接下來的範例將讀入資料檔data.txt，然後將該檔案裡的中文字逐一列印出來。

範例程式20： 讀入一檔案，將檔案裡的中文字逐一列印出來

```
 1  //程式名稱 : 6_getCtoken2.c
 2  //程式功能 : 讀入一檔案，將檔案裡的中文字逐一列印出來
 3  //執行方式 : C>6_getCtoken2 data.txt    //data.txt為內含中文字的資料檔
 4
 5  #include <stdio.h>
 6  FILE *fptr;
 7
 8  int main(int argc, char *argv[])
 9  {
10      printf("argc = %d\n", argc);
11      printf("argv[0] =\"%s\", argv[1] = \"%s\", ", argv[0], argv[1]);
12      printf("argv[2] =\"%s\"\n", argv[2]);
13      switch(argc){
14          case 1 : printf("無資料檔！\n");
15                   printf("執行方式為 C>6_getCtoken2 內含中文字的資料檔\n");
16                   exit(1);
17                   break ;
18          case 2 : if((fptr = fopen(argv[1],"r")) == NULL){ //開啟檔案
19                       printf("檔案 %s 不存在！\n",argv[1]);
20                       exit(1);
21                   }
22      }
23
24      int c, j = 0;
25      char cw[3];
26      printf("%s 檔案裡含有下列中文字：", argv[1]);
27      while((c = fgetc(fptr)) != EOF){   //EOF = -1
28          if(c >= 128){//中文字
29              cw[j++] = c;
30              cw[j++] = fgetc(fptr);
31              cw[j] = '\0';
32              j = 0;
33              printf("%s，", cw);
```

```
34          }
35      }
36      fclose(fptr); //關閉檔案
37
38      //system("PAUSE");
39      return 0;
40  }
```

【執行結果】

```
C>type data.txt
2012 我愛 C 程式語言
C>6_getCtoken data.txt
argc = 2
argv[0] ="6_getCtoken2", argv[1] = "data.txt", argv[2] ="(null)"
data.txt 檔案裡含有下列中文字：我，愛，程，式，語，言，
```

【程式說明】

1. 第6行，宣告*fptr為檔案指標，fptr為檔案的邏輯檔名。

2. 第18行，「(fptr = fopen(argv[1],"r")」的意義是以唯讀("r")模式開啟argv[1]所代表的實體檔案，並將結果指定給fptr。

   倘若fptr為NULL則表示無法成功開啟該檔(關於檔案存取的詳細介紹請參考第13章)。

3. 第27行，「(c = fgetc(fptr))」的意義是從fptr所指的檔案讀取一個字元。

4. 第28-31行，當c的值大於或等於128時，表示C為中文字的高位元組，接著再讀取下一個字元必為低位元組(第30行)。

5. 第36行，將關閉fptr所指的檔案。

6.6 後記

所謂結構化程式設計，乃指採用「循序」、「選擇」和「重複(迴圈)」等三種程式結構來設計程式。上述三種結構的共同特徵是：只有一個入口，也只有一個出口。

結構化程式強調不使用goto敘述。

「循序」結構是各種程式語言內定的特性，而「選擇」和「重複」結構裡的「決策」可以用來改變程式的走向。

「決策」是一個運算式，可以是一般的算術運算式或是條件關係式。「決策」是一般的算術運算式時，若運算式的值為0，則表示false；否則(為非0的數值)，就代表true。

本章介紹了五種選擇結構：if、if-else、巢狀if、else-if和switch。它們都需要根據「決策」的結果是true或false來決定究竟要執行哪些敘述。

「goto 標記名稱;」是一個跳躍指令，用來將程式的控制權轉移到「標記」所在的位置，利用goto可以很方便地改變程式的執行順序，但也因此造成程式結構的紊亂。

標記名稱可以和變數名稱重複，但不可使用關鍵字來當作標記名稱。

6.7 習題

1. 何謂結構化程式設計，它的主要特徵為何？
2. 繪出if和if-else敘述的流程圖。
3. 如果圖6.3(b)中的敘述f1也是一個if-else結構，請畫出完整的結構圖？
4. 比較6.2.2節圖6.4和6.3.5節圖6.9這兩個switch結構圖的差異。
5. 繪出while敘述的流程圖。

6. 繪出do-while敘述的流程圖。

7. 下列程式中，else與哪一個if配成一對？

```
10 if(score >= 80)
11     printf("甲");
12     if(score >= 90 && score < 95)
13         printf("優");
14 else
15     printf("其他");
```

8. 下列程式的執行結果為何？

```
10 int x = 128;
11 if(x % 2)
12     printf("a\n");
13 else
14     printf("b\n");
```

9. 下列各敘述是否正確？若錯誤，則更正之。

(a) if(0 <= x <= 9)

(b) if(ch != 'a' && != 'A')

(c) if(1 < 2 && 'z' < 'a')

(d) if(1)

(e) if(!(ch > '1')

10. 下列各條件關係式何者為true？何者為false？

(a) 0

(b) 1

(c) ! 1 >= 2

(d) 'a' <= 'z' && 2 < 5

(e) 'a' <= 'z' || 2 > 5

(f) ! ('a' <= 'z') || 2 > 5

(g) ! 'a' <= 'z' || 2 > 5

11. 用條件關係式來表達下列各敘述

(a) ch是大寫英文為字母

(b) x是介於0到9之間的整數(含0、9)

(c) ch 是 'a' 或 'A' 但不是 'z' 也不是 'Z'

(d) x 是介於10到20之間的奇數(含10、20)

(e) x 是偶數，且非介於10到20之間

12. 用 if-else 改寫下列敘述

```
(a) min = (x >= y) ? y : x;
(b) sum += (x % y == 0) ? x : y;
```

13. 用 if-else 改寫下列敘述

```
if(i > 0)
    goto x;
goto y;
x: sum = sum + i;
    goto z;
y: sum = sum - i;
z: printf("sum=%d", sum);
```

14. 若將6.4節程式6_goto.c中的loop改為 i，編譯的結果為何？將loop改為 int，編譯的結果為何？將stop改為end，編譯的結果為何？

15. 撰寫一支程式，找出 x 和 y 兩整數中之大者。

16. 撰寫一支程式，找出x、y、z三整數中之最大者。

17. 撰寫一支程式，找出x、y、z三整數中之最小者。

18. 下列程式片段用來判斷字元的種類，請問是否正確？

```
for(i = 0; (ch = s[i]) != '\0'; i++){
    if(isdigit(ch)) digit++;
    if(isalpha(ch)) alpha++;
    if(isspace(ch)) space++;
    else other++;
}
```

19. 下列程式片段用來判斷字元的種類，請問是否正確？

```
for(i = 0; (ch = s[i]) != '\0'; i++){
    if(isdigit(ch)) digit++;
    else if(isalpha(ch)) alpha++;
```

```
        if(isspace(ch)) space++;
        else other++;
    }
```

20. 參考6.5.6節程式6_getCtoken1.c，將ch變數改為char型態，看看結果如何？

21. 撰寫一支程式，輸入一字串，使用is函數來判斷各個字元的種類，然後印出該字串的長度及字串含有阿拉伯數字、英文字母、空白、其他字元的個數？

22. 承上題，改為不使用is函數來判斷？

23. 參考6.5.3節，將計算投資報酬率程式6_profit.c用whilw(1)敘述改寫？

24. 參考6.5.3節，將計算投資報酬率程式6_profit.c用while(capital < goal)敘述改寫？

25. 參考6.5.3節，將計算投資報酬率程式6_profit.c用do while敘述改寫？

筆記欄

C 7 Chapter

重複結構

C程式語言導論與實例設計

7.1 前言

結構化程式設計採用「循序」、「選擇」和「重複」等三種程式結構，在第6章裡我們已經詳細地介紹了if、if-else、巢狀if、else-if和switch等五種選擇結構的用法。

選擇結構依據「決策」來決定程式的走向。

「決策」對C語言來說是一個運算式，可以是一般算術運算式、關係運算式或邏輯運算式。算術運算式的結果若是非0值，則代表true(真、成立)；否則(為0值)就代表false(假、不成立)。而關係運算式和邏輯運算式的比較結果不是true便是false。

重複結構又稱為**迴圈(Loop)**，它也是依據「決策」來決定程式的走向，與if不同的是：它用「決策」來判斷是否需要一再重複地執行迴圈內的敘述。

本章將介紹C語言提供的三種重複結構：

➤ while

➤ do-while

➤ for

此外，本章也將介紹break和continue這兩個類似goto的敘述。

本書裡所提到的語法中，用中括號"[ ]"框住的部份是一個選項(Option)，表示中括號"[]"裡的語法是可以省略的。

7.2 重複結構－迴圈

重複結構又稱為**迴圈(Loop)**，C語言提供的重複結構有while、do-while和for等三種語法，且它們經常與break和continue搭配使用。

while：當「決策」成立時，執行迴圈裡的敘述。

do-while：執行迴圈裡的敘述，直到「決策」不成立為止。

for：當「決策」成立時，執行迴圈裡的敘述。

break：脫離迴圈。

continue：重新判斷「決策」是否成立。

上述的「決策」是一個運算式(算術、關係、邏輯等運算式)。

⊃7.2.1　while

while語法如下(參考圖7.1(a))：

【while語法1】	
while(運算式) 敘述;	while(expression) statement;

while的意義是：當運算式為true時，重複地執行「敘述」，然後再次判斷運算式是否為true。一旦運算式為false，就不再執行該「敘述」。

緊接著while的「敘述」才屬於迴圈，該「敘述」可以是單一敘述或複合敘述。換句話說，當運算式成立時，必須執行while之後到";"或"}"之間的敘述。

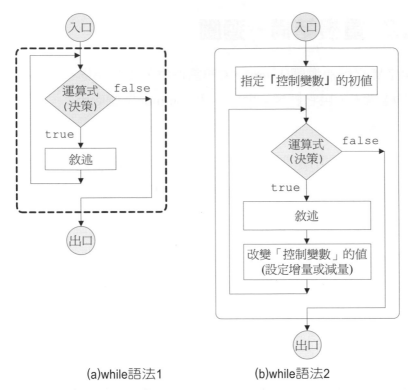

(a)while語法1　　　　　　(b)while語法2

圖7.1　while的運作流程

如果運算式永遠為true，那麼，這個while便是一個無窮迴圈。因此，我們必須設法讓運算式在某種情況下變成false，以便脫離while迴圈。利用「控制變數」以及「在敘述中改變控制變數的值」就可達到這個目的。

下列的語法說明如何使用控制變數來終止while迴圈(參考圖7.1(b))：

【while語法2】	

指定「控制變數」的初值;
while(運算式){
　　敘述;
　　...
　　改變「控制變數」的值;
　　//設定增量或減量;
}
	initialize;
	while(expression){
	statement;
	　　...
	　　update;
	}

一開始，必須指定控制變數的初值。接著，判斷運算式是否成立，若運算式成立就執行while之左右大括號這個迴圈裡的敘述，並設法改變控制變數的值。然後，再回到while，重新判斷運算式是否成立。一旦運算式不成立，便脫離while迴圈。

所謂「改變控制變數的值」，通常是控制變數之值的遞增或遞減。例如，用while來計算1+2+3+4+5之和的程式可以這樣寫：

```
// 例1
07 int i = 1, sum =0;
08 while(i <= 5){
09     sum = sum + i;
10     i++;
11 }
```

我們用控制變數 i 來當作**計數器(Counter)**，用它來決定while迴圈被執行的次數。一開始，設定 i 的值為1，每次執行迴圈後 i 的值就累加1，當 i 等於6時就會脫離while迴圈。

除了在迴圈裡改變控制變數的值外，也可以在運算式中改變控制變數的值。上述程式可以改寫成：

```
// 例2
07 int i = 0, sum =0;
08 while(++i <= 5)
09     sum = sum + i;
```

但是如果寫成

```
// 例3：錯誤
07 int i = 1, sum =0;
08 while(i++ <= 5)
09     sum = sum + i;
```

就無法得到正確的結果了，這是因為「(i++ <= 5)」和「sum = sum + i;」兩者的 i 值不一致的緣故。

舉個例子來說吧！一開始，i等於1，(i++ <= 5)成立，做完比較之後，i的值累加1成為2，接著，將sum + i之值(即0+2=2)指定給sum。換句話說，上述程式相當於計算2+3+4+5+6之和，而非計算1+2+3+4+5之和。

再來看下列兩個程式片段：

```
// 例4
07 int i = 1, sum =0;
08 while(1){// 無窮迴圈
09    sum += i;
10    if(sum > 100) break;
11 }
```

```
// 例5
07 while(i-- != 0)
08    ; // null敘述
```

其中，例4是一個無窮迴圈，在sum值大於100時會脫離while迴圈。而例5中第8行是一個null敘述，表示當while條件成立時並不做任何事情。

範例程式1： while的應用，計算2的5次方之值

```
1 // 程式名稱：7_while1.c
2 // 程式功能：while的應用，計算2的5次方之值
3
4 #include <stdio.h>
5
6 int main(void)
7 {
8    int j = 1, ans = 1, n = 5;
9
10    while(j <= n){
11       ans *= 2 ;
12       printf("2的%d次方為%d\n", j, ans);
13       j++;
```

```
14      }
15
16      //system("PAUSE");
17      return 0;
18  }
```

【執行結果】

2的1次方為2
2的2次方為4
2的3次方為8
2的4次方為16
2的5次方為32

【程式說明】

1. 第8行，設定 j 的初值為1，ans的初值也為1。

2. 第10行，當 j <= n 成立時，必須執行 while 迴圈內的敘述，即第11-13行。

3. 第13行，將 j 的值加1，接下來會回到第10行再次判斷 j <= n 是否成立。一旦 j > n，便脫離 while 迴圈。

在第3章裡，我們已經學會呼叫C的內建函數strlen()來取得某字串的長度，也體驗了函數的便利性和優點。我們將在第8章正式介紹函數，不過在此我們先來體驗一下如何將「計算x的n次方之值」的工作以函數的形式來完成。

函數的應用包括三個層次：

1. **函數原型(Function Prototype)**：告訴編譯器函數的傳回值、函數名稱、函數有哪些**形式參數(Formal Parameters)**，以及形式參數的資料型態。

2. **函數呼叫**：將**實際參數(Argument)**值傳給函數，並取得函數傳回值。

3. **函數定義**：即函數的實作。

我們將程式 7_while1.c 稍作修改，並將「計算2的5次方之值」衍生為「計算x的n次方之值」，結果如下列程式所示。

範例程式2： while的應用，計算x的n次方之值

```
 1  // 程式名稱：7_power1.c
 2  // 程式功能：while的應用，計算x的n次方之值
 3
 4  #include <stdio.h>
 5  int power(int x, int n);  // 函數原型
 6
 7  int main(void)
 8  {
 9     int i = 2, j = 5;
10
11     printf("%d的%d次方為%d\n", i, j, power(i, j));  // 函數呼叫
12
13     //system("PAUSE");
14     return 0;
15  }
16
17  int power(int x, int n)        // 函數定義(實作)
18  {                              // x, n 均大於0
19     int j = 1, ans = 1;
20
21     while(j <= n){
22        ans *= x ;
23        j++;
24     }
25     return ans;
26  }
```

【執行結果】

2的5次方為32

【程式說明】

1. 第5行,函數原型,只要將函數定義(第17行)複製到程式前頭,一般是放在main()之前,然後加上分號即可。

2. 第11行,以power(i, j)來呼叫power()函數,用以計算2的5次方之值。首先,將程式的控制權轉移給power()函數(第17行),並將實際參數 i 和 j 之值2和5傳給power()函數。

    實際參數 i 和 j 的資料型態必須與第17行形式參數 x 和 n 的資料型態一致,並相互對應。

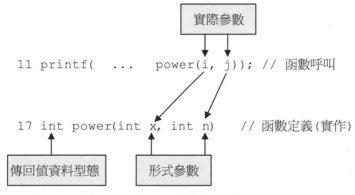

```
11 printf(  ...  power(i, j)); // 函數呼叫


17 int power(int x, int n)   // 函數定義(實作)
```

圖7.2　函數的呼叫

3. 第17-26行,power()函數的實作。當power()函數被呼叫時,形式參數 x 和 n 分別接收第11行傳入的 i 和 j 之值,即x=2和n=5。然後開始執行第19-25行等程式碼。

4. 第25行,執行完畢之後必須將函數的執行結果(ans之值)和控制權回傳給呼叫它的敘述(即第11行)。函數的傳回值ans屬於int資料型態,所以第17行power()前面必須用int來宣告。

5. 使用函數的好處之一是讓程式更有彈性,如本例的power()函數可用來計算 x 的 n 次方,而非僅限於2的5次方。

除了可用「增量」方式來改變「控制變數」的值外，也可以改用「減量」來達成相同目的。

下列計算2的5次方之值的程式中，控制變數 n 之值從5開始逐次遞減，當 n 等於0時將脫離while迴圈。

範例程式3： while的應用，計算2的5次方之值

```c
 1  // 程式名稱：7_while2.c
 2  // 程式功能：while的應用，計算2的5次方之值
 3
 4  #include <stdio.h>
 5
 6  int main(void)
 7  {
 8     int ans = 1, n = 5;
 9
10     printf("2的%d次方為", n);
11     while(n >= 1){
12        ans *= 2 ;
13        n--;
14     }
15  /*
16     while(n-- >= 1)
17        ans *= 2 ;
18  */
19     printf("%d\n", ans);
20
21     //system("PAUSE");
22     return 0;
23  }
```

【執行結果】

2的5次方為32

【程式說明】

1. 第11-14行，控制變數 n 之值從5開始逐次遞減，當 n 等於0時將脫離 while迴圈。

2. 第11-14行可改寫成第16-17行。

3. 和程式7_while1.c比較，本程式少用了一個變數j。

同樣地，我們將上述程式(7_while2.c)改為函數形式，結果如下。

範例程式4： while的應用，計算x的n次方之值

```
1 // 程式名稱：7_power2.c
2 // 程式功能：while的應用，計算x的n次方之值
3
4 #include <stdio.h>
5 int power(int x, int n); // 函數原型
6                                     // x, n 均大於0
7 int main(void)
8 {
9     int i = 5, j = 3;
10
11    printf("%d的%d次方為%d\n", i, j, power(i, j)); // 函數呼叫
12
13    //system("PAUSE");
14    return 0;
15 }
16
17 int power(int x, int n) // 函數定義(實作)
18 {
19    int ans = 1;
20
21    while(n-- >= 1)
22      ans *= x ;
23
24    return ans;
25 }
```

【執行結果】
5的3次方為125

【程式說明】

1. 第11行，以power(5,3)呼叫power()函數來計算5的3次方之值。

○7.2.2 do-while

while是根據「決策」的結果來決定要不要執行迴圈裡的敘述。do-while則先執行迴圈裡的敘述，然後才根據「決策」的結果來決定要不要脫離迴圈。

do-while語法如下(參考圖7.3)：

【do-while語法1】	
do 　　敘述; while(運算式);	do 　　　statement; while(expression);

【do-while語法2】	

指定「控制變數」的初值;
do{
　　敘述;
　　...
　　改變「控制變數」的值;
　　//設定增量或減量;
}while(運算式);　　// 須加分號
	initialize;
	do{
	　　　statement;
	　　　...
	　　　update;
	}while(expression);

do-while的意義如下：一開始，先指定控制變數的初值。接著，執行do之左右大括號迴圈裡的敘述，並設法改變控制變數的值。然後，才判斷運算式是否成立，若成立就再次執行do迴圈裡的敘述。重複上述流程，直到運算式不成立時便脫離do迴圈。

上述語法中的敘述，可以是單一敘述或複合敘述。

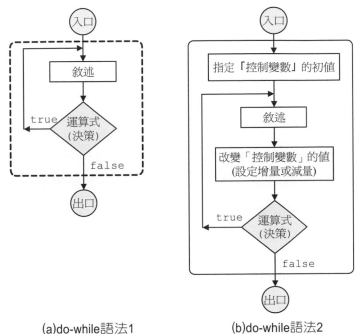

(a)do-while語法1　　　(b)do-while語法2

圖7.3　do-while的運作流程

例如，用do-while來計算1+2+3+4+5之和的程式可以這樣寫：

```
// 例1
int i = 1, sum =0;
do{
    sum = sum + i;
    i++;
}while(i <= 5);
```

此外，我們可以將上述程式改寫成以下兩種方式。

```
// 例2
int i = 1, sum =0;
do{
    sum += i++;
}while(i <= 5);
```

和

```
// 例3
int i = 1, sum =0;
do sum += i;
while(++i <= 5);
```

請牢記，「改變控制變數的值」這件工作可以放在迴圈中，也可以在運算式裡進行。

有人形容撰寫程式是一種藝術，程式的寫法並非一成不變，撰寫者可以充分發揮創意，只要掌握邏輯正確、簡明易懂的原則就對了。

上一節用while來計算2的5次方之值的程式(7_while2.c)可以改用do-while來完成，請看以下範例。

範例程式5： do-while的應用，計算2的5次方之值

```
1  // 程式名稱：7_dowhile1.c
2  // 程式功能：do-while的應用，計算2的5次方之值
3
4  #include <stdio.h>
5
6  int main(void)
7  {
8      int ans = 1, n = 5;
9
10     printf("2的%d次方為", n);
11
12     do{
13         ans *= 2 ;
14     }while(n-- >= 2);
15     printf("%d\n", ans);
16
17     //system("PAUSE");
18     return 0;
19 }
```

【執行結果】

2的5次方為32

【程式說明】

1. 第12-14行，以do-while迴圈來計算2的5次方之值。請注意！第14行的運算式為(n-- >= 2)，如果寫成(n-- >= 1)就會多計算一次，變成64(即2^6)了。這是因為do至少會執行一次迴圈敘述，我們必須在while條件上加以控制。

範例程式6： do-while的應用，計算x的n次方之值

```
1 // 程式名稱：7_power3.c
2 // 程式功能：do-while的應用，計算x的n次方之值
3
4 #include <stdio.h>
5 int power(int x, int n); // 函數原型
6
7 int main(void)
8 {
9    printf("%d的%d次方為%d\n", 2, 5, power(2, 5));
10   printf("%d的%d次方為%d\n", 2, 0, power(2, 0));   // 結果錯誤
11   printf("%d的%d次方為%d\n", 2, 1, power(2, 1));
12   printf("%d的%d次方為%d\n", 2, -3, power(2, -3));// 結果錯誤
13
14   //system("PAUSE");
15   return 0;
16 }
17
18 int power(int x, int n) // 函數定義(實作)
19 {                       // x, n 均大於0
20   int ans = 1;
21
```

```
22    do ans *= x ;
23    while(n-- >= 2);
24
25    return ans;
26 }
```

【執行結果】

2的5次方為32
2的0次方為2
2的1次方為2
2的-3次方為2

【程式說明】

1. 第22-23行，當 n 等於0時，正確的結果應為1，當 n 等於－3時，正確的結果應為0.125(即1/8)。

2. 7_power1.c、7_power2.c和7_power3.c等三支程式在 n 小於或等於0時，其結果是錯誤的，我們就將這個問題的解決方案當作習題吧！

○7.2.3 for

for敘述是由while衍生而來，它會將指定「控制變數」的初值、運算式和改變「控制變數」的值等三者結合在一行敘述裡。

for的語法如下：

【for語法1】

```
for([指定「控制變數」的初值];  [運算式];  [改變「控制變數」的值])
    敘述;

for([initialize];  [expression];  [update])
    敘述;
```

　　for敘述是由(1)指定「控制變數」的初值，(2)運算式和(3)改變「控制變數」的值等三個部分所構成，可以省略其中一部份，也可以全部省略。但是，for敘述裡的兩個分號(;)是不可省略的。

　　上述語法中的敘述，可以是單一敘述或複合敘述。

　　for語法的運作流程如圖7.4所示。一開始，先指定「控制變數」的初值，然後判斷「運算式」是否成立，若成立，就執行for迴圈裡的敘述一次，如此便完成第一回合。

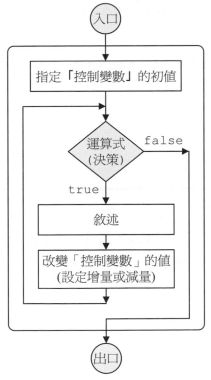

圖7.4　for的運作流程

　　第二回合，回到for去改變「控制變數」的值，然後再次判斷「運算式」是否成立，…，如此周而復始，直到某回合「運算式」不成立時，那就必須脫離for迴圈了。

　　無論for迴圈被重複執行多少次，『指定「控制變數」的初值』這件工作只被執行一次。

　　『指定「控制變數」的初值』和『改變「控制變數」的值』這兩個部份除了與「控制變數」有關的指定之外，還可以使用**逗號運算子**(,)來夾帶其他指令。

　　for敘述如果省略了運算式，那就表示「恆真」，該for為一個無窮迴圈。

　　在迴圈敘述至少會被執行一次的情況下，for也可以用來替代do-while。

　　除了用上述的語法1來使用for之外，在應用上也可以將for視為三個運算式的結合，亦即：

【for語法2】
```for([運算式1];　[運算式2];　[運算式3])``` 　　敘述;
```for([expression1];　[expression2];　[expression3])``` 　　敘述;

　　先做運算式1，當運算式2成立時，做迴圈敘述，如此便完成第一回合。接著，第二回合，做運算式3，當運算式2成立時，做迴圈敘述，如此便完成第二回合。如此周而復始，直到運算式2不成立時便脫離for迴圈。

　　前兩節計算1+2+3+4+5之和的程式可以用for來改寫成以下幾種形式：

```
// 例1
08 int i, sum = 0;
09 for(i = 1; i <= 5; i++)
10    sum = sum + i;
```

　　一開始，i等於1，i <= 5成立，需執行第10行，將sum之值加1成為1，如此便完成第一回合。執行完第10行後回到第9行，第二回合，先執行 i++ 將 i 的值加1成為2，然後再次比較 i <= 5是否成立。

```
// 例2
08 int i, sum;
09 for(i = 1, sum = 0; i <= 5; i++)
10     sum = sum + i;
```

可以將例1第8行的sum = 0移到for的括號裡面。

請注意！不可將型態宣告放在for的括號裡，亦即，例2的for不可寫成

```
for(int i = 1, sum = 0; i <= 5; i++)   // Java可以，C不行
```

此外，例2第9行中for括號裡的「i = 1, sum = 0;」，是用逗號運算子(,)來將「i = 1」、「sum = 0」這兩個指令隔開，這些指令都會被一一地執行。

圖7.5的用法是初學者常犯的錯誤，須多加留意。

```
09 for(i = 1; sum = 0; i <= 5; i++;)
```

須改成逗號，　　　　　　　　　須刪掉這個分號

圖7.5　for的錯誤用法

```
// 例3
08 int i = 1, sum = 0;
09 for( ; i <= 5; )
10     sum = sum + (i++);
```

例3的for省略了『指定「控制變數」的初值』和『改變「控制變數」的值』，只放了運算式來做決策之用。例3的語法是正確的，但盡量不要像第10行那樣在迴圈敘述內改變控制變數之值，因為這容易造成錯誤，程式也較不易閱讀。

『指定「控制變數」的初值』、「運算式」和『改變「控制變數」的值』這三個部份可以省略其中一部分或全部省略。若全部省略，那麼這個for就是一個無窮迴圈，例如：

```
for( ; ; ){
   ...
   if(運算式)
      break;
   ...
}
```

範例程式7： for的應用，計算2的5次方之值

```
 1  // 程式名稱：7_for1.c
 2  // 程式功能：for的應用，計算2的5次方之值
 3
 4  #include <stdio.h>
 5
 6  int main(void)
 7  {
 8     int j, ans , n = 5;
 9
10     for(j = 1, ans = 1; j <= n; j++)
11        ans *= 2 ;
12     printf("2的%d次方為%d\n", j-1, ans);
13
14     //system("PAUSE");
15     return 0;
16  }
```

【執行結果】
2的5次方為32

【程式說明】

1. 第10行，for的意義為：一開始，設定 j 的值為1，ans的值也為1。當
    j <= n 時，執行第11行，將ans的值乘以2後指定給ans，之後回到第
    10行，將 j 的值加1，然後再次判斷 j <= n 是否成立，...。

上述程式也可以改為以下兩種寫法，參考7_for2.c和7_for3.c。

範例程式8： for的應用，計算2的5次方之值

```
 1  // 程式名稱：7_for2.c
 2  // 程式功能：for的應用，計算2的5次方之值
 3
 8      int j = 1, ans = 1, n = 5;
 9
10      for( ; j <= n; j++)
11          ans *= 2 ;
12      printf("2的%d次方為%d\n", j-1, ans);
```

【執行結果】

2的5次方為32

【程式說明】

1. 第10行，for省略了『指定「控制變數」的初值』，因為已經在第8
   行指定了。

範例程式9： for的應用，計算2的5次方之值

```
 1  // 程式名稱：7_for3.c
 2  // 程式功能：for的應用，計算2的5次方之值
 3
 8      int j = 1, ans = 1, n = 5;
 9
10      for( ; j++ <= n; ){
11          ans *= 2 ;
12          printf("j=%d\n", j);
13      }
14      printf("2的%d次方為%d\n", j-2, ans);
```

【執行結果】

```
j=2
j=3
j=4
j=5
j=6
2的5次方為32
```

【程式說明】

1. 第10行，for除了省略『指定「控制變數」的初值』外，亦直接在運算式裡改變控制變數的值。須特別留意的是：雖然第8行指定 j 的初值為1，1小於 n，條件成立，必須執行迴圈敘述(第11-12行)。但進入迴圈前，j 值須累加1成為2。

2. for迴圈總共被執行5次，而迴圈裡的 j 值依序為2、3、4、5、6，並且脫離for時，j 之值為7。

下列程式使用for來計算1到10的奇數和，其中，方法1用 if 來判斷某數是否為奇數，方法2則直接在for()裡做控制。

範例程式10： for的應用，計算1到10的奇數和

```c
1  // 程式名稱：7_for4.c
2  // 程式功能：for的應用，計算1到10的奇數和
3
4  #include <stdio.h>
5
6  int main(void)
7  {
8      int i, sum;
9
10     // 方法1
```

```
11    for(i = 1, sum = 0 ; i <= 10; i++){
12      if(i % 2 == 1){
13        sum += i ;
14        printf("i=%d, sum=%d\n", i, sum);
15      }
16    }
17    printf("方法1:sum=%d\n", sum);
18
19    // 方法2
20    for(i = 1, sum = 0; i <= 10; i += 2)
21      sum += i ;
22    printf("方法2:sum=%d\n", sum);
23
24    //system("PAUSE");
25    return 0;
26  }
```

【執行結果】

```
i=1, sum=1
i=3, sum=4
i=5, sum=9
i=7, sum=16
i=9, sum=25
方法1:sum=25
方法2:sum=25
```

【程式說明】

1. 第11-16行,方法1,一開始,令 i=1,sum=0(第11行),必須執行
   12-15行這個迴圈10次,每次都要用 if 檢驗 i 是否為奇數(第12行),
   當 i 為奇數時,其計算sum之過程如下:

   第1次要計算出sum = sum + 1,即sum = 0 + 1 = 1。
   第2次要計算出sum = sum + 3,即sum = 1 + 3 = 4。

第3次要計算出sum = sum + 5，即sum = 4 + 5 = 9。

第4次要計算出sum = sum + 7，即sum = 9 + 7 = 16。

第5次要計算出sum = sum + 9，即sum = 16 + 9 = 25。

2. 第20-21行，方法2，一開始，令i=1，sum=0(第20行)，當 i <= 10時必須執行第21行，之後，執行第20行for的第三個運算式「i += 2」，如此便不需要if來判斷 i 是否為奇數了。

列印九九乘法表需用到兩個for，外層for的控制變數 i 之範圍為1到9，內層for的控制變數 j 之範圍也是1到9。

範例程式11： for的應用，列印九九乘法表

```c
 1 // 程式名稱：7_for5.c
 2 // 程式功能：for的應用，列印九九乘法表
 3
 4 #include <stdio.h>
 5
 6 int main(void)
 7 {
 8    int i, j;
 9
10    printf("9x9|");
11    for(i = 1; i <= 9; i++)
12       printf("%3d", i);
13    printf("\n--------------------------------\n");
14
15    for(i = 1; i <= 9; i++){
16       printf(" %d |", i);
17       for(j = 1; j <= 9; j++)
18          printf("%3d", i*j);
19       printf("\n");
20    }
21
22    //system("PAUSE");
23    return 0;
24 }
```

【執行結果】

```
temp - 記事本

檔案(F)  編輯(E)  格式(O)  檢視(V)  說明(H)

9x9|  1  2  3  4  5  6  7  8  9
-------------------------------
1 |  1  2  3  4  5  6  7  8  9
2 |  2  4  6  8 10 12 14 16 18
3 |  3  6  9 12 15 18 21 24 27
4 |  4  8 12 16 20 24 28 32 36
5 |  5 10 15 20 25 30 35 40 45
6 |  6 12 18 24 30 36 42 48 54
7 |  7 14 21 28 35 42 49 56 63
8 |  8 16 24 32 40 48 56 64 72
9 |  9 18 27 36 45 54 63 72 81

                              第12列
```

【程式說明】

1. 第11-13行，列印表頭。

2. 第15-20行，使用兩個for來列印九九乘法表的內容，外層的for用來控制橫列。每印完一橫列之後必須印出換行符號("\n")(第19行)，然後 i 的值加1(第15行)，繼續列印下一列。

3. 第17-18行，內層的for用來控制直行，每一橫列都有9個直行必須列印出來，所以 j 的範圍亦為1到9。

7.3 break和continue

除了在運算式不成立時正常地離開重複結構外，在重複結構的執行過程中還可以使用break和continue這兩個流程控制敘述。

break：強迫脫離switch，也可以用來強迫脫離重複結構。

continue：強迫跳到重複結構的起始位置。

請注意！這兩個敘述都必須置於switch或重複結構之內。

⟩7.3.1　break

以for和while為例，break語法之意義如下：

【break語法】

```
for([指定「控制變數」的初值];　[運算式];　[改變「控制變數」的值]){
    敘述；
    ...
    break;
    ...
}
下一個敘述；
```

【while語法】

```
指定「控制變數」的初值；
while(運算式){
    敘述；
    ...
    break;
    改變「控制變數」的值；
    //設定增量或減量；
}
下一個敘述；
```

在巢狀迴圈的應用中，內層迴圈裡的break將強迫跳離內層迴圈，外層迴圈的break則會強迫跳離外層迴圈。也就是說，break用來脫離其所屬之迴圈。

已知某數 n 以及sum=1+2+3+…，試問在sum之值不大於 n 的條件下，sum的最大值為何？

　　假設 n 等於 12，那麼答案為 10。因為 sum=1+2+3+4 時 sum 之值為 10，小於 12，若再加上 5，成為 15 就超過 12 了。

　　我們用下列程式來解決這個問題，其中，方法 1 和方法 2 是不使用 break 的寫法，方法 3 和方法 4 是使用 break 的寫法，而方法 5 的結果是錯誤的。

範例程式12： 已知 sum=1+2+3+...，且 sum 之值不大於 12，則 sum 的最大值為何？

```c
1  // 程式名稱：7_break1.c
2  // 程式功能：break的應用，已知sum=1+2+3+...，且sum之值不大於12，
3  //          則sum的最大值為何？
4  #include <stdio.h>
5
6  int main(void)
7  {
8      int i, sum, temp, n = 12;
9
10     // 方法1：正確
11     i = 1; temp = 0; sum = 0;
12     do{
13         temp = sum;
14         sum += i;
15         i++;
16     }while(sum <= n);
17     sum = temp;
18     printf("方法1：i=%d, sum=%d\n", i, sum);
19
20     // 方法2：正確
21     i = 1; temp = 0; sum = 0;
22     while(sum <= n){
23         temp = sum;
24         sum += i;
25         i++;
26     }
```

```
27      sum = temp;
28      printf("方法2：i=%d, sum=%d\n", i, sum);
29
30      // 方法3：正確
31      i = 1; temp = 0; sum = 0;
32      while(1){
33          if(sum <= n){
34              temp = sum;
35              sum += i;
36              i++;
37          }
38          else break;
39      }
40      sum = temp;
41      printf("方法3：i=%d, sum=%d\n", i, sum);
42
43      // 方法4：正確
44      for(i = 1, sum = 0, temp = 0; ; i++){
45          if(sum <= n){
46              temp = sum;
47              sum += i;
48          }
49          else break;
50      }
51      sum = temp;
52      printf("方法4：i=%d, sum=%d\n", i, sum);
53
54      // 方法5：錯誤
55      for(i = 1, sum = 0; sum <= n; i++)
56          sum += i ;
57      printf("方法5：i=%d, sum=%d\n", i, sum);
58
59      //system("PAUSE");
60      return 0;
61  }
```

【執行結果】

```
方法1：i=6, sum=10
方法2：i=6, sum=10
方法3：i=6, sum=10
方法4：i=6, sum=10
方法5：i=6, sum=15
```

【程式說明】

1. 第13行，變數temp用來暫存sum之值。脫離第12-16行do-while迴圈之後，必須用第17行來追溯前一個sum值。

2. 第32行，while(1)是一個無窮迴圈，第38行的break用來脫離這個無窮迴圈。

3. 第44行，這個for也是一個無窮迴圈(因為缺少了第二個運算式)，第49行的break用來脫離它。

7.3.2 continue

continue將強迫跳到重複結構的起始位置，以for和while為例，其語法之意義如下：

【continue語法】

```
for([指定「控制變數」的初值]; [運算式]; [改變「控制變數」的值]){
    敘述;
    ...
    continue;
    敘述;
}
```

```
【while語法】
    指定「控制變數」的初值;
┌─► while(運算式){
│       敘述;
│       ...
└─── continue;
        改變「控制變數」的值;
        //設定增量或減量;
    }
```

在巢狀迴圈的應用中,內層迴圈裡的continue將強迫跳到內層迴圈的起始位置,外層迴圈的continue則將強迫跳到外層迴圈的起始位置。

下列範例用來列印出1到9之間的所有奇數,我們用continue來分別與while、for和do-while等敘述搭配。

範例程式13: 印出介於1到9之間(含1和9)的所有奇數

```
 1  // 程式名稱:7_continue1.c
 2  // 程式功能:continue的應用,印出介於1到9之間(含1和9)的所有奇數
 3
 4  #include <stdio.h>
 5
 6  int main(void)
 7  {
 8     int i, sum;
 9
10     // 方法1
11     printf("方法1:");
12     i = 1;
13     while(i <= 9){
14        if(i % 2 == 0){
```

```
15        i++;
16        continue;
17     }
18     printf("%2d", i);
19     i++;
20  }
21  printf("\n");
22
23  // 方法2
24  printf("方法2：");
25  for(i = 1; i <= 9; i++){
26     if(i % 2 == 0)
27        continue;
28     printf("%2d", i);
29  }
30  printf("\n");
31
32  // 方法3
33  printf("方法3：");
34  i = 1;
35  do{
36     if(i % 2 == 0)
37        continue;
38     printf("%2d", i);
39  }while(++i <= 9);
40  printf("\n");
41
42  //system("PAUSE");
43  return 0;
44 }
```

【執行結果】

```
方法1： 1 3 5 7 9
方法2： 1 3 5 7 9
方法3： 1 3 5 7 9
```

【程式說明】

1. 第14-17行，當i為偶數時，會執行第15行及第16行的continue，並回到第13行重新判斷while條件是否成立。若 i 不是偶數，就執行第18行，印出 i 之值。

2. 第27行，continue會回到第25行的for，先執行i++，然後才判斷 i <= 9 是否成立。

3. 第37行，continue會跳到第39行的while，先執行++i，然後才判斷 i <= 9是否成立。

7.4 綜合練習

接下來，我們將舉幾個例題來複習本章所介紹的while，do-while和for等重複語法。

7.4.1 輸入字串資料，然後依相反順序印出

用「scanf("%s", str);」來讀取字串時，若遇到空白字元就會截止，例如，輸入"abc 123 XYZ"，則僅會讀取到"abc"，其餘"123"和"XYZ"等資料便會漏接了。若要讀取空白字元，那就須使用getchar()函數了。

ch=getchar()：讀取鍵盤輸入的字元，並指定給變數ch。

putchar(ch)：將字元ch值輸出到螢光幕上。

下列範例程式使用getchar()函數來作輸入，並使用putchar()函數來作輸出。

範例程式14： 輸入字串資料，然後依相反順序印出

```c
1  // 程式名稱：7_getchar.c
2  // 程式功能：輸入字串資料，然後依相反順序印出
3
4  #include <stdio.h>
5  #define nl '\n'
6
7  int main(void)
8  {
9      int i;
10     char ch, str[80];
11
12     printf("輸入字串資料，可以包含英、數字、空白:");
13     i = -1;
14     while((ch = getchar()) != '\n'){
15         putchar(ch);        // 輸出字元ch
16         str[++i] = ch;      // 將字元ch依序存入字串陣列str中
17     }
18     putchar(nl);            // 相當於printf("\n");
19     str[++i] = '\0';
20
21     for(i = strlen(str)-1; i >= 0; i--)
22         putchar(str[i]);
23     putchar(nl);
24
25     //system("PAUSE");
26     return 0;
27 }
```

【執行結果】

```
輸入字串資料，可以包含英、數字、空白:abc 123 XYZ
abc 123 XYZ
ZYX 321 cba
```

【程式說明】

1. 第14-17行，使用 getchar() 函數來讀取鍵盤的輸入並隨即輸出(第15行)，然後依序存入 str[] 陣列中，資料存入陣列時是從第0號位置開始存放。

2. 第18行，「putchar(nl);」相當於「printf("\n");」，nl 定義在第5行。

3. 第21-22行，依相反順序印出 str[] 陣列的資料內容。

⊃7.4.2 列印上三角形和與其對稱之下三角形

輸入一個整數，例如5，然後列印上三角形和與其對稱之下三角形，如下：(一行最多印出5個星號)

```
*
**
***
****
*****
****
***
**
*
```

範例程式15： 迴圈應用，列印出上三角形和與其對稱之下三角形

```
1 // 程式名稱：7_triangle.c
2 // 程式功能：迴圈應用，列印上三角形和與其對稱之下三角形
3
4 #include <stdio.h>
5
6 int main(void)
7 {
8     int i, j, number;
9
```

```
10      printf("輸入一個正整數:");
11      scanf("%d", &number);
12
13      for(i = 1; i <= number; i++){
14         for(j = 1; j <= i ; j++)
15            putchar('*');
16         printf("\n");
17      }
18
19      for(i = number - 1; i >= 1; i--){
20         for(j = i; j >= 1 ; j--)
21            putchar('*');
22         printf("\n");
23      }
24
25      //system("PAUSE");
26      return 0;
27 }
```

【執行結果】

```
輸入一個正整數:5
*
**
***
****
*****
****
***
**
*
```

【程式說明】

1. 第13-17行，列印出上三角形，留意 i 和 j 之變化。

2. 第19-23行，列印與上三角形對稱之下三角形，留意 i 和 j 之變化。

⊃7.4.3　計算平均分數

　　下列程式用來計算平均分數，我們可以輸入1到5個分數，若分數不滿5個時，可以輸入-1來終止輸入。輸入的分數為整數型態，我們用陣列來儲存以方便計算平均分數，而平均分數則是精確度為1的浮點數。

範例程式16： 輸入1到5個分數，然後列印出平均分數

```
 1  // 程式名稱：7_average.c
 2  // 程式功能：輸入1到5個分數，然後列印出平均分數
 3
 4  #include <stdio.h>
 5
 6  int main(void)
 7  {
 8      int count = -1, i;
 9      int in, score[5], sum = 0.;
10      float  avg = 0.;
11
12      // 輸入1到5個分數
13      printf("輸入分數(結束時輸入-1):");
14      while(scanf("%d", &in) == 1){
15          if(in == -1)
16              break;
17          else{
18              score[++count] = in;
19              if(count == 4) break;
20          }
21          printf("輸入分數(結束時輸入-1):");
22      }
23
24      if(count >= 0){
25          // 列印出分數
26          printf("共輸入%d個分數：", count+1);
27          for(i = 0; i <= count; i++, (i <= count)? printf(","): printf(""))
```

```
28          printf("%d", score[i]);
29      printf("\n");
30
31      // 計算平均分數
32      for(i = 0; i <= count; i++)
33          sum = sum + score[i];
34      avg = (float)sum / (count+1);
35      printf("總分為%d\n", sum);
36      printf("平均分數為%3.1f\n", avg);
37  }
38
39  //system("PAUSE");
40  return 0;
41 }
```

【執行結果】

輸入分數(結束時輸入-1):90
輸入分數(結束時輸入-1):88
輸入分數(結束時輸入-1):91
輸入分數(結束時輸入-1):87
輸入分數(結束時輸入-1):85
共輸入5個分數:90,88,91,87,85
總分為441
平均分數為88.2

【程式說明】

1. 第13-22行，用來處理輸入。第14行，讀取分數 in，它是一個整數。第18行，將分數 in 存入score[]陣列。資料存入陣列時是從第0號位置開始存放。

2. 第27行，for裡的「(i <= count)? printf(","): printf("")」是用來控制逗號的列印(最後一筆分數之後不要印出逗號)。

3. 第32-34行，計算總分及平均。由於sum和count均為int型態，而avg
為float型態，計算平均時必須將sum強制轉換為float型態(第34行)，
否則，印出來的avg其小數點後面都會是0。

⊃7.4.4 印出不大於正整數n的所有質數

質數的定義如下：一個大於1的整數，若除了1和本身以外沒有其他的
因數。

很明顯地，2是最小的質數，3也是質數。4非質數，因4可被2整除。用
程式來判斷大於2的正整數 n 是否為質數的方法如下：

將 n 依序除以2、3、...、n-2、n-1，只要能被其中之一所整除，那麼
n就非質數。否則；n便是質數。

下列程式用來印出不大於正整數 n 的所有質數。我們使用了兩個for
迴圈，外層迴圈用控制變數 i 來一一檢測2到n等整數，內層迴圈用來判
斷 i 是否為質數。

範例程式17： for的應用，印出不大於正整數n的所有質數

```
1 // 程式名稱：7_for_primeno.c
2 // 程式功能：for的應用，印出不大於正整數n的所有質數
3
4 #include <stdio.h>
5 #define TRUE 1
6 #define FALSE 0
7
8 int main(void)
9 {
10     int i, j, count = 0, n;
11     _Bool isPrimeNo;
12
13     printf("輸入一個大於2的正整數:");
```

```
14      scanf("%d", &n);
15
16      printf("不大於%d的質數有：\n", n);
17      for(i = 2; i <= n; i++){
18          isPrimeNo = TRUE;    // 假設i為質數
19          //   是否能被小於它的數所整除
20          for(j = 2; j <= (i-1); j++){
21              if(i % j == 0){
22                  isPrimeNo = FALSE;
23                  break;
24              }
25              else;
26          }
27          // 印出質數，並計算共有幾個質數
28          if(isPrimeNo == TRUE){
29              printf("%d,", i);
30              count++;
31          }
32      }
33      printf("共計%d個\n", count);
34
35      //system("PAUSE");
36      return 0;
37 }
```

【執行結果】

輸入一個大於2的正整數：90
不大於90的質數有：
2,3,5,7,11,13,17,19,23,29,31,37,41,43,47,53,59,61,67,71,73,79,83,89,共
計24個

【程式說明】

1. 第11行，宣告isPrimeNo為布林(_Bool)變數。

2. 第17-32行，外層for用控制變數 i 來檢測2到 n 等整數。一開始，假設 i 為質數(第18行)。

3. 第20-26行，內層for用來判斷 i 是否為質數。須將 i 分別除以2、3、...、i-1等整數。一旦發現 i 可以被其中之一整除，便將isPrimeNo設為FALSE(第22行)，並且脫離for迴圈。

4. 第28-31行，如果 isPrimeNo等於TRUE，那就表示 i 為質數，印出該 i 值，然後將count值累加1。

5. 由於2、3均為質數，不需再做判斷，本程式可以做以下修改：(參考程式7_for_primeno_1.c)

   (1)第16行直接印出2、3，亦即：「不大於%d的質數有：2、3」。

   (2)將第10行的「count = 0」改成「count = 2」。第13行的「大於2」改成「大於3」。

   (3)第17行for括號裡的「i = 2」改成「i = 4」。

➲7.4.5 以歐幾里德輾轉相除法求x、y兩正整數的最大公因數

x 和 y 均為正整數，能整除 x 的數稱為 x 的因數，能整除 y 的數稱為 y 的因數。同時能整除 x 和 y 的數稱為 x 和 y 的公因數，公因數當中的最大者即為 x 和 y 的**最大公因數(Greatest Common Divisor,GCD)**。

歐幾里德輾轉相除法專門用來求兩個正整數的最大公因數。

以歐幾里德輾轉相除法求72和256兩正整數的最大公因數之過程如下：

步驟1：$256 \div 72 = 3$餘40。餘數40不等於0。

步驟2：$72 \div 40 = 1$餘32。餘數32不等於0。

步驟3：$40 \div 32 = 1$餘8。餘數8不等於0。

步驟4：$32 \div 8 = 4$餘0。餘數等於0，此時除數8即為最大公因數。

歐幾里德輾轉相除法以x、y中之大者為被除數(Dividend)，小者為除數(Divisor)，然後反覆地求餘數(Remainder)。當餘數等於0時，此時的除數即為最大公因數。

下列程式中的gcd(x,y)函數用來求x和y兩個正整數的最大公因數。

範例程式18： 求兩正整數x和y的最大公因數

```
 1 // 程式名稱：7_gcd.c
 2 // 程式功能：求兩正整數x和y的最大公因數
 3
 4 #include <stdio.h>
 5
 6 int gcd(int x, int y);
 7
 8 int main(void)
 9 {
10    printf("256和72的最大公因數為%d\n", gcd(256, 72));
11    printf("32和128的最大公因數為%d\n", gcd(32, 128));
12    printf("88和21的最大公因數為%d\n", gcd(88, 21));
13
14    //system("PAUSE");
15    return 0;
16 }
17
18 int gcd(int x, int y)
19 {
20    int dividend, divisor, remainder;    // 被除數、除數、餘數
21
22    // 大者為被除數(dividend)，小者為除數(divisor)
23    if (x >= y){
24       dividend = x;
25       divisor = y;
26    }
27    else{
```

```
28        dividend = y;
29        divisor = x;
30    }
31
32    // 反覆地求餘數，直到餘數等於0為止
33    while(divisor != 0){    // 餘數 != 0
34        if((remainder = dividend % divisor) == 0)
35           break;
36        else{
37           dividend = divisor;
38           divisor = remainder;
39        }
40    }
41    return divisor;    // 此時除數即為最大公因數
42 }
```

【執行結果】

256和72的最大公因數為8
32和128的最大公因數為32
88和21的最大公因數為1

【程式說明】

1. 第6行，gcd(x,y)函數的原型。

2. 第10行，以gcd(256, 72)呼叫gcd()函數。

3. 第18-42行，gcd()函數的定義和實作。

4. 第23-30行，以 x、y 之大者為被除數(dividend)，小者為除數 (divisor)。

5. 第33-41行，反覆地求餘數，直到餘數等於0時脫離while迴圈，並傳回divisor(除數)，因此時的除數即為最大公因數。

●7.4.6　將內含中英文的字串倒轉

原始字串s的內容為："中文abc太棒de了"，

倒轉後，字串s的內容為："了ed棒太cba文中"。

範例程式19： 將內含中英文的字串倒轉

```
1  //程式名稱：7_reverse.c
2  //程式功能：將內含中英文的字串倒轉
3
4  #include <stdio.h>
5
6  int main(void)
7  {
8      char s[] = "中文abc太棒de了";
9      int i, j, ch;
10
11     printf("輸入字串爲：\"%s\"，長度爲 %d\n", s, strlen(s));
12
13     //i往後，j往前，將第i個字元和第j個字元交換
14     for(i = 0, j = strlen(s)- 1; i < j; i++, j--){
15         ch = s[i];
16         s[i] = s[j];
17         s[j] = ch;
18     }
19
20     for(i = strlen(s)-1; i >= 0; i--){     //處理中文字串倒轉
21         if((ch = s[i]) < 0){
22             s[i] = s[i-1];
23             s[i-1] = ch;
24             i--;
25         }
26     }
27     printf("輸出字串爲：\"%s\"，長度爲 %d\n", s, strlen(s));
```

```
28
29      system("PAUSE");
30      return 0;
31  }
```

【執行結果】

輸入字串為："中文abc太棒de了"，長度為 15

輸出字串為："了ed棒太cba文中"，長度為 15

【程式說明】

1. 第14-18行，第一回合，i指向字串s的第0個字元，j指向字串S的最後一個字元，然後將i和j所指的字元交換。第二回合，i指向字串S的第1個字元，j指向字串s的倒數第2個字元，然後將i和j所指的字元交換。依此類推，直到 i >= j為止。

2. 第20-26行，由字串s的尾端往頭端，將中文字的高、低字元對調以顯示出正確的中文字。第21行，字元值ch < 0表示該字元為中文字的高字元，其前一個字元必為中文字的低位字元，須將高、低字元交換位置，才能顯示出正確的中文字(第22-23行)。

⊃7.4.7 將不含正負號的整數轉為字串

上一節介紹的「字串倒轉」看似平淡無奇，事實上它運用還滿廣的，我們就以如何將不含正負號的整數轉為字串為例來說明。

整數12345除以10，得到餘數5，將字元'5'暫存至字串s。同樣地，整數1234除以10，得到餘數4，將字元'4'暫存至字串s，接續在'5'之後，成為"54"。依此類推，直到商等於0為止。此時，字串s的內容為"54321"，最後再將字串s倒轉，便是字串"12345"了。

範例程式20： 將不含正負號的整數轉為字串

```
 1 //程式名稱：7_int2str.c
 2 //程式功能：將不含正負號的整數轉為字串
 3
 4 #include <stdio.h>
 5 void int2str(int p_int, char s[]);
 6 void reverse(char s[]);
 7
 8 int main(void)
 9 {
10    int p_integer = 12345;
11    char s[32];
12
13    printf("整數：%d，", p_integer);
14    int2str(p_integer, s);
15    printf("轉成字串：\"%s\"\n", s);
16
17    system("PAUSE");
18    return 0;
19 }
20
21 void int2str(int p_int, char s[])    //將不含正負號的整數轉為字串
22 {
23    int i = 0, j = 0, ch;
24
25    do
26       s[i++] = p_int % 10 + '0';    //將個位數整數轉成字元
27    while((p_int /= 10) >0);
28    reverse(s);
29 }
30
31 void reverse(char s[])    //將字串倒轉(不適用於中文字串)
32 {
33    int i, j, ch;
```

```
34
35    //i往後，j往前，將第i個字元和第j個字元交換
36    for(i = 0, j = strlen(s)- 1; i < j; i++, j--){
37        ch = s[i];
38        s[i] = s[j];
39        s[j] = ch;
40    }
41 }
```

【執行結果】

整數：12345，轉成字串："12345"

【程式說明】

1. 第14行，呼叫int2str()函數，將整數p_integer轉成字串s。

2. 第25-27行，持續將整數p_int之值除以10取餘數(亦即得到個位數)，並
   將該餘數以字元型式存入字串s的尾端，直到整數p_int等於0為止。

3. 第28行，呼叫reverse()函數將字串s的內容倒轉。

○7.4.8 將不含正負號的數字字串轉為整數

本例介紹如何將不含正負號的數字字串轉為整數，並以字串"12345"為
例說明之。

首先擷取字串的第0個字元，為'1'。將字元'1'轉為整數1的方法是採用
'1'-'0'(參考ASCII CODE編碼表)，得到整數1。

接著擷取字串的第1個字元，為'2'。同理，'2'-'0'得到整數2。1*10+2得
到整數12。

接著擷取字串的第2個字元，為'3'。12*10+3得到整數123。

同理，123*10+4得到整數1234。1234*10+5得到整數12345。

範例程式21： 將不含正負號的數字字串轉為整數

```
1  //程式名稱：7_str2int.c
2  //程式功能：將不含正負號的數字字串轉為整數
3
4  #include <stdio.h>
5  int str2int(char s[]);
6
7  int main(void)
8  {
9      char s[] = "12345";
10
11     printf("字串：\"%s\"，",s);
12     printf("轉成整數：%d\n",str2int(s));
13
14     system("PAUSE");
15     return 0;
16 }
17
18 int str2int(char s[])  //將不含正負號的數字字串轉為整數
19 {
20     int i, p_int = 0;
21
22     for(i = 0; s[i] >= '0' && s[i] <= '9'; i++)
23         p_int = 10 * p_int + s[i] - '0';
24
25     return (p_int);
26 }
```

【執行結果】

字串："12345"，轉成整數：12345

【程式說明】

1. 第22-23行，字元s[i]-'0'可得到該字元s[i]的整數值。

⊃7.4.9 將十進位正整數轉成二進位(使用位移技巧)

我們必須先算出十進位正整數的二進位表示法需要使用到幾個位元(假設i個位元)，然後將1左移(i-1)位後，再與該正整數做&運算，以擷取第1個(最左)位元。接著，將1左移(i-2)位後，再與該正整數做&運算，以擷取第2個位元。依此類推，便可將該正整數轉換成二進位表示法。

範例程式22： 將十進位正整數轉成二進位(使用位移技巧)

```c
1  //程式名稱：7_int2binary1.c
2  //程式功能：將十進位正整數轉成二進位(使用位移技巧)
3
4  #include <stdio.h>
5
6  int main(void)
7  {
8      int i, j = 1, p_integer;
9
10     printf("輸入一個正整數 : ");
11     scanf("%d", &p_integer);
12
13     for(i = 1; (j *= 2) <= p_integer; i++);  //二進位須使用i個位元
14     printf("正整數 %d 表示成二進位須使用 %d 個位元\n", p_integer, i);
15     printf("正整數 %d 的二進位表示法為 ");
16
17     for(i = i - 1; i >= 0; i--)
18         if (((1 << i) & p_integer ) != 0)
19             printf("1");
20         else
21             printf("0");
22     printf("\n");
23
24     system("PAUSE");
25     return 0;
26 }
```

【執行結果】

```
輸入一個正整數 : 87
正整數 87 表示成二進位須使用 7 個位元
正整數 87 之二進位表示法為 1010111
```

【程式說明】

1. 第13行，正整數p_integer表示成二進位須使用i個位元。

2. 第17-21行，將1左移(i-1)位後，再與該正整數做&運算，以擷取第1個(最左)位元。第18行的(1 << i)是一個遮罩，經與正整數做&運算後，便能依序擷取出各個位元。

7.4.10　將十進位正整數轉成二進位(使用除法取餘數技巧)

正整數除以2，所得餘數即為二進位表示法的最右一個位元。若商大於1，繼續將商數除以2，所得餘數即為二進位表示法的最右第二個位元。依此類推，直到商等於1為止。

範例程式23： 將十進位正整數轉成二進位(使用除法取餘數技巧)

```c
 1 //程式名稱：7_int2binary2.c
 2 //程式功能：將十進位正整數轉成二進位(使用除法取餘數技巧)
 3
 4 #include <stdio.h>
 5
 6 int main(void)
 7 {
 8    int p_integer, i = -1;
 9    int dividend, remainder;    //商,餘數
10    char binary[32];                  //用字元陣列來儲存餘數
11
12    printf("輸入一個正整數 : ");
13    scanf("%d", &p_integer);
```

```
14
15    dividend = p_integer;
16    while(dividend != 1){
17       remainder = dividend % 2;              //求餘數
18       dividend = dividend / 2;         // 商成為新的被除數
19       binary[++i] = (remainder == 0) ? '0' : '1';
20    }
21    binary[++i] = '1';
22
23    printf("正整數 %d 的二進位表示法為 ", p_integer);
24    for(i = strlen(binary) - 1 ; i >= 0; i--){
25       printf("%c", binary[i]);
26    }
27    printf("\n");
28
29    system("PAUSE");
30    return 0;
31 }
```

【執行結果】

```
輸入一個正整數 : 87
正整數 87 的二進位表示法為 1010111
```

【程式說明】

1. 第15行，以正整數(p_integer)為被除數(dividend)。

2. 第16-20行，被除數不斷的除以2，將餘數以字元'1'或'0'的型態接續存於字元陣列binary[]之中。

3. 第21行，脫離while迴圈時商為1，將字元'1'存入binary[]之尾端。

4. 第24-26行，將字元陣列binary[]裡的字元由尾到頭顛倒著印，即是該正整數的二進位表示法。

⊃7.4.11 將十進位正整數轉成二進位(使用除法取餘數和遞迴函數等技巧)

將上一節介紹的7_int2binary2.c改寫成呼叫遞迴函數的方式。

範例程式24： 將十進位正整數轉成二進位(使用除法取餘數和遞迴函數等技巧)

```
1  //程式名稱:7_int2binary3.c
2  //程式功能:將十進位正整數轉成二進位(使用除法取餘數和遞迴函數等技巧)
3
4  #include <stdio.h>
5  void int2binary(int p_int);
6  char binary[32];      //用字元陣列來儲存餘數
7
8  int main(void)
9  {
10     int i, p_integer = 87;
11
12     int2binary(p_integer);
13     printf("正整數 %d 之二進位表示法為 ", p_integer);
14     for(i = strlen(binary) - 1 ; i >= 0; i--){
15        printf("%c", binary[i]);
16     }
17     printf("\n");
18
19     system("PAUSE");
20     return 0;
21  }
22
23  void int2binary(int p_int)      //將十進位正整數轉為二進位(採遞迴呼叫)
24  {
25     int remainder;
26     static int i = -1;
27
```

```
28      if(p_int == 1){//停止遞迴呼叫
29          binary[++i] =  '1';
30          binary[++i] = '\0';
31          return;
32      }
33      remainder = p_int % 2;
34      binary[++i] = (remainder == 0 ? '0' : '1' );
35      int2binary(p_int >> 1);    //遞迴呼叫
36  }
```

【執行結果】

正整數 87 的二進位表示法為 1010111

【程式說明】

1. 第6行，宣告binary[]陣列為外部變數，如此一來，便可以直接在主程式main()及所有函數裡使用它。

2. 第26行，在int2binary()函數裡宣告整數i為靜態變數，因為第35行採遞迴方式呼叫自己時，要沿用前一回合的i值。

3. 第28-32行，當p_int的值等於1時終止遞迴函數。

⊃7.4.12 內建函數itoa()

內建函數itoa()的功能是將十進位正整數(int)轉換為二進位(或八進位、或十六進位)表示法，並將結果儲存到字串(s)裡，其呼叫方式如下：

```
itoa(int, s, intX);
```

其中，intX的值為2、8、10、16，分別表示轉換成二進位、八進位、十進位、十六進位。

範例程式25： 呼叫內建函數itoa()，將十進位正整數轉換為二進位、八進位、十六進位表示法，並將結果儲存到字串裡

```c
1  //程式名稱：7_itoa.c
2  //程式功能：呼叫內建函數itoa()將十進位正整數轉換為二進位
3  //          、八進位、十六進位表示法，並將結果儲存到字串裡
4
5  #include <stdio.h>
6  #include <stdlib.h>
7
8  int main ()
9  {
10     int p_int = 87;
11     char s2[32], s8[32], s10[32], s16[32];
12
13     itoa(p_int, s2, 2);
14     itoa(p_int, s8, 8);
15     itoa(p_int, s10, 10);
16     itoa(p_int, s16, 16);
17     printf("正整數 %d 之二進位表示法為 \"%s\"\n", p_int, s2);
18     printf("正整數 %d 之八進位表示法為 \"%s\"\n", p_int, s8);
19     printf("正整數 %d 之十進位表示法為 \"%s\"\n", p_int, s10);
20     printf("正整數 %d 之十六進位表示法為 \"%s\"\n", p_int, s16);
21
22     system("PAUSE");
23     return 0;
24  }
```

【執行結果】

```
正整數 87 之二進位表示法為 "1010111"
正整數 87 之八進位表示法為 "127"
正整數 87 之十進位表示法為 "87"
正整數 87 之十六進位表示法為 "57"
```

【程式說明】

1. 第6行，使用內建函數時必須引入stdlib.h。
2. 第13行，呼叫itoa()函數將正整數87轉換成二進位表示法，並將結果儲存於字串s2。
3. 第14行，呼叫itoa()函數將正整數87轉換成八進位表示法，並將結果儲存於字串s8。
4. 第17行，列印出字串s2的內容，即是整數87的二進位表示法。
5. 第20行，列印出字串s16的內容，即是整數87的十六進位表示法。

7.5 後記

重複結構又稱為迴圈，本章介紹了C語言提供的while、do-while和for等三種重複結構。使用重複結構時應避免產生無窮迴圈；換句話說，必須有一個條件能夠成立以便藉此脫離迴圈。

迴圈只有一個入口和一個出口，並且經常和break及continue搭配使用，讓程式的設計工作更有彈性。

break用來強迫跳離迴圈，內層迴圈裡的break會強迫跳離內層迴圈，外層迴圈的break則會強迫跳離外層迴圈。

continue用來強迫跳到迴圈的起始位置，然後再重新來過。內層迴圈裡的continue會強迫跳到內層迴圈的起始位置，外層迴圈的continue則會強迫跳到外層迴圈的起始位置。

while的意義是：當某條件成立時，就執行迴圈裡的敘述。

do-while的意義是：執行迴圈裡的敘述，直到某條件成立時為止。

很明顯地，while是先做判斷，然後才執行迴圈裡的敘述；而do-while則是執行迴圈裡的敘述，然後才做判斷。因此，do-while迴圈至少會被執行一次。

for是while的變形，其執行流程與while完全相同，for的語法為：

```
for([expression1]; [expression2]; [expression3])
    敘述;
```

因此，下列都是正確的用法：

```
for(i = 1; (i * j) <= 5; i++)
for(i = 1; i <= 5; i += x + y)
for(i = 1, y = i * n; j <= 5; j = (i++ / 2), x++)
for(i = 5; j <= 100 ; )
for( ; j <= 100 ; )
for(c = '0'; c <= '9'; c++)
for(c = '0', printf("%c\n", c); c <= '9'; c++,printf("%c\n", c))
```

選擇和重複結構經常彼此搭配，選擇結構裡可以含有重複結構，重複結構裡也可以含有選擇結構。惟必須注意語法結構的完整性，不可相互橫跨。

同樣的程式功能可以有不同的寫法，撰寫者可以用while也可以用for，甚至do-while，就看個人喜好與習慣吧！

7.6 習題

1. 試繪出while和do-while敘述的流程圖。

2. 下列計算1+2+3+4+5之和的程式是否正確？若錯誤則修正之。

```
07 int i = 1, sum =0;
08 while(i++ <= 5)
09     sum = sum + i;
```

3. 寫出下列各程式的printf()敘述被執行的次數？

    (a)
```
for(i = 0.; i <= 2.; i += 0.5 )
    printf("i=%f\n", i);
```
    (b)
```
for(j = 1; j <= 10; j++)
    printf("j=%d\n", j++);
```
    (c)
```
for(k = 1; k <= 10; k += 3);
    printf("k=%d\n", k);
```

4. 以下用來列印出1到5的程式是否正確？若錯誤則修正之。

    (a)
```
i = 1;
while(i++ < 5)
    printf("%3d", i);
```
    (b)
```
i = 1;
while(i < 5)
    printf("%3d", i++);
```
    (c)
```
for(i = 1; i <= 5;)
    printf("%3d", i++);
```
    (d)
```
for(i = 1; i <= 5; i++);
    printf("%3d", i);
```

(e)
```
    i = 0;
    do{
        printf("%3d", ++i);
    }while(i <= 5);
```

5.   下列各程式的輸出結果為何？

(a)
```
    i = 1;
    do printf("0");
    while(i++ <= 3);
    while(i++ <= 5)
        printf("1");
```

(b)
```
    i = 1;
    do printf("0");
    while(i++ <= 3);
    while(++i <= 8)
        printf("1");
```

(c)
```
    i = 1;
    while(++i <= 3)
        printf("0");
    do printf("1");
    while(i++ <= 5);
```

(d)
```
    i = 1;
    while(i++ <= 5){
        do printf("0");
        while(i++ < 3);
        printf("1");
    }
```

(e)
```
    i = 1;
    while(i++ <= 5){
        switch(i % 2){
```

```
            case 0: printf("0");
                    break;
            case 1: printf("1");
                    break;
        }
    }
```

6. 下列程式印出 i 和 sum 之值各為何？

(a)
```
for(i = 1, sum = 0; i <= 10; i += 2)
    sum += i;
printf("i=%d, sum=%d\n", i, sum);
```
(b)
```
for(i = 1, sum = 0; i <= 10; i += 2, sum += i)
    ;
printf("i=%d, sum=%d\n", i, sum);
```
(c)
```
for(i = 1, sum = 0; i <= 10; i += 2, sum += i)
    printf("i=%d, sum=%d\n", i, sum);
```

7. 下列用來印出介於1到9之間(含1和9)的所有偶數的程式是否正確？若錯誤，則指出錯誤之處，並更正之。

```
int i, sum;
i = 1;
while(i++ <= 9){
    if(i % 2 == 1)
        continue;
    printf("%3d", i);
}
printf("\n");
```

8. 修改程式7_power1.c，以便在 n 小於或等於0時也能獲得正確結果。

9. 修改程式7_power2.c，以便在 n 小於或等於0時也能獲得正確結果。

10. 修改程式7_power3.c，以便在 n 小於或等於0時也能獲得正確結果。

11. 撰寫一支程式，用for敘述來計算1到10的偶數和。

12. 完成下列各題之程式(輸入整數6，輸出下列圖形)。

(a) 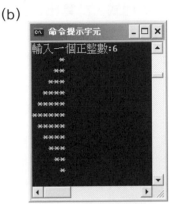   (b)

13. 撰寫一支程式，輸入正整數 n，然後印出不大於 n 的所有質數。(參考 7.4.4節範例程式7_for_primeno.c，將外層for改為while，內層for改為do-while)

14. 若將7.4.5節範例程式7_gcd.c中的while改為：

```
while(divisor != 0){    // 餘數 != 0
    remainder = dividend % divisor;
    dividend = divisor;
    divisor = remainder;
}
```

則程式的輸出結果是錯誤的，指出錯誤之處，並修正之。

15. 撰寫一程式，分別使用for、while、do-while敘述來列印出1到31，且每行最多印出7個數。

16. 撰寫一支程式，分別使用for、while、do-while敘述來計算並輸出n!之值，其中n為正整數。

17. 撰寫一支程式，輸入正整數N，然後列印出**費氏數列(Fibonacci Number)**的第 0 項 f_0 至第 n 項 f_n 之值。已知費氏數列第 n 項 f_n 之值定義如下：

$f_0 = 0$。

$f_1 = 1$。

$f_n = f_{n-1} + f_{n-2}$，當 $n > 1$。

18. 撰寫一支程式，輸入1至10個整數，然後找出最大值和最小值。

19. 撰寫一支程式，計算出正整數的二進位表示法所須使用的位元個數。

20. 參考7.4.5節，比較程式7_gcd.c(以歐幾里德輾轉相除法求x、y兩正整數的最大公因數)與下列程式片段(參考ans7_20.c)之功能及差異。

```
8      int x = 256, y = 72;
9      int dividend, divisor, remainder;    //被除數、除數、餘數
10
11     dividend = (x > y) ? x : y;
12     divisor = (x > y) ? y : x;
13     while(divisor != 0){    //餘數 != 0
14        remainder = dividend % divisor;
15        dividend = divisor;
16        divisor = remainder;
17     }
18     printf("%d 和 %d 的最大公因數為 %d\n", x, y, dividend);
```

21. 試將7.4.6節介紹的程式7_reverse.c(將內含中英文的字串倒轉)改寫成呼叫reverse()函數的型式。

22. 撰寫一支程式，將含正負號的整數轉為字串。

23. 撰寫一支程式，將含正負號的數字字串轉為整數。

24. 參考7.4.12節，撰寫一支程式，模仿內建函數itoa()的功能，將十進位正整數轉為二進位，並儲存到字串s(非直接呼叫內建函數itoa())。

    提示：撰寫下列兩支函數

```
void int2binary(int p_int, char s[]);
void reverse(char s[]);
```

8 Chapter

函數

8.1 前言

生活中常常會碰到許多不斷重複執行的事情，例如刷牙、洗澡等。程式也是一樣，會有許多的動作是重複且一再發生的，例如計算平均數、數值比對、取絕對值等。

舉一個例子來說明，假設張老師正在計算學生的期末平均成績，當他在算國文科的平均成績時，需要先將所有學生的國文成績加總起來，再除以班上人數，以得到國文科的平均成績。接著，當要計算英文科的平均成績時，則又要將所有學生的英文成績加總起來，再除以班上人數，得到英文科的平均成績。

如果張老師教了八門科目，則相同的動作就必須執行八次，相同的程式也必須撰寫八次，這樣的程式看起來不但冗長，而且執行起來非常沒有效率。要怎麼做才能避免上面的問題，讓這些重複的動作能夠寫起來既簡潔而且有效率呢？

此時可以引入「**函數**」(Function)的觀念，用來簡化程式或是將程式做模組化的動作。函數，說穿了，其實就是將重複執行的動作另外寫成一個副程式，當有需要時，只需要「呼叫」函數即可，使得原本需要重新撰寫的程式，只需一行指令就可以達成目的了。

之前使用的printf、scanf等，其實就是C語言提供的函數，這些都是C語言事先定義好的輸出、輸入函數，我們可以直接呼叫這些函數，將資料顯示在畫面上，或是從鍵盤上取得輸入的資料，而不需要重新撰寫輸入、輸出的程式碼。

除了這些C語言提供的函數外，我們也可以自己定義函數，將會重複執行的程式片段寫成函數。

到底使用函數呼叫有什麼樣的好處呢？

1. **節省程式開發時程**：相同的程式片段只需撰寫一次，使得程式撰寫較有效率；

2. **減化程式，容易瞭解程式邏輯**：將程式模組化，程式較易閱讀，增加可讀性；

3. **程式維護容易**：減少除錯時間，程式維護較為輕鬆；

4. **可分工合作完成程式。**

在本章中，我們將剖析函數的功能，並帶領您輕鬆學習函數的撰寫要領。

本章的學習目標為：

➡ 定義函數

➡ 函數呼叫及返回

➡ 參數傳遞

➡ 陣列傳遞

➡ 遞迴觀念

8.2　定義函數

在尚未了解什麼是函數時，其實我們已經偷偷地使用了許多C語言提供的「**內建函數**」，例如專門處理輸入、輸出動作的scanf、printf函數；用來處理數學運算的pow、sqrt、cos、sin函數等，這些其實都是函數喔！

我們可以想像這些函數就像工具一樣，C語言為了減少程式設計人員的負擔，事先寫好這些工具，我們只需要透過呼叫 (Call)的方式，就可以輕鬆的使用這些工具。而所謂的呼叫，就是將函數名稱寫出來，再將參數傳進去。例如

```
printf("hello world");
```

"hello world" 就是傳進去的參數。上面的這段程式相信大家應該不陌生，它的功能就是將傳進去的 "hello world" 字串顯示在螢幕上。

但是要用printf()等工具時，必須將存放這些工具的工具箱打開來，才能使用這些工具。例如printf()、scanf()等輸入輸出工具，就是存放在stdio.h裡面。那該如何將工具箱打開來呢？

要將工具箱打開，就必須利用 #include 這個指令。例如：

```
#include <stdio.h>
```

是將stdio.h工具箱找出來，並且將它打開。例如，數學運算的工具，是放在math.h的工具箱裡，所以當使用到數學函數pow()、sqrt()、cos()、sin()等工具時，可以用

```
#include <math.h>
```

敘述，來將math.h工具箱打開。

再舉一個例子，我們在前面章節不斷地使用到main()，其實也是函數的一種。例如，

```
int main(void)
```

表示程式的主要函數，該函數沒有輸入參數，程式結束後，會回傳一個整數數值。

如果發現C語言所提供的函數不符合需求，那該怎麼辦呢？沒關係，我們可以訂定屬於自己的函數，稱之為「**自訂函數**」。該如何自訂函數呢？定義函數的基本語法如下：

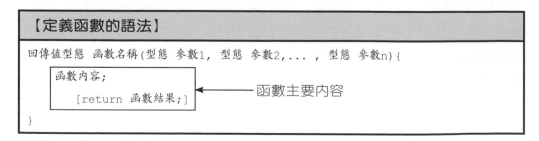

【定義函數的語法】

```
回傳值型態 函數名稱(型態 參數1, 型態 參數2,... , 型態 參數n){
    函數內容;
        [return 函數結果;]          ← 函數主要內容
}
```

回傳值型態：當函數裡面的動作執行完畢時，會將執行結果回傳給呼叫這個函數的主程式，而「**回傳值型態**」指的是執行結果的資料型態，例如回傳一個整數值、浮點數值、布林值 (成功或失敗)、字串等，我們利用 return 指令將執行結果回傳給呼叫該函數的主程式。例如：

```c
int function1(){
    return 100;
}
```

表示宣告一個會回傳一個整數值 100 的函數。

而return指令的主要功能除了將回傳值送給呼叫的程式外，還會將程式控制權交回給呼叫的程式，所以當程式在函數中遇到return指令時，就會跳回原來呼叫的程式。

如果函數執行完畢後，不需要回傳值，則用void來表示沒有回傳值，並且函數結束時，不需使用return回傳資料，例如

```c
void function2(int x, int y){
    printf("%d", x + y);
}
```

函數名稱：函數的命名方式與變數的命名方式相同。

參數：(型態 參數1, 型態 參數2,... 型態 參數 n)，參數是用來接收傳送進來的訊息，一個函數可以予許多個輸入參數，而每一個輸入參數都必須宣告它的型態是什麼。例如

```c
int function3(int a, int b, int c){
    return a+b+c;
}
```

這個函數有三個輸入參數a, b, 和 c，因為這三個參數都是宣告成整數型態，所以可以將三個數值相加起來。

此外，函數也可以不用輸入參數，例如：

```
void function4(){
    printf("Happy Birthday");
}
```

就沒有任何輸入參數。這裡要注意的是，雖然函數沒有輸入值，但是我們還是必須保留函數名稱後面的小括號，表示這是一個函數，而不是變數。

函數主要內容：將要執行的動作寫在大括號裡面。

自訂函數寫好了，接著就可以呼叫函數幫我們做事情嘍。該如何呼叫呢？函數的呼叫可以分成兩種情況：

1. 沒有回傳值呼叫：函數名稱 (輸入值1,輸入值2,..., 輸入值 n);

2. 有回傳值呼叫：變數 = 函數名稱(輸入值1,輸入值2,...,輸入值 n);

上面宣告的function2就是沒有回傳值呼叫的函數，我們呼叫function2時，可以利用

```
function2(10, 20);
```

指定參數 x 的值為 10，參數 y 的值為20，程式最後會將 x+y 的結果顯示在畫面上。這邊需要注意的是，輸入值的型態必須跟參數的型態一致，而且輸入值的個數跟函數的參數個數也要一致。

有回傳值呼叫的函數就像function3一樣，我們必須利用一個變數接收回傳的結果，例如：

```
int result = function3(1, 3, 5);
```

程式執行時會指定參數 a 的值為 1，參數 b 的值為3，參數 c 的值為5，並將 a+b+c 的結果回傳回來，最後由變數result接收。

需要注意的是變數的型態，必須跟函數的回傳值型態一致，也就是 result 必須設為int的型態，因為function3的回傳值型態是int。

8.3 函數呼叫及回傳

下面舉幾個函數及呼叫函數的例子，說明有傳入參數跟沒有傳入參數、有回傳值跟沒有回傳值的函數差別。

⊃8.3.1 沒有傳入參數及回傳值的函數

我們定義一個函數 show()，用來顯示 "我是show()函數，大家好"。主程式的部分則是以呼叫的方式，呼叫 show()函數，將結果顯示在畫面上。

範例程式1： 呼叫沒有傳入參數及回傳值的show函數

```
 1 // 程式名稱：8_show.c
 2 // 程式功能：呼叫沒有輸入參數且沒有回傳值的函數
 3
 4 #include <stdio.h>
 5 void show() // show 函數，沒有輸入參數值也沒有回傳值
 6 {
 7     printf("我是show()函數，大家好\n");
 8 }
 9 int main(void)
10 {
11     printf("從主程式呼叫show()函數\n");
12     show();
13     printf("從show()回到主程式\n");
14     system("PAUSE");
15     return 0;
16 }
```

【執行結果】

從主程式呼叫show()函數
我是show()函數，大家好
從show()回到主程式

【程式說明】

1. 第5-8行，宣告一個show()函數，供主程式呼叫。因為show()沒有輸入參數，所以參數列的部分可以不用填寫任何東西。而且，show()沒有回傳值，故第5行的回傳值型態部分為void。

2. 第9-16行，為主程式部分，是程式的進入點。程式執行時會先從main()開始執行。程式執行時會從第11行開始，印出 "從主程式呼叫show()函數"。執行到第12行時，呼叫show()函數，主程式會在第12行的地方做個記號，並且將控制權交給show()函數。接著show()函數開始執行，執行到第7行時，會在畫面上顯示 "我是show()函數，大家好"。show()函數執行完畢後會將控制權交還給主程式，主程式會從剛才做記號的第12行之後繼續執行。執行到第13行，印出 "從show()回到主程式"。

我們將函數呼叫及回傳的整個過程，以圖形的方式表示：

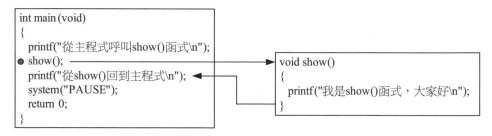

圖8.1　函數呼叫示意圖

⊃8.3.2　有傳入參數值及回傳值的函數

有傳入參數值及回傳值的函數，又該如何撰寫呢？下面以例子說明。

我們寫一個能夠比大小、找出最小值的函數 min(int a, int b)。函數的名稱為 min，它有二個參數值分別為 a 和 b，二個參數的資料型態都是整數。

範例程式2： 找出二個數值中最小的數值

```c
 1 // 程式名稱：8_min.c
 2 // 程式功能：找出二個數值中最小的數值
 3 #include <stdio.h>
 4 int main(void)
 5 {
 6     int x = 60, y = 47;
 7     int result = min(x, y);
 8     printf("x = %d, y = %d, min = %d\n", x, y, result);
 9     system("PAUSE");
10     return 0;
11 }
12
13 int min(int a, int b)
14 {
15     if (a < b)
16         return a;
17     else
18         return b;
19 }
```

【執行結果】

```
a = 60, b = 47, min = 47
```

【程式說明】

1. 第6行，宣告二個整數變數 x 和 y，並且分別指定 x = 60，y = 47。

2. 第7行，呼叫min()函數，將 x 及 y 的值帶入函數中，並且指定變數 result接收min()函數的回傳值。當程式呼叫min()函數時，就會將控制權從main()主程式移到min()函數。

3. 第13-19行，min()函數部分。當min()函數被呼叫時，會將傳入值指定給變數 a 和 b。

4. 第15行，利用 if 判斷 a 跟 b 那一個比較小，如果 a < b 則回傳 a，否則就回傳 b。在min()函數中有二個return敘述，這是允許的。執行時遇到任何一個return時，min()函數會將回傳值丟回去，並且將控制權交給呼叫的程式。

5. 第7-8行，當min()函數執行完畢時，控制權即會回到主程式中，將min()函數回傳的值指定給result變數。接著程式繼續執行，將 x、y 和result的結果顯示在畫面上。

先回到程式第6行的敘述，我們利用指令

```
int x = 60, y = 47;
```

宣告了二個變數x及y。當程式看到這行敘述時，程式會去跟記憶體要求二個空間，空間的名字分別為x及y，這二個空間只能存放整數資料進去。接著指定x空間存的是60，y 空間存的是48。變數宣告的示意圖如圖8.2所示：

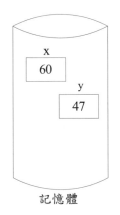

記憶體

圖8.2　變數宣告示意圖

當程式執行到第7行

```
int result = min(x, y);
```

程式會呼叫min()函數，並將 x 和 y 的值帶入min()函數中。

程式跳到第13行，即min()函數宣告的地方時，看到min()函數的輸入參數為a及b，此時，程式會去跟記憶體再要二個空間，並分別指定空間的名稱為a和b。接著，將x的值拷貝給a，y的值拷貝給b。min()函數會直接對a和b做運算，進行比大小的動作。概念如下圖所示：

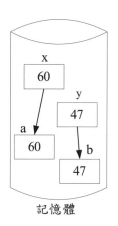

記憶體

圖8.3　傳值呼叫

因為x, y和a, b是存放在不同的空間，所以min()函數如果有修改a和b的值，並不會影響到x和y的資料。這樣的參數傳遞方式稱為「**傳值呼叫 (Call By Value)**」。下面再舉一個Call By Value的例子。

範例程式3： Call by Value

```
1 // 程式名稱：8_callfun.c
2 // 程式功能：call by value
3
4 int main(void)
5 {
6     int a = 1, b = 2, result = 0;
7
8     printf("<main> a = %d, b = %d, result = %d\n", a, b, result);
9     result = fun(a, b);
10    printf("<main> a = %d, b = %d, result = %d\n", a, b, result);
```

```
11    system("PAUSE");
12 }
13
14 int fun(int a, int b)
15 {
16    a++;
17    b = a+b;
18    int result = a+b;
19    printf("<fun>  a = %d, b = %d, result = %d\n", a, b, result);
20    return result;
21 }
```

【執行結果】

```
<main> a = 1, b = 2, result = 0
<fun>  a = 2, b = 4, result = 6
<main> a = 1, b = 2, result = 6
```

【程式說明】

1. 第6行，宣告三個整數變數，a、b及result。

2. 第9行，呼叫fun()函數，並將a、b的值帶入。程式控制權從main()交給fun()。

3. 第14行，產生兩個空間，命名為a、b，並將從main()傳入的輸入值a、b拷貝給新產生的a、b。

4. 第16行，執行 a++，使得 a 的值變為 a = 1 + 1 = 2。

5. 第17行，執行 b = a+b，使得 b 的值變為 b = 2 + 2 = 4。

6. 第18行，宣告一個變數result，計算result = a + b = 6。

7. 第19-20行，將執行結果列印出來，並將result的結果傳回去，並將控制權交還給main()，程式回到第9行呼叫fun()函數的地方。

8. 第9行，利用變數接收fun()傳回來的值。

　　從執行結果可以發現，我們在fun()函數內有修改 a、b 的值，但回到main()印出 a、b 值時，卻跟執行fun()函數之前一樣，這就是Call by Value的特性。

　　雖然變數名稱都是叫 a、b，但是main()函數內 a、b 的儲存空間，跟fun()函數內 a、b 是不同的，如下圖所示。所以更改fun()內的 a、b 值，對main()函數內的 a、b 值並不會有影響。

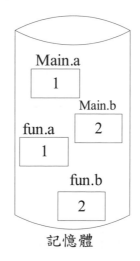

記憶體

圖8.4　Call by Value例子

　　除了「傳值呼叫(Call By Value)」方式傳遞參數外，C語言還提供了另一種參數傳遞的方法，稱之為「**傳址(Call By Reference)呼叫**」。如果使用Call by Reference 的方式傳遞參數，則程式不會再去跟記憶體要求另外的空間拷貝資料，而是直接對輸入參數的位址做運算。我們將上面的例子改成Call by Reference的方式，看看結果會變成怎樣。

範例程式4： Call by Reference

```c
1  // 程式名稱：8_callfunRef.c
2  // 程式功能：call by reference
3
4  int main(void)
5  {
6      int a = 1, b = 2, result = 0 ;
7
8      printf("<main> a = %d, b = %d, result = %d\n", a, b, result);
9      result = fun(&a, &b);
10     printf("<main> a = %d, b = %d, result = %d\n", a, b, result);
11     system("PAUSE");
12 }
13
14 int fun(int * a, int * b)
15 {
16     *a= *a + 1;
17     *b = *a + *b;
18     int result = *a+*b;
19     printf("<fun>  a = %d, b = %d, result = %d\n", *a, *b, result);
20     return result;
21 }
```

【執行結果】

```
<main> a = 1, b = 2, result = 0
<fun>  a = 2, b = 4, result = 6
<main> a = 2, b = 4, result = 6
```

【程式說明】

1. 第9行，呼叫fun()函數，並將 a、b 的位址當作參數值帶入fun()函數。程式控制權從main()交給fun()。&a 表示變數 a 的位址。

2. 第14行，產生二個指標a、b，用來指向main()傳入的a位址、及b的位址。

3. 第16行，執行 *a = *a + 1，將指標 a 指向的位址之對應值加一。執行完後，指標 a 指向的位址其對應值變為2。

4. 第17行，執行 *b = *a + *b。*b指的是指標 b 指向的位址之對應值，目前指標 b 指向的值為2，當執行完第17行後，指標 b 的對應值變為 *b = 2 + 2 = 4。

5. 第18行，宣告一個變數result，計算result = *a + *b = 6。

6. 第19-20行，將執行結果列印出來，並將result的結果傳回去，並將控制權交回給main()。

7. 第9行，利用變數接收fun()傳回來的值。

當程式執行到第9行呼叫fun()函數時，會將a和b這二個空間的位址傳給fun()函數。fun()函數利用二個變數a及b來接收傳進來的位址，所以在fun()裡面的變數a指的是一個位址，而 *a表示a位址裡面的值。如下圖所示，fun()函數的變數a指向main()函數中變數a的位址，而fun()函數的變數b指向main()函數中變數b的位址。

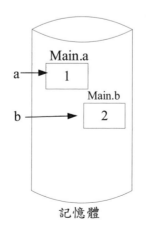

記憶體

圖8.5　Call by Reference例子

程式執行到第16行時，指標a指向的值會加1，所以程式會直接修改指標a所指位址的值。接著，執行到第17行時，會將指標a及指標b指向位址的值相加，再存到指標b指向的位址。在執行完這二行程式後，指標a及指標b指向的對應值將如下圖所示。

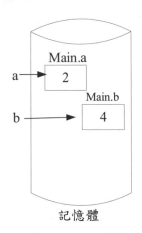

圖8.6 執行完fun()函數的a及b

所以當回到main()函數後，變數a、b的值已經被修改過了。指標的概念會在下面的章節再做更進一步的說明。

剛才的例子裡面，所傳遞的參數都是整數型態，而函數呼叫除了可以傳像整數、浮點數等基本資料型態外，還可以傳遞陣列，下面一節將說明如何以Call by Reference的方式傳遞陣列。

8.4 陣列傳遞

張老師利用三個陣列Chinese[]、English[]及Math[]，分別記錄班上同學的國文、英文及數學成績。到了期末，張老師想要算出這三科的平均成績，如果我們不使用函數的寫法，則程式的寫法如下。

範例程式5： 計算各科平均成績

```
 1 // 程式名稱：8_sun.c
 2 // 程式功能：計算各科成績
 3
 4 int main(void)
 5 {
 6    int Chinese [] = {90, 20, 30, 80, 35};
 7    int English [] = {80, 73, 42, 98, 37};
 8    int Math [] = {100, 84, 99, 66};
 9    int avg_Chinese=0, avg_English=0, avg_Math=0;
10    int i;
11    //計算國文成績
12    for (i = 0 ; i < 5 ; i++)
13      avg_Chinese += Chinese[i];
14    avg_Chinese = (int) (avg_Chinese / 5);
15    printf("國文平均成績：%d\n", avg_Chinese);
16    //計算英文成績
17    for (i = 0 ; i < 5 ; i++)
18      avg_English += English[i];
19    avg_English = (int) (avg_English / 5);
20    printf("英文平均成績：%d\n", avg_English);
21    //計算數學成績
22    for (i = 0 ; i < 5 ; i++)
23      avg_Math += Math[i];
24    avg_Math = (int) (avg_Math / 5);
25    printf("數學平均成績：%d\n", avg_Math);
26    system("PAUSE");
27 }
```

【執行結果】

國文平均成績： 51
英文平均成績： 66
數學平均成績： 85

【程式說明】

1. 第6行,宣告一個陣列,命名為Chinese,裡面有五個值。當程式看到第6行的前半段int Chinese []的命令時,會去跟記憶體預訂一些空間,用來存放整數數值,並且在上面標記這些空間的地址叫做Chinese,如圖8.7(a)所示。

   因為目前還不知道陣列有多大,所以我們先用虛線表示預訂的空間。接著,看到第6行的後半段命令Chinese [] = {90, 20, 30, 80, 35}時,表示Chinese陣列裡面有五個元素,所以我們就將虛線的地方切成五塊空間,分別存放90、20、30、80及35,如圖8.7(b)所示。其中Chinese[0] = 90、Chinese[1] = 20,並依此類推。所以可以知道Chinese是表示陣列的位址,而Chinese[0]表示Chinese位址的第一個元素。

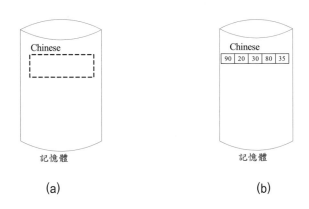

(a)   (b)

圖8.7　Chinese陣列宣告

2. 第6-8行,宣告三個陣列Chinese、English及Math用來存放學生的國文、英文及數學成績。

3. 第9行,宣告三個變數avg_Chinese、avg_English及avg_Math用來存放國文、英文及數學成績的平均值。

4. 第13行，將學生的國文成績加總起來，放到變數avg_Chinese中。

5. 第14行，avg_Chinese除以總人數得到平均成績。

6. 第15行，列印出國文成績。

從程式中我們不難發現，針對每一個科目，我們都必須寫一個for迴圈去加總學生的成績，然後再求平均成績。張老師只有教授三個科目，所以程式碼的長度還可以接受。但如果科目變多，或者當我們要計算學校所有科目的平均成績時，那程式碼將會以倍數成長。

⊃8.4.1　傳遞陣列

針對上述的問題，我們將加總成績及計算平均值的動作，寫成一個函數avg()。函數的輸入值是一個陣列，我們可以將任意的陣列帶進去函數中，avg()函數則會回傳陣列的平均值。

範例程式6： 利用函數計算各科平均成績

```
1 // 程式名稱：8_avg.c
2 // 程式功能：利用函數計算各科成績
3
4 int main(void)
5 {
6    int Chinese [] = {90, 20, 30, 80, 35};
7    int English [] = {80, 73, 42, 98, 37};
8    int Math [] = {100, 84, 99, 66};
9    //計算國文成績
10   printf("國文平均成績：%d\n", avg(Chinese, 5));
11   //計算英文成績
12   printf("國文平均成績：%d\n", avg(English, 5));
13   //計算數學成績
14   printf("數學平均成績：%d\n",avg(Math, 5));
15   system("PAUSE");
16 }
```

```
17
18 int avg(int value[], int n)
19 {   int average = 0, i;
20     for (i = 0 ; i < n ; i++)
21         average += value[i];
22     average = (int) (average / 5);
23     return average;
24 }
25
```

【執行結果】

```
國文平均成績： 51
英文平均成績： 66
數學平均成績： 85
```

【程式說明】

1. 第10行，呼叫avg()函數，並將陣列Chinese傳給avg()函數。這邊要注意的是，Chinese表示陣列的位址，如圖8.7(a)，我們在傳資料給avg()函數時，只傳陣列的位址，而不是將陣列再複製一份，即採用Call by Reference 的方式傳送輸入值給函數。接著，main()函數將控制權交給avg()函數。

2. 第18行，avg()函數有二個輸入參數，一個是陣列的位址，另一個則是陣列的大小。avg()函數利用value接收Chinese的位址，所以value也是一個位址，它跟Chinese都是指向同一塊空間，而 value[0]跟Chinese[0]所表示的值是一樣的、value[1]跟 Chinese[1]所表示的值是一樣的，依此類推，如下圖所示。

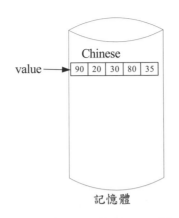

圖8.8　呼叫avg()函數，計算Chinese陣列的平均值

3. 第18-24行，avg()函數的主要工作內容，用來將傳入陣列做加總的動作，並且回傳平均值。控制權從avg()函數交回給main()。

4. 第12行，main()函數呼叫avg()函數計算English的平均成績。這一次程式傳的是陣列English，如圖8.9，而函數avg()的value指向的地方改為English。

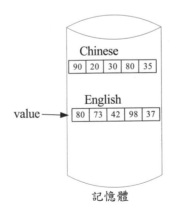

圖8.9　呼叫avg()函數，計算English陣列的平均值

因為value指的地方就是資料實際存放的地方，所以如果我們在函數裡面修改陣列資料，就會直接影響陣列的原始資料。以下我們舉一個例子來說明。

範例程式7： 利用函數修改陣列資料

```c
1 // 程式名稱：8_modify.c
2 // 程式功能：利用函數修改陣列資料
3 #include <stdio.h>
4 void modify(int value[])
5 {   int i=0;
6     for (i = 0 ; i < 5 ; i++)
7         value[i] = value[i] + 10;
8     printf("\n修改後：");
9     for (i = 0 ; i < 5 ; i++)
10        printf("%d   ", value[i]);
11 }
12
13 int main(void)
14 {
15    int Chinese [] = {90, 20, 30, 80, 35};
16    int i=0;
17    printf("\n原始的：");
18    for (i = 0 ; i < 5 ; i++)
19        printf("%d   ", Chinese[i]);
20    modify (Chinese);
21    printf("\n最後的：");
22    for (i = 0 ; i < 5 ; i++)
23        printf("%d   ", Chinese[i]);
24    system("PAUSE");
25 }
```

【執行結果】

```
原始的：90   20   30   80   35
修改後：100   30   40   90   45
最後的：100   30   40   90   45
```

【程式說明】

1. 第4-11行，宣告一個函數modify()，其輸入參數為整數陣列。函數的主要工作是將傳入陣列的每一個元素都加10，再將結果顯示在畫面上。

2. 第20行，呼叫modify()函數，並且將Chinese陣列帶入函數中。

此程式的示意圖8.10所示，當程式執行到第18-19行時，會列印出陣列的原始值。繼續執行到第20行，程式呼叫modify()函數並將陣列Chinese的位址帶入函數中，main()函數會將控制權交給modify()。

modify()利用value接收Chinese的位址，並且將value陣列裡面的每個元素值加10。因為value和Chinese指的位址是同樣的，所以當modify()函數修改value陣列的值時，就相當於修改Chinese陣列的值。當modify()函數執行完畢回到main()列印陣列Chinese時，所列印出來的值就是被修改過後的值。

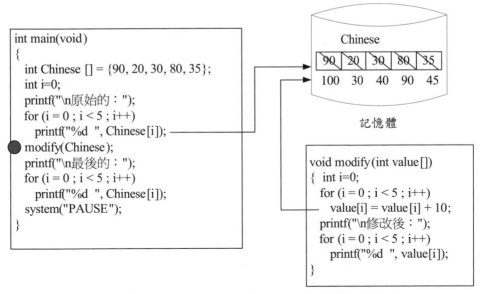

圖8.10　呼叫modify()函數，修改陣列的值

由上面的例子可以知道，Call by Value及Call by Reference的不同點為：

1. **Call by Value**：程式會將輸入值拷貝一份，針對拷貝的資料做動作，函數並不會對原來的資料有任何影響。

2. **Call by Reference**：程式會用另一個指標指向原始資料，若函數改變指標指向的資料時，則原始資料也會跟著改變。

◯8.4.2 傳遞字串

接下來，我們看看函數如何傳遞字元或字串資料。下面我們寫一個字元搜尋的函數，用來從字串中找到第一個出現字元 'a' 的位置。

範例程式8： 字元搜尋函數

```
 1 // 程式名稱：8_stringfind.c
 2 // 程式功能：找出字串中第一個出現字元 'a' 的位置
 3 #include <stdio.h>
 4 int find(char *str, char c)
 5 {  int i=0;
 6    while(*str)
 7    {
 8      if (*str == c)
 9        return i;
10      str++;
11      i++;
12    }
13    return -1;
14 }
15
16 int main(void)
17 {
18    char *first = "this is a test";
19    printf("%s\n", first);
```

```
20    char c = 'a';
21    printf("字元 a 出現在 %d 號位置!", find(first, c));
22    system("PAUSE");
23  }
```

【執行結果】

```
this is a test
字元 a 出現在 8 號位置!
```

【程式說明】

1. 第4-14行，宣告一個函數find()，其輸入參數為一個字串及字元。str 表示字串的位址，*str 指向字串第一個位置的字元，c 則是輸入字元。函數的主要工作是從字串 str 中找出與字元 c 一模一樣的字元，並將字元出現的位置回傳回去。如果沒有找到一樣的字元，則回傳－1。

2. 第5行，用一個變數i來記錄目前處理字元的位置。

3. 第6行，用一個while迴圈來對字串中每個字元做處理的動作。當遇到字串的終止符號 '\0'，即while迴圈讀到0值，就表示要終止了。

4. 第8-11行，判斷目前的字元 *str 是不是等於 c，如果一樣，就回傳 i 的值；如果不一樣，就將指標指向下一個字元，即 str++，索引值 i 也加1。

5. 第18行，宣告一個字串first，字串的值為 "this is a test"。當程式看到char * first時，會去記憶體要一段空間，用來存放多個字元，並且將這一段空間命名為first，如圖8.11(a)所示。當看到後半段 *first = "this is a test"，才將空間切成很多小空間，每一個空間分別放入一個字元，而first就是指向這些空間的第一個位置。

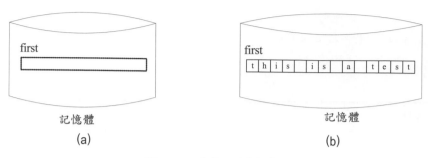

圖8.11　宣告一個字串

6. 第21行，呼叫find()函數，用來找出 'a' 究竟出現在字串的第幾號位置。函數的輸入值為字串first及字元 c。

當main()執行到第21行時，會呼叫find()函數，並將字串first及字元 c 帶入函數中，接著main()函數會將控制權交給find()函數。

find()函數會用指標 str 去接收字串first的位址，如圖 8.12(a)所示。目前 *str 即表示字串的第一個位元。程式繼續執行到第6行，while指令判斷*str 是否為非0值，因為現在*str 指的是第一個字元 't'，所以為非0值，程式會進入迴圈內部，執行第18行程式判斷*str 是否等於字元 c，因為現在字元為 't'，不等於 c 代表的 'a'，所以程式跳到第10行，並且將 str 指標往下移動一個字元，使得指標 str 指向的位址變成第二個字元，如圖8.12(b)所示。

程式繼續執行，直到*str 的值與字元 c 相等時，程式就會進入第9行，回傳索引值 i，並且將控制權交還給main()。如果while迴圈結束後，仍然找不到相同的字元，則回傳-1。

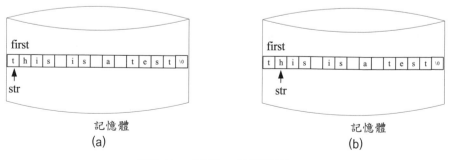

圖8.12　指標str指向字串first

8.5 遞迴

　　函數除了可以被呼叫外，其實函數也可以呼叫別的函數喔！我們修改前面範例程式7，將列印陣列元素的程式段寫成printFunction()函數。

範例程式9： 函數呼叫其他的函數

```c
1 // 程式名稱：8_funCall.c
2 // 程式功能：函數呼叫其他的函數
3 #include <stdio.h>
4 void printFunction(int array [], int n)
5 { int i;
6    for (i = 0; i < n ; i++)
7        printf("%d ", array[i]);
8 }
9 void modify(int value[], int n)
10 { int i=0;
11    for (i = 0 ; i < n ; i++)
12        value[i] = value[i] + 10;
13    printf("\n修改後：");
14    printFunction(value, n);
15 }
16
17 int main(void)
18 {
19    int Chinese [] = {90, 20, 30, 80, 35};
20    int i=0;
21    printf("\n原始的：");
22    printFunction(Chinese, 5);
23    modify(Chinese, 5);
24    printf("\n最後的：");
25    printFunction(Chinese, 5);
26    system("PAUSE");
27 }
28
```

【執行結果】

原始的：90 20 30 80 35
修改後：100 30 40 90 45
最後的：100 30 40 90 45

【程式說明】

1. 第4-8行，宣告一個函數printFunction()，其輸入參數為整數陣列 array及陣列元素個數 n。函數的主要工作是將傳入陣列的每一個元素顯示在畫面上。

2. 第14行，modify()函數呼叫printFunction()函數將value 陣列元素印出來。

程式的流程如下圖所示，當main()呼叫modify()函數時，會將控制權交給modify()函數，由modify()函數修改陣列裡面的內容，接著modify()函數會呼叫 printFunction()函數，將陣列value的值帶入函數中，再將控制權交給printFunction()函數。待printFunction()函數執行完畢後，會將控制權交還給呼叫的modify()函數。modify()執行完畢後再回到main()函數。

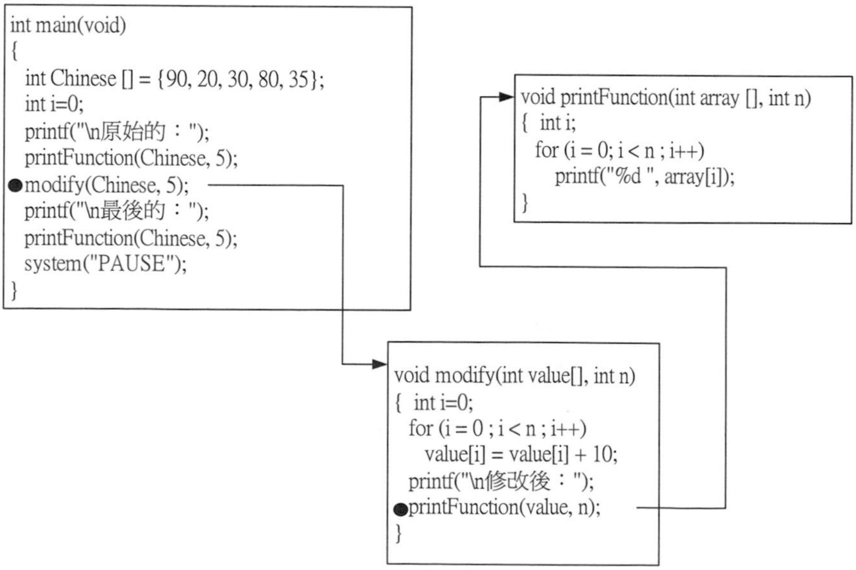

```
int main(void)
{
  int Chinese [] = {90, 20, 30, 80, 35};
  int i=0;
  printf("\n原始的：");
  printFunction(Chinese, 5);
● modify(Chinese, 5);
  printf("\n最後的：");
  printFunction(Chinese, 5);
  system("PAUSE");
}
```

```
void printFunction(int array [], int n)
{  int i;
   for (i = 0; i < n ; i++)
      printf("%d ", array[i]);
}
```

```
void modify(int value[], int n)
{  int i=0;
   for (i = 0 ; i < n ; i++)
      value[i] = value[i] + 10;
   printf("\n修改後：");
● printFunction(value, n);
}
```

圖8.13　函數呼叫函數範例

　　有了函數呼叫函數的概念後，就會引申出一個問題－函數可以呼叫其它的函數，那麼函數可以呼叫自己嗎？

　　答案是肯定的，函數可以呼叫自己，我們稱之為「**遞迴(Recursive Call)**」呼叫。但是，「遞迴」呼叫有個危險，就是函數可能會不斷地呼叫自己，無法停止，因而造成無窮迴圈。所以在撰寫「遞迴」函數時，必須要設定一個停止條件，以避免無窮迴圈的產生。以下我們以一個會從10數到 1 的遞迴函數為例，來說明如何設計一個遞迴函數。

範例程式10： 遞迴函數

```c
 1 // 程式名稱：8_recursive.c
 2 // 程式功能：遞迴函數
 3 #include <stdio.h>
 4 int reFun(int n)
 5 {
 6    if (n == 0)
 7       return 0;
 8    printf("count = %d\n", n);
 9    reFun(--n);
10 }
11
12 int main(void)
13 {
14    reFun(10);
15    system("PAUSE");
16 }
```

【執行結果】

```
count = 10
count = 9
count = 8
count = 7
```

```
count = 6
count = 5
count = 4
count = 3
count = 2
count = 1
```

【程式說明】

1. 第6-7行，遞迴函數停止的條件，當 n 為0時，遞迴即停止。

2. 第8行，將目前的 n 列印出來。

3. 第9行，遞迴呼叫reFun()函數，輸入的參數為 n 減1之後的結果。

4. 第14行，呼叫reFun()函數，輸入參數為10。

當main()函數在第14行呼叫 reFun()函數時，將10輸入到函數中，控制權交到reFun()函數手中。我們先將reFun()函數的停止條件蓋起來不要看，即想像函數只有下面的片段，我們將10帶入reFun()函數中。

```c
int reFun(int n)
{
    printf("count = %d\n", n);
    reFun(--n);
}
```

第一次：n = 10，程式看到printf指令即印出 "count = 10"。接著，--n 指令使得 n 的值由10減為 9，並且這個值又被帶入reFun()函數中。

第二次：n = 9，程式看到printf指令即印出 "count = 9"。接著，--n 指令使得 n 的值由9減為 8，並且這個值被帶入reFun()函數中。

第三次：n = 8，程式看到printf指令即印出 "count = 8"。接著，--n 指令使得 n 的值由8減為 7，並且這個值被帶入reFun()函數中。

...

依此類推。因為沒有停止的條件，所以這個函數會一直不斷地重複執行，沒辦法停止。為了避免程式形成無窮迴圈，我們在執行動作的前面設立一個停止的條件，指定當n = 0時，即return。

8.6 綜合練習

⊃8.6.1 字串修改

範例程式11： 字串修改函數

```
1  // 程式名稱：8_strModify.c
2  // 程式功能：字串修改函數
3     #include <stdio.h>
4     void strModify(char *str, int n, char *value)
5     {   int i=0, j=0;
6        while(*str) {
7           if (i == n) {
8              while(*value && *str){
9                 *str = *value;
10                str++;
11                value++;
12             }
13          }
14          i++;
15          str++;
16       }
17    }
18    int main(void)
19    {
20       char s []= "this is a test.";
21       char b []= "book.";
22       strModify(s, 10, b);
23       printf("%s", s);
24       system("PAUSE");
25    }
```

【執行結果】

```
this is a book.
```

【程式說明】

1. 第4-17行，宣告一個strModify()函數，用來修改字串內容，輸入參數為陣列名稱、從第幾號位置開始修改、修改的字元。

2. 第6行，利用while迴圈檢查陣列str是否已經到結尾，如果while迴圈偵測到 '\0'，則表示已經到str的結尾，迴圈即結束。

3. 第7行，i 為索引值，如果陣列指標指向第 n 個位置，即我們要開始更改的位置，則執行程式第8-11行。

4. 第8行，利用while迴圈檢查陣列str或是陣列value是否已經到結尾。

5. 第9行，修改陣列str的元素。

6. 第10-11行，將指標指向下一個位置。

7. 第20-21行，宣告二個字串陣列 s 及 b，我們將字串 s 的第十號位置以後的文字，以 b 來取代。

8. 第22行，呼叫strModify()函數進行修改。

➲8.6.2 遞迴加總

範例程式12： 利用遞迴函數計算1+2+...+n之和

```
1 // 程式名稱：8_reAdd.c
2 // 程式功能：利用遞迴函數計算1+2+...+n之和
3 #include <stdio.h>
4
5 int add(int value)
6 {
```

```
 7     if (value == 1)
 8        return  1;
 9     else
10     {   return add(value-1) + value; }
11 }
12 void main()
13 {
14     int n;
15     printf("請輸入一個數值，計算1+2+...+n之總和\n");
16     printf("數值:");
17     scanf("%d",&n);
18     printf("加總結果為:%d", add(n));
19     system("PAUSE");
20 }
```

【執行結果】

請輸入一個數值，計算1+2+...+n之總和

數值:10

加總結果為：55

【程式說明】

1. 第7-8行，遞迴函數停止的條件，當value = 1時，遞迴即停止。

2. 第10行，若遞迴條件還未滿足時，繼續呼叫add()函數，計算value－1 的值。

3. 第17行，從鍵盤輸入一個數值。

4. 第18行，呼叫 add()函數，進行累加。

   1+2+...+n的總和，其實就等於n+(n－1)+...+2+1的總和，其公式如下

   $$value= n + add(n-1)$$
   $$= n + (n-1) + add(n-2)$$
   $$= n + (n-1) + (n-2) + add(n-3)$$

$$= \ldots$$
$$= n + (n-1) + (n-2) + add(n-3) + \ldots + add(2)$$
$$= n + (n-1) + (n-2) + add(n-3) + \ldots + 2 + add(1)$$
$$= n + (n-1) + (n-2) + add(n-3) + \ldots + 2 + 1 \circ$$

其結構圖如下所示：

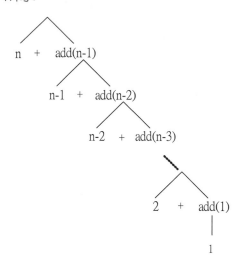

迴圈的結止條件是1，所以最後一階的結果是1，接著程式將1傳回給 add(1)。當add(1)收到結果，會將結果加上目前的value值回傳給add(2)，即

回傳值 = value + add(1) = 2 + 1 = 3。

當add(2)收到結果，會將結果加上目前的value值回傳給add(3)，即

回傳值= value + add(2) = 3 + 3 = 6

依此類推。等算到最上面一階，add(n－1)收到結果，會將結果加上目前的value算出結果，即

最後結果 = value + add(9) = 10 + 45 = 55。

8.6.3 顯示Fibonacci數列

Fibonacci是1202年義大利數學家斐波那契(Fibonacci)提出的兔子繁殖問題，如果一對兔子每個月能生一對小兔子（一公一母），而每對小兔子在牠們出生後的第三個月，又能開始生一對小兔子，假設在不發生死亡的情況下，由一對出生的小兔子開始，n個月後會有多少對兔子呢？

在第一個月時，只有一對小兔子，過了一個月，那對兔子成熟了，在第三個月時便生下一對小兔子，這時有兩對兔子。再過多一個月，成熟的兔子再生一對小兔子，而另一對小兔子長大，有三對小兔子。如此推算下去，我們便發現一個規律——從第一個月開始以後，每個月的兔子總數是：

1,1,2,3,5,8,13,21,34,55,89,144,233…

也就是這個月的兔子數是前二個月的兔子數量加總，如此即構成Fibonacci數列。以下程式即可產生Fibonacci數列在第n個月時的數值。

範例程式13： 使用者輸入一個數值n，利用遞迴程式計算Fibonacci第n個數值

```
1        //程式名稱：8_Fibonacci.c
2        //程式功能：顯示第n個Fibonacci數值
3        int Fibonacci(int n)
4        {
5            if(n==0) return 0;
6            else {
7                if (n==1) return 1;
8                else {
9                    return Fibonacci(n-1)+Fibonacci(n-2);}
10               }
11           }
12       void main()
13       {
14           int n;
```

```
15          printf("請輸入一個數值\n");
16          printf("數值:");
17          scanf("%d",&n);
18          printf("Fibonacci數值為%d \n",Fibonacci(n) );
19      }
```

【執行結果】

請輸入一個數值
數值:10
Fibonacci數值為55

【程式說明】

1. 第3-11行，為Fibonacci數列產生函數。

2. 第5、7行，為程式結束條件，當輸入參數為0(或1)時，就回傳0(或1)。

3. 第9行，不斷呼叫Fibonacci函數，產生遞迴效果，主要的原理是將二個數值Fibonacci(n-1)與Fibonacci(n-2)，即前二個數值進行加總之後回傳結果。

4. 第14行，宣告一個變數n。

5. 第17行，將使用者輸入的數值放入變數n中。

6. 第18行，呼叫Fibonacci函數，並將n帶入參數中，產生遞迴，直到n為0或1。

8.7 後記

這一章介紹了函數的基本觀念及如何撰寫函數，善用函數能夠讓您的程式具有下列優點：

1. 節省程式開發時程

2. 減化程式、邏輯容易瞭解

3. 程式維護容易

4. 可分工合作完成程式

除了C語言提供的函數可供寫程式使用外，也可以定義屬於自己的函數，稱之為「自訂函數」。

函數可分為有傳入參數跟沒有傳入參數、有回傳值跟沒有回傳值。若依參數傳遞方式來分，函數可以分成：「傳值呼叫(Call By Value)呼叫」及「傳址呼叫(Call By Reference)」。二者的不同是：

1. **Call by Value**：程式會將輸入值拷貝一份，針對拷貝的資料做動作，函數並不會對原來的資料有任何影響。

2. **Call by Reference**：程式會用另一個指標指向原始資料，若函數改變指標指向的資料時，則原始資料也會跟著改變。

函數除了可以傳遞基本資料型態外，還可以傳遞陣列資料及字串資料。

函數除了可以被呼叫外，其實函數也可以呼叫別的函數。此外，函數也可以自己呼叫自己，稱之為「遞迴」呼叫。遞迴函數讓程式碼看起來更為簡潔。但是，「遞迴」呼叫有個危險，就是函數可能會不斷地呼叫自己，無法停止，因而造成無窮迴圈。所以在撰寫「遞迴」函數時，要設定一個停止條件，以避免無窮迴圈的產生。

8.8 習題

1. 請以遞迴函數寫出計算2的 n 次方的函數。

2. 以遞迴方式計算 n! 之值。

3. 輸入任意兩個數字,以遞迴方式求出最大公因數。

4. 請以遞迴函數計算陣列元素的平均值。

5. 請寫出程式的輸出結果。

```c
int fun(int n)
{
    if(n==1)
        return 1;
    else
        return fun(n-1)+n;
}
main(void)
{
    printf("%d\n", fun(20));
}
```

6. 請寫出程式的輸出結果。

```c
double fun(double a)
{
    return a -(int) a;
}
main(void)
{   double a = 123.4567;
    printf("%f\n", fun(a));
}
```

7. 請寫出程式的輸出結果。

```c
void fun(int a, int b, int c)
{
    a = a + 1;
```

```
        b = a + c;
        c = a + 20;
}
main(void)
{    int a = 10, b = 20, c = 0;
     fun(a, b, c);
     printf("a=%d b=%d c=%d \n",a, b, c);
}
```

8. 請寫出程式的輸出結果。

```
#include <stdio.h>

void fun(int * a, int * b, int * c)
{
        *a= *a + 1;
        *b = *a + *c;
        *c = *a + 20;
}
int main(void)
{    int a = 10, b = 20, c = 0;
     fun(&a, &b, &c);
     printf("a=%d b=%d c=%d \n",a, b, c);
     system("PAUSE");
     return ;
}
```

9. 請設計一個可以讓使用者輸入四個浮點數，並且以函數進行加總的程式。

10. 請設計一個程式，讓使用者輸入成績，成績請以浮點數陣列方式儲存，並利用函數計算各科平均成績。

11. 請設計一個程式，使用者輸入字元c，計算字串中出現c的個數。

筆記欄

9 Chapter

陣列

9.1 前言

前面幾個章節我們已經學會如何宣告變數,並且將資料儲存在變數中。例如,

```
int Amy_math = 95, John_math = 60, David_math = 80;
```

這三個變數分別表示Amy、John及David的數學成績。現在如果又要記錄三人的英文成績,勢必又要再宣告另外三個變數

```
int Amy_eng, John_eng, David_eng;
```

用來存放英文成績。

很不幸地,如果總共有七個科目的成績需要記錄,那不就必須宣告21個變數來存放了嗎?又或者,班上有100個人,每個人都有七個科目的成績要存放。算一算,總共有700個變數,光是變數名稱就不知道該如何命名了。該如何管理這些資料,又不用傷腦筋變數的問題呢?

好用的**陣列(Array)**就派得上用場了。想像一個陣列就像一個籃子一樣,我們將相同性質的資料放在同一個籃子裡,並且給這個籃子一個名字,籃子裡面會切成很多個小格子,每個小格子都可以用來存放資料。例如,我們將一個名叫英文的籃子切成100個小格子,一個格子可以存放一位學生的英文成績。如果要從籃子裡面取出某位同學的英文成績時,只需要利用**陣列索引(Index)**,找到該名學生的格子,就可以將成績取出來了。

籃子除了可以放很多格子之外,還可以再放其他的籃子喔,這樣就可以形成多維的陣列,例如一維陣列、二維陣列、和多維陣列等。以下我們將介紹如何宣告陣列、如何跟記憶體要求空間儲放資料,以及如何取得陣列裡面的內容。

本章將介紹的主題有：

➼ 陣列宣告

➼ 初始值設定

➼ 陣列長度

➼ 取得陣列元素

9.2　一維陣列

當宣告一個整數變數時，可以利用下面的敘述：

```
int X;
X = 100;
```

第一個敘述是跟記憶體要求一個空間，空間命名為 X，用來存放一個整數
資料。第二個敘述則是指定X空間存放的值是100，其示意圖如下圖所示。

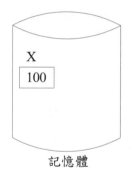

記憶體

圖9.1　變數 X 之記憶體配置

如果跟記憶體分別要求多個空間，用來存放整數的資料，則要來的空
間會東一塊、西一塊，管理起來相當的麻煩，如下圖所示。

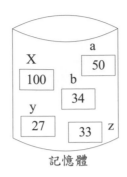

記憶體

圖9.2　多個變數之記憶體配置

　　為了能夠方便管理這些變數，我們將性質相同的這些空間集合起來，形成一個連續空間，並且利用一個索引值指出資料存放的位置，這樣的空間稱為陣列。如圖9.3所示，圖上將多個變數所儲存的資料收集在一起，形成一個連續的空間，並且以X當作陣列的名字。

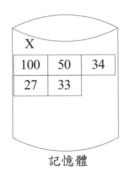

記憶體

圖9.3　陣列範例

　　要如何才能製造出這樣一個空間呢？下面是一維陣列的宣告。

　　宣告一維陣列的語法為：

【一維陣列宣告 語法1】

資料型態　陣列名稱　[k];

　　其中，資料型態：表示這個陣列裡面只能放什麼型態的資料，

陣列名稱：其命名規則與變數相同，

k：為陣列大小，表示有多少資料要存放在陣列裡面。

假設現在有四名學生的國文成績需要記錄，我們就可以利用陣列來存放這些記錄。其陣列宣告如下所示：

```
int Chinese [4];
```

當程式執行時，會去跟記憶體要求四個連續的空間位置，用來存放資料，而這些空間位置只能用來存放整數數值。這些空間位置，我們給它一個名字叫做Chinese，如圖9.4(a)。

有了這個空間，就可以將資料放進去了。要如何放呢？我們可以利用一個陣列索引值(Index)來指示資料要放在那一個位置上。圖9.4(a)下方的0、1、2及3即為索引值，Chinese[0]、Chinese [1]、Chinese [2]及Chinese [3]表示陣列元素，Chinese[0]是陣列的第一個元素、Chinese[1]是陣列的第二個元素，並依此類推。

假設第一位學生的國文成績是85，直接指定陣列第一個元素值為85的敘述為

```
Chinese[0] = 85;
```

如此可將資料設定給陣列元素。設定完四名學生的國文成績後，即可得到圖9.4(b)的結果。

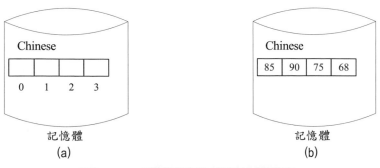

圖9.4　一維陣列宣告與初始值設定

除了可以利用第一種宣告方式宣告一個陣列外，還有其他的方法可以宣告陣列，並且設定陣列初始值。

【一維陣列宣告 語法2】

資料型態 陣列名稱 [M] = {初始值0, 初始值1, ...,初值k－1};

其中，M為陣列可以容納的元素個數有多少。語法2在宣告陣列時，會一併將陣列元素設定好。例如：

```
int English [6] = {10, 20, 30, 40};
```

表示程式會跟記憶體要6個空間位置，其中前面四個空間位置所存放的值分別為 10、20、30及40，後面剩下的二個空間位置則會預設為0，結果如下圖所示。

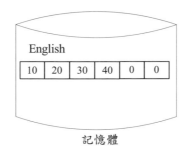

圖9.5　宣告English 陣列

若M所設定的值比初始值之個數小時，則陣列大小以M所設定的大小為主。例如：

```
int Chinese [2] = {91, 81, 71, 61};
```

則程式會跟記憶體要2個空間位置，其中前面二個空間位置所存放的值分別為 91及81。

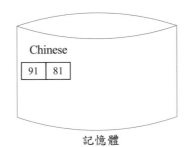

記憶體

圖9.6 宣告Chinese 陣列

接著，利用sizeof()這個函數來偵測陣列總共佔了多少記憶體空間。以Chinese陣列為例，如果系統以兩個位元組來表示一個整數數值，則Chinese陣列總共佔了2 × 2(位元組) = 4 (位元組) 記憶體空間。

以下舉一個例子來說明，如何宣告陣列、設定初始值及定義陣列大小。

範例程式1： 一維陣列宣告

```c
1 // 程式名稱：9_array.c
2 // 程式功能：一維陣列宣告
3
4 #include <stdio.h>
5 int main(void)
6 {
7    int Math [] = {5, 15, 25, 35};
8    int i;
9    printf("\n數學：");
10   for (i = 0 ;i< 4; i++)
11      printf("%d ",Math[i]);
12   printf("\n  佔記憶體  %d 位元組", sizeof(Math));
13   printf("\n英文：");
14   int English [6] = {10, 20, 30, 40};
15   for (i = 0 ;i< 6; i++)
16      printf("%d ",English[i]);
17   printf("\n  佔記憶體  %d 位元組", sizeof(English));
18   printf("\n國文：");
```

```
19    int Chinese [2] = {91, 81, 71, 61};
20    for (i = 0 ;i< 10; i++)
21       printf("%d ",Chinese[i]);
22    printf("\n  佔記憶體  %d 位元組\n", sizeof(Chinese));
23    system("PAUSE");
24 }
```

【執行結果】

數學：5 15 25 35
英文：10 20 30 40 0 0
國文：91 81 10 20 30 40 0 0 -1 2009055971

【程式說明】

1. 第7行，宣告一個一維陣列Math，初始值設為5、15、25及35，則 Math[0] = 5、Math[1] = 15、Math[2] = 25及Math[3] = 35。此處的陣列在宣告時並沒有指定陣列的大小，所以陣列的大小就隨著初始值個數而變動。因為初始值有四個，所以Math的陣列大小為4。

2. 第10-11行，利用for迴圈將Math陣列裡面的陣列元素列印出來。迴圈控制變數 i 是從0到3，所以會印 Math[0]、Math[1]、Math[2]及 Math[3]的值。

3. 第12行，利用sizeof()函數偵測Math陣列總共佔多少記憶體空間。這個例子，系統以四個位元組表示一個整數數值，所以Math的總記憶體空間為4 × 4 = 16 (位元組)。

4. 第14行，宣告陣列English，設定陣列大小為6，並設定初始值為 10、20、30及40，則English [0] = 10、English [1] = 20、English [2] = 30及English [3] = 40，因為陣列大小比初始值的個數還大，所以剩下沒有填值的部分就填0，English [4] = 0及English [5] = 0。

5. 第19行，宣告陣列Chinese，設定陣列大小為2，並設定初始值為 91、81、71及61。但是，因為陣列大小只有2個，所以只取最前面 二個值，作為陣列初始值，即Chinese [0] = 91及Chinese [1] = 81。

6. 第20-21行，將Chinese陣列裡面的陣列元素列印出來。迴圈控制變 數 i 是從0到10，所以會印出 Chinese [0]、Chinese [1]、…、Chinese [9]的值。可是Chinese陣列裡只有二個元素，所以之後列出來的值 為不可預期的值。在這個例子裡，Chinese [2] 到 Chinese [7] 印出來 的值是 10、20、30、40、0、0，這些值剛好是English陣列的元素 值。這是因為程式在跟記憶體要求空間時，Chinese 及English 陣列 剛好放置在連續的位置上，如下圖所示。

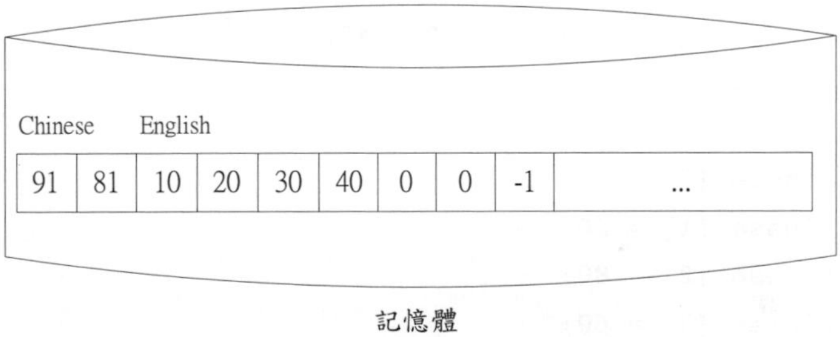

記憶體

圖9.7　Chinese 及English陣列在記憶體的位置

　　第二種語法在宣告陣列時，並沒有指定陣列大小，其陣列大小是跟初 始值個數在變的，所以有時候會不曉得到底有多少個元素在陣列中。為了 能夠方便查詢到有多少個陣列元素在陣列中，可以利用sizeof()函數搭配下 面的技巧，取得陣列元素的個數。假設陣列名稱為 array，其陣列大小為

```
int size = sizeof(array)/sizeof(array[0]);
```

上面的敘述中 sizeof(array)會將array總共佔多少個位元組記憶體傳回來， sizeof(array[0])則是傳回array的第一個陣列元素array[0]佔多少位元組，二者 相除就可以得到array陣列的陣列元素個數。

　　例如，想要取得上面Chinese 陣列的陣列大小，就可以利用

```
int size = sizeof(Chinese)/sizeof(Chinese[0]);
```

取得陣列的元素個數。因為Chinese陣列的總記憶體空間為8位元組,而一個陣列元素佔4個位元組,所以Chinese的陣列大小為8 / 4 = 2。接下來,我們舉幾個一維陣列宣告的例子。

範例程式2: 一維陣列宣告,用來存放班上同學國文及數學的成績

```
1  // 程式名稱: 9_array2.c
2  // 程式功能: 一維陣列宣告,用來存放國文、數學成績
3
4  #include <stdio.h>
5  int main(void)
6  {
7      int Math [6] = {30, 50, 20, 40};
8      int Chinese [4];
9      int i;
10     Chinese [0] = 20;
11     Chinese [1] = 20;
12     Chinese [2] = 80;
13     Chinese [3] = 60;
14     //計算國文成績平均值
15     int avg = 0;
16     for (i = 0 ;i< 4 ; i++)
17         avg = avg + Chinese[i] ;
18     printf("國文成績平均: %d\n", (avg/4));
19
20     //計算數學成績平均值
21     avg =0;
22     int size = sizeof(Math)/sizeof(Math[0]);
23     for (i = 0 ;i< size ; i++)
24         avg = avg + Math[i] ;
25     printf("數學成績平均: %d\n", (avg/size));
26     system("PAUSE");
27 }
```

【執行結果】

國文成績平均：　45
數學成績平均：　23

【程式說明】

1. 第7行，宣告陣列Math，設定陣列大小為6，並設定初始值為30、50、20及40。因為陣列大小比初始值的個數還大，所以剩下沒有初始值的部分就填0。

2. 第8行，宣告陣列Chinese，指定陣列大小為4。

3. 第10-13行，設定Chinese陣列元素的值。

4. 第22行，利用sizeof()求得陣列總供佔多少位元組，及一個陣列元素佔多少個位元組，反推回陣列元素個數。sizeof(Math)得到陣列的總記憶體空間為24位元組，sizeof(Math[0])則取得第一個元素的記憶體大小，其值為4位元組，則Math陣列的元素個數為　sizeof(Math)/sizeof(Math[0]) = 24　/　4　=　6個。

5. 第25行，因為Math陣列裡面只有四個陣列元素有指定值，其他二個為0，所以平均值只有 23。

9.3 二維陣列

　　上面的例子說明，如何利用一維陣列來儲存班上同學國文、英文等科目的成績，一個陣列可以用來儲存一個科目的成績。但是，如果全校有100個科目的成績要記錄，那就必須宣告100個陣列來記錄，光是管理這些陣列的名稱，就可能要花很久的時間了。要如何解決這樣的問題呢？可以改用二維陣列來管理成績。

⊃9.3.1 二維陣列宣告及初始值設定

假設學生成績資料如下面的表格所示，第一個欄位是學號，其後的每一欄代表一個科目的成績。以學號 101 的學生為例，他的國文成績是41，英文成績是29；並依此類推。該如何將這個表格儲存在電腦裡呢？

表9.1 學生成績表格

學號	國文	英文	數學	計概	會計	經濟
101	41	29	97	94	32	81
102	83	60	80	20	46	87
103	82	61	96	57	64	45
104	62	61	91	71	40	43
105	62	81	30	29	46	32

仔細看這個表格，會發現它是由許多的『**列(Row)**』以及『**行(Column)**』所組合而成。橫列表示一個學生的記錄，而直行代表紀錄的欄位(Field)。要將這個由列及行所組成的表格記錄在電腦中，就必須使用二維陣列。

一維陣列宣告時，利用一個中括號來告訴編譯器，目前宣告的變數是一個陣列。例如，當程式看到

```
int Chinese [4];
```

宣告時，就會知道Chinese 變數是一個整數陣列，而不單單只是一個整數而已。同理，如果要宣告一個二維陣列時，也是使用中括號來告訴編譯器，所宣告的變數是陣列。

跟一維陣列不同的是，這裡使用二個中括號，來表示變數是一個二維陣列，其中第一個中括號表示陣列總共有多少列，而第二個中括號表示陣列有多少行。宣告二維陣列的語法為：

【二維陣列宣告 語法1】

資料型態　陣列名稱[M][N];

其中，M 為陣列有多少列，N 表示陣列有多少行。

假設有五位學生，每位學生均有六個科目的成績需要儲存，如表9.1所示。則二維陣列的宣告如下所示：

int Score [5][6];

當程式執行時，會去跟記憶體要求一個5×6的連續空間，這些空間可以用來存放整數數值，空間的名字叫做Score，如圖9.8(a)。

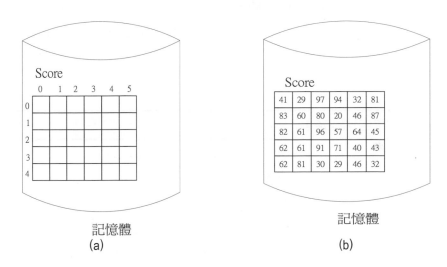

圖9.8　二維陣列宣告與初始值給定

接著，將資料放到二維陣列中。在一維陣列裡。利用一個陣列索引值，來指示資料要放在那一個位置上，而在二維陣列裡，就必須利用二個陣列索引值來指示資料要放在那一列及那一行上。

圖9.8(a)表格左方的0、1、2、3及4是列的索引值，上方的0、1、2、3、4及5是行的索引值，Score[0][0]表示陣列第一列第一行的元素。第一位學生的成績設定如下：

```
Score[0][0] = 41; //表示學號 101的國文成績是41分，
Score[0][1] = 29; //表示學號 101的英文成績是29分，
...,
Score[0][5] = 81; //表示學號 101的經濟成績是81分，
```

第二位學生的成績設定則是以

```
Score[1][0] = 83; //表示學號 102的國文成績是83分，
Score[1][1] = 60; //表示學號 102的英文成績是60分，
...,
Score[1][5] = 87; //表示學號 102的經濟成績是87分。
```

依此類推，可以將表9.1的資料設定給Score陣列。設定完五名學生的全部成績後，即可得到圖9.8 (b)的結果。

除了上述的方法設定陣列的值外，也可以利用像「一維陣列宣告 語法2」的方式來宣告二維陣列，即在宣告陣列時，同時將陣列初始值設定進去。

【二維陣列宣告 語法2】

```
資料型態 陣列名稱[M][N]= {{初始值0, 初始值1, ...,初值N-1},
                        {初始值0, 初始值1, ...,初值N-1},
                              ...,
                        {初始值0, 初始值1, ...,初值N-1}};
```

其中，M表示陣列有M列，N表示陣列有N行。以表9.1為例，則Score陣列宣告可以改成

```
int Score [5][6] = {{41, 29, 97, 94, 32, 81},
                    {83, 60, 80, 20, 46, 87},
                    {82, 61, 96, 57, 64, 45},
                    {62, 61, 91, 71, 40, 43},
                    {62, 81, 30, 29, 46, 32}};
```

以下舉一個例子來說明，如何使用二維陣列。

範例程式3： 二維陣列的範例

```c
1  // 程式名稱：9_array3.c
2  // 程式功能：二維陣列宣告
3
4  #include <stdio.h>
5  int main(void)
6  {
7      int student [] = {101, 102, 103, 104, 105};
8      int Score [5][6] = {{41, 29, 97, 94, 32, 81},
9                          {83, 60, 80, 20, 46, 87},
10                         {82, 61, 96, 57, 64, 45},
11                         {62, 61, 91, 71, 40, 43},
12                         {62, 81, 30, 29, 46, 32}};
13     int i, j;
14     //顯示學號
15     for (i = 0 ; i< 5; i++){
16         printf("第 %d 位，學號：%d \n", i, student[i]);
17     }
18
19     //計算每個學生的期末平均成績
20     int row = sizeof(Score)/sizeof(Score[0]);
21     int column = sizeof(Score)/(row*sizeof(Score[0][0]));
22     for (i = 0; i < row; i++){
23         int sum = 0;
24         for (j = 0 ; j< column; j++){
25             sum = sum + Score[i][j] ;
26         }
27         printf("學號 %d  平均成績：%d\n", student[i], (sum/6));
28     }
29     system("PAUSE");
30 }
```

【執行結果】

第 0 位，學號： 101
第 1 位，學號： 102
第 2 位，學號： 103
第 3 位，學號： 104
第 4 位，學號： 105
學號 101　平均成績： 62
學號 102　平均成績： 62
學號 103　平均成績： 67
學號 104　平均成績： 61
學號 105　平均成績： 46

【程式說明】

1. 第8-12行，宣告一個5×6的二維陣列Score，同時設定初始值。

2. 第20行，利用sizeof()函數算出Score有多少列。先利用sizeof(Score)算出整個矩陣佔多大的記憶體，以5×6的矩陣為例，如果一個整數佔4個位元組，則矩陣大小為5×6×4＝120位元組。接著，利用sizeof(Score[0])取出矩陣第一列所佔的記憶體空間，如下圖所示，二者相除即可求得矩陣共有多少列。

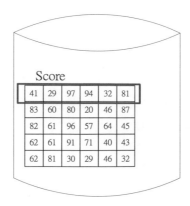

記憶體

圖9.9　sizeof(Score[0])取得一列佔的記憶體空間

3. 第21行，利用sizeof()函數算出Score有多少行。將整個矩陣所佔的記憶體空間sizeof(Score)，除以一行所佔的記憶體空間row×sizeof(Score[0][0])，即可計算出矩陣總共有多少行。

⊃ 9.3.2 二維陣列轉一維陣列

當程式宣告一個二維陣列時，程式會跟記憶體要求一個連續空間用來存放資料。然而，記憶體很寶貴，有時很難在記憶體中切出一個完整M×N大小的空間。因此，陣列資料在存放時通常是一個接一個，即使是二維陣列，資料也是會連續擺放的，如圖9.10所示。

這樣的情況下，如果要推測二維陣列的某個陣列元素實際存放在那一個位置，就必須將二維陣列轉成一維陣列，並且計算出相對的位置。

二維陣列轉一維陣列的執行方法有二種，一種為「**以列為主(Row Major)**」，另一種為「**以行為主(Column Major)**」。表9.1的資料以Row Major方式儲存就會像圖9.10一樣；反之，以Column Major方式儲存就會像圖9.11一樣。

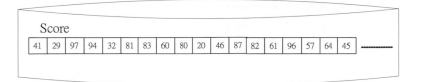

記憶體

圖9.10　二維陣列資料轉成一維陣列 ─ Row Major

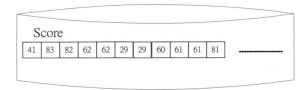

記憶體

圖9.11　二維陣列資料轉成一維陣列 ─ Column Major

我們來看看如何以這二種不同方式，將二維陣列轉成一維陣列。

範例程式4： 二維陣列轉成一維陣列

```
1  // 程式名稱：9_array4.c
2  // 程式功能：二維陣列轉一維陣列
3
4  #include <stdio.h>
5  int main(void)
6  {
7      int Score [5][6] = {{41, 29, 97, 94, 32, 81},
8                          {83, 60, 80, 20, 46, 87},
9                          {82, 61, 96, 57, 64, 45},
10                         {62, 61, 91, 71, 40, 43},
11                         {62, 81, 30, 29, 46, 32}};
12     int i, j;
13     int row = sizeof(Score)/sizeof(Score[0]);
14     int column = sizeof(Score)/(row*sizeof(Score[0][0]));
15     //row major
16     printf("\n以列為主：");
17     for (i = 0; i < row; i++){
18         for (j = 0 ; j< column; j++){
19             printf("%d ", Score[i][j]);
20         }
21     }
22     //column major
23     printf("\n以行為主：");
24     for (j = 0; j < column; j++){
25         for (i = 0 ; I < row; i++){
26             printf("%d ", Score[i][j]);
27         }
28     }
29     system("PAUSE");
30 }
```

【執行結果】

以列為主：41 29 97 94 32 81 83 60 80 20 46 87 82 61 96 57 64 45 62 61 91
71 40 43 62 81 30 29 46 32

以行為主：41 83 82 62 62 29 60 61 61 81 97 80 96 91 30 94 20 57 71 29 32
46 64 40 46 81 87 45 43 32

【程式說明】

1. 第17-19行，以列為單位，一列一列地將陣列資料列印出去。執行的順序為 Score[0][0]、Score[0][1]、⋯、Score[0][column − 1]，接著 Score[1][0]、Score[1][1]、⋯、Score[1][column − 1]，依此類推。

2. 第24-25行，以行為單位，一行一行地將陣列資料列印出去。執行的順序為 Score[0][0]、Score[1][0]、⋯、Score[row − 1][0]，接著 Score[0][1]、Score[1][1]、⋯、Score[row − 1][1]，依此類推。

9.4 三維陣列及多維陣列

上面利用二維陣列，記錄所有學生各科的成績記錄。但是，學校有許多不同的科系，例如資管系、會計系、營建系等，如果將所有學生的成績都放在一個二維陣列中，這樣要計算不同科系的學期平均，就會非常困難。

我們或許可以將不同科系學生的成績記錄，分成多個二維陣列來存放，一個科系使用一個二維陣列。但是，如果學校有數十個科系，則又會面臨二維陣列命名的問題。

因此，比較好的做法，是以三維陣列來記錄不同科系學生的成績。將同一個科系的學生成績，放在同一個二維陣列的表中。再將不同科系的學生成績表堆起來，即可組合成一個具有三個維度的立體方塊，示意圖如下所示。

學號	國文	英文	數學	計概	會計	經濟
101	41	29	97	94	32	81

學號	國文	英文	數學	計概	會計	經濟
201	89	78	67	85	81	0

學號	國文	英文	數學	計概	會計	經濟	
301	83	51	40	17	35	85	62
302	46	87	39	12	50	77	86
303	78	29	55	70	59	51	13
304	48	40	53	20	87	97	78
305	59	32	19	0	37	38	

圖9.12　不同科系學生成績表

　　第一張表是資管系學生成績表、第二張表是會計系學生成績表、第三張表是企管系學生成績表。許多的列跟行可以形成一個表格，而多個表格組合起來，就形成了三維陣列。

　　跟二維陣列一樣，三維陣列也是利用中括號來表示變數為陣列。三個維度的陣列，就必須使用三個中括號，用來表示陣列是由多少表格組成、每一張表格中有多少列及多少行。因此宣告三維陣列的語法為：

【三維陣列宣告 語法1】

資料型態　陣列名稱[O][M][N]；

　　其中，O是有多少表格，M為每一張表格有多少列，N表示每一張表格有多少行。

範例程式5： 三維陣列的範例

```
1 // 程式名稱：9_array5.c
2 // 程式功能：三維陣列
3
4 #include <stdio.h>
```

```
 5 int main(void)
 6 {
 7    int Score [3][3][2] = { {{41, 29}, {83, 60}, {82, 61}},
 8                            {{21, 10}, {74, 32}, {92, 69}},
 9                            {{98, 55}, {25, 10}, {10, 25}}};
10    int i, j, k;
11    int dim = sizeof(Score)/sizeof(Score[0]);
12    int row = sizeof(Score)/(dim*sizeof(Score[0][0]));
13    int column = sizeof(Score)/(dim*row*sizeof(Score[0][0][0]));
14
15    for (i = 0; i < dim; i++){
16        printf("\n\n第 %d 維\n", i);
17        for (j = 0 ; j < row; j++){
18            printf("\n");
19            for (k = 0; k < column ; k++)
20                printf("%d ", Score[i][j][k]);
21        }
22    }
23    system("PAUSE");
24 }
```

【執行結果】

```
第 0 維

41 29
83 60
82 61

第 1 維

21 10
74 32
92 69

第 2 維

98 55
25 10
10 25
```

【程式說明】

1. 第7-9行，宣告三維陣列Score[3][3][2]總共有三個表格，每一個表格有3列2行。

2. 第11行，利用sizeof()取得總共有多少維度。

3. 第12行，利用sizeof()取得表格總共有多少列。

4. 第13行，利用sizeof()取得表格總共有多少行。

相同的概念可以應用於四維、五維及多維陣列的宣告。

9.5 綜合練習

本節將舉幾個例題，練習不同維度的宣告及使用。

9.5.1 泡沫排序法

假設有一個一維陣列，請利用泡沫排序法將陣列裡面的元素由小到大做排序。

泡沫排序法是引用泡沫的特性，比較輕的泡沫會往上飄，而比較重的泡沫則會往下沈的概念。套用在陣列裡面，就是將比較小的陣列元素往前推，比較大的陣列元素自然就會往後面移動。

泡沫排序法的作法是將陣列裡面的元素兩兩做比較，若前面的元素比較大，就將二個元素做調換，讓比較小的元素移到前面去。

第一回合：第一個元素和第二個元素比大小，如果第一個元素比較大，就將第一個元素與第二個元素互換。接著，比較第一個元素與第三個元素、第四個元素、…、最後一個元素。等到第一個元素與所有其他的元素都比較過了，最小的元素值就會跑到第一個位置。

第二回合：接著比較第二個元素與其他的陣列元素，比較大的元素仍然往後推，第二回合結束後，可以得到第二小的元素。

等所有回合都完成，就可以將陣列由小到大排序好。

範例程式6： 一維陣列的範例─泡沫排序法

```c
1  // 程式名稱：9_bobsort.c
2  // 程式功能：泡沫排序法
3
4  #include <stdio.h>
5  int main(void)
6  {
7      int value [] = {10, 8, 9, 7, 6};
8      int i, j, temp;
9      int size = sizeof(value)/sizeof(value[0]);
10
11     for (i = 0; i < size - 1; i++){
12         printf("\n");
13         for (j = i+1 ; j < size; j++){
14             if (value[i] > value[j]){
15                 temp = value[i];
16                 value[i] = value[j];
17                 value[j] = temp;
18             }
19         }
20         for (j = 0; j < size ; j++)
21             printf("%d ", value [j]);
22     }
23     system("PAUSE");
24 }
```

【執行結果】

```
6 10 9 8 7
6 7 10 9 8
6 7 8 10 9
6 7 8 9 10
```

【程式說明】

1. 第7行，宣告一個一維陣列value，裡面的元素值為10、8、9、7和6，總共五個元素。

2. 第11、13行，變數 i 的值從0至4，變數 j 的值則隨著 i 而變動。

3. 第14行，比較二個陣列元素，若前面的陣列元素比後面的陣列元素大時，則將二個陣列元素做交換。當二個值要進行交換時，先將前面的值value[i]丟給變數temp，接著再將後面的值value[j]設定給value[i]，現在value[i]的值與value[j]的值相等。接著，再將temp裡面的值設給value[j]，如此即可達成二個數值交換的目的。

泡沫排序法的執行過程示意圖如下所示。

第一回合

I = 0	j = 1	j = 2	j = 3	j = 4	Final
Value[0]	10	9	8	7	6
Value[1]	9	10	10	10	10
Value[2]	8	8	9	9	9
Value[3]	7	7	7	8	8
Value[4]	6	6	6	6	7

第二回合

i = 1	j = 2	j = 3	j = 3	Final
Value[0]	6	6	6	6
Value[1]	10	9	8	7
Value[2]	9	10	10	10
Value[3]	8	8	9	9
Value[4]	7	7	7	8

第三回合

i = 2	j = 3	j = 4	Final
Value[0]	6	6	6
Value[1]	7	7	7
Value[2]	10	9	8
Value[3]	9	10	10
Value[4]	8	8	9

第四回合

i = 3	j = 3	Final
Value[0]	6	6
Value[1]	7	7
Value[2]	8	8
Value[3]	10	9
Value[4]	9	10

⊃9.5.2 二元搜尋法

假設有一個已經排序好的陣列A [] = {1, 4, 6, 10, 15, 23, 36, 48, 59, 60, 72, 90, 102, 112, 115}，請問60這個值是出現在那一個位置上呢？

如果利用傳統的搜尋方法，必須將60與每一個陣列元素做比對，找出與60一樣的元素。如果在一個很大的陣列裡做搜尋，所花費的時間會非常久。

為了加快搜尋的速度，我們採用二元搜尋法進行元素搜尋。因為A陣列裡面的元素都已經排序好了，所以可以將陣列一分為二，先將60與陣列元素最中間的值做比較。

如果60比中間值小，則將60與前半部的陣列做比較，後半部的陣列就不用管它了。反之，如果60比中間值大，則將60與後半部的陣列做比較。

假設60比中間值小，將前半部的陣列再一分為二， 60與中間元素做比較，並依此類推。如下圖所示。

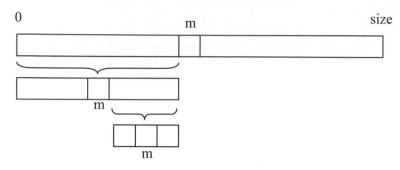

圖9.13　二元搜尋法

圖中 size 表示陣列的大小，m表示陣列最中間的位置。

範例程式8： 二元搜尋法

```
1 // 程式名稱：9_binary.c
2 // 程式功能：二元搜尋法
3 #include <stdio.h>
4 int count = 0;
5 //二元搜尋函數
6 int binaryFun(int array [], int value, int start, int end)
7 {   count++;
8     if (start > end)
9       return -1;
10    else{
11      int m = (start + end) / 2 ;
12      if ( value == array[m])
13        return m;
14      else{
15        if (value < array[m])
16          return binaryFun(array, value, start, m-1);
17        else return binaryFun(array, value, m+1, end);
18      }
```

```
19        }
20 }
21 int main(void)
22 {
23    int Q = 60, i;
24    int A [] = {1, 4, 6, 10, 15, 23, 36, 48, 59, 60, 72, 90, 102,
             112, 115};
25    printf("A  陣列\n");
26    int size = sizeof(A)/sizeof(A[0]);
27    for (i = 0; i < size; i++)
28       printf("%d ", A[i]);
29    printf("\n數值: %d\n", Q);
30    int index = binaryFun(A, Q, 0, size);
31    if (index == -1)
32        printf("找不到 !!");
33    else
34       printf("在 %d 號位置上.", index);
35    printf("\n搜尋次數: %d", count);
36    system("PAUSE");
37    return 0;
38 }
```

【執行結果】

```
A  陣列
1 4 6 10 15 23 36 48 59 60 72 90 102 112 115
數值: 60
在 9 號位置上.
```

【程式說明】

1. 第6-20行，二元搜尋的函數，函數輸入參數有陣列array、要搜尋的值value及陣列的開頭位置start及結束位置end。輸出值是value在array的位置。

2. 第8行，當陣列的開頭位置比結束位置大時，表示陣列中找不到跟 value 一樣的值，函數會回傳-1。

3. 第11行，計算陣列的中間位置m。

4. 第12-13行，比較陣列的中間值 array[m] 與value是否相等，若相等，則回傳該位置m。

5. 第14-16行，若value比陣列中間值array[m]小，則value可能出現在前半部陣列中，我們以遞迴方式呼叫 binaryFun()函數，並將陣列 array、value、及陣列的開頭start及結束位置傳給binaryFun()函數。因為下一次要比較的只有前半部的陣列，所以結束位置只到m-1的位置即可。

6. 第14-16行，若value比陣列中間值 array[m]大，則value可能出現在後半部陣列中。後半部陣列是從 m+1的位置開始，到end結束。因此呼叫binaryFun()函數時，就將array、value及陣列的開頭m+1 及結束位置end傳給函數即可。

7. 第30行，呼叫binaryFun()函數取得Q在A陣列的位置，陣列一開始的start位置是0，結束位置是整個陣列的大小。

⊃9.5.3 使用者輸入5個浮點數數值，進行加總及平均值運算

範例程式9： 使用者輸入5個浮點數數值，進行加總及平均值運算

```
1    //程式名稱：9_array6.c
2    //程式功能：使用者輸入5個浮點數數值，進行加總及平均值運算
3    int main(void)
4    {
5      float score [5], sum=0.0, avg=0.0;
6      int i;
7      for (i = 0; i < 5; i++){
8        printf("\n輸入第 %d 個數值：", i);
```

```
9          scanf("%f", &score[i]);
10         sum += score[i];
11    }
12    avg = sum / 5.0;
13
14    printf("\n  總分爲：%f ", sum);
15    printf("\n  平均值爲：%f ", avg);
16    system("PAUSE");
17 }
```

【執行結果】

```
輸入第 0 個數值：16.7
輸入第 1 個數值：23.5
輸入第 2 個數值：33.4
輸入第 3 個數值：47.8
輸入第 4 個數值：59.1
  總分爲：180.5
  平均值爲：36.1
```

【程式說明】

1. 第5行，宣告一個一維陣列score，其空間可存放5個浮點數數值，同時宣告二個變數sum及avg，用來存放數值加總及平均值。

2. 第9行，將使用者輸入的數值放到陣列score中，其中i為索引值，數值由0到4，即使用者第一次輸入的數值會放入score[0]中、第二次輸入的數值會放入score[1]中，以此類推。

3. 第10行，將score陣列中的數值累加到sum變數中。

4. 第12行，將變數sum除以5得到平均數值。

5. 第14-15行，顯示sum及avg數值，因二個變數都是浮點數，因此顯示時需使用%f格式。

⊃9.5.4 二維陣列上下反轉

範例程式10： 將一個二維陣列左上方三角形的值與右下方三角形的值互調，如圖9.14所示，圖9.14(a)中，左上方三角形A會調到右下方三角形中，即B的位置；而右下方三角形的B會調到左上方三角形的位置，結果如圖9.14(b)所示。圖9.15為一範例。

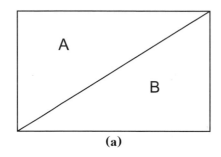
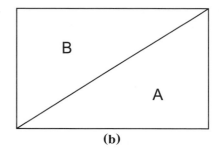

(a)　　　　　　　　　　(b)

圖9.14　二維陣列上下反轉示意圖

1	2	3
4	5	6
7	8	9

9	8	3
6	5	4
7	2	1

(a)　　　　　　　　　　(b)

圖9.15　二維陣列上下反轉範例

```
1   //程式名稱：9_array7.c
2   //程式功能：二維陣列上下反轉
3 int main(void)
4 {
5    int score [3][3]={{1, 2, 3},
6                      {4, 5, 6},
7                      {7, 8, 9}};
8    int i, j;
9    int temp;
10   for (i = 0; i < 3; i++){
```

```
11      for (j = 0; j < (3-i); j++){
12          temp = score [i][j];
13          score[i][j] = score[2-i][2-j];
14          score[2-i][2-j] = temp;
15      }
16    }
17
18  for (i = 0; i < 3; i++){
19      for (j = 0; j < 3; j++){
20          printf(" %d ", score[i][j]);
21      }
22      printf("\n");
23    }
24    system("PAUSE");
25 }
```

【執行結果】
9 8 3
6 5 4
7 2 1

【程式說明】

1. 第5-7行，宣告一個二維陣列score，並設定初始值。

2. 第9行，變數temp主要用於二個數值交換時暫存使用，例如A數值為15，B數值為10，二個數值進行交換時，若直接將B的值設定給A，即A = B，則A原本的數值會被蓋掉。因此，我們先將A的數值設定給temp，即temp = A，此時temp = 15，再將B設定給A，A = B，A即變更為B的值，A = 10，最後再將temp的值設定給B，即B = temp，即可完成交換程序，此時B = temp = 15。

3. 第11行，斜對角數值交換時，我們只需針對左上角的陣列值進行處理，即可一併更改右下角的陣列值，而內迴圈處理的數值個數，會

因為列的索引值i變動而有所不同。例如：第一列i=0，整列的數值都要處理，所以j的範圍從0-2；第二列i=1，最後一個數值不需要處理，所以j的範圍從0-1；第三列i=2，最後二個數值不需要處理，所以j的範圍從0-0，以此類推。因此，可利用公式(3-i)來控制j最大需要處理的數值位置。

4. 第12-14行，以score[3][3]陣列而言，數值score[0][0]的斜對角數值為score[2][2]；數值score[0][1]的斜對角數值為score[2][1]；…；數值score[2][0]的斜對角數值為score[0][2]。由上我們可發現二者的關係為score[i][j] = score[2-i][2-j]，因此，第12-14行即為二個數值score[i][j]與score[2-i][2-j]進行調換的程式，其中，temp為進行數值調換時的暫存變數。

⊃9.5.5 以*號列印多層方陣，內外圈方陣間以空白方陣做間隔

以*號列印如下圖之多層方陣，最外層填入11×11之*號，往內一層為9×9之空白。再往內一層為7×7之*號，接下來為5×5之空白，依此類推，內外圈方陣間以空白方陣做間隔。

```
     0  1  2  3  4  5  6  7  8  9 10
  0  *  *  *  *  *  *  *  *  *  *  *
  1  *                             *
  2  *     *  *  *  *  *  *  *     *
  3  *     *                 *     *
  4  *     *     *  *  *     *     *
  5  *     *     *     *     *     *
  6  *     *     *  *  *     *     *
  7  *     *                 *     *
  8  *     *  *  *  *  *  *  *     *
  9  *                             *
 10  *  *  *  *  *  *  *  *  *  *  *
```

圖9.16 多層方陣

範例程式11： 以*號列印多層方陣，內外圈方陣間以空白方陣做間隔

```
 1  //程式名稱：9_printsquare.c
 2  //程式功能：以*號列印多層方陣，內外圈方陣間以空白方陣做間隔
 3
 4  #include <stdio.h>
 5
 6  int main(void)
 7  {
 8      char a[11][11] = {' '};
 9      int n = 11;                  //11 * 11矩陣
10      int i, j, m, nn;
11
12      nn = n;
13      m = 0;
14
15      while(m < n){
16          for(i = m, j = m; j < n; j++){
17              a[i][j] = '*';       //上***********
18              a[n-1][j] = '*';     //下***********
19          }
20          for(i = m, j = m; i < n; i++){
21              a[i][j] = '*';       //左
22              a[i][n-1] = '*';     //右
23          }
24          m = m + 2;    //內縮
25          n = n - 2;    //內縮
26      }
27
28      for(i = 0; i < nn; i++){    //列印出方陣
29          for(j = 0; j < nn; j++)
30              printf("%c", a[i][j]);
31          printf("\n");
32      }
33
```

```
34     system("PAUSE");
35     return 0;
36 }
```

【執行結果】

```
***********
*         *
* ******* *
* *     * *
* * *** * *
* * * * * *
* * *** * *
* *     * *
* ******* *
*         *
***********
```

【程式說明】

1. 第15行，從外圈往內圈列印，最外圈方陣是一個11×11方陣。

2. 第16-19行，列印上下兩列'*'號。

3. 第20-23行，列印左右下兩行'*'號。

4. 第24-25行，列印完外圈後內縮兩個位置，然後再印內圈方陣。

5. 本程式也適用於列印邊長為偶數的方陣(例如：第9行改為n = 10)。

9.6 後記

這一章簡單描述了陣列的宣告方式及使用方法。有了陣列的協助，使得資料管理變得相當容易。

陣列就像一個籃子一樣，我們將相同性質的資料放在同一個籃子裡，並且給這個籃子一個名字，籃子裡面會切成很多的小格子，每個格子都可以用來存放資料。如果要從籃子裡面取出某個資料，只需要利用陣列索引，找到相對應的格子，就可以將資料取出來了。

陣列宣告的方法有二種，一種是先宣告陣列的型態及陣列空間大小，再依序將資料一個一個放進去。另一種則是在宣告陣列時，就一併將陣列裡面的資料設定進去。

一維陣列宣告的方式有：

1. 資料型態 陣列名稱 [k];

2. 資料型態 陣列名稱 [M] = {初始值0, 初始值1, ...,初值k－1};

其中，中括號的個數表示陣列的維度。

二維陣列是由二個中括號宣告，第一個中括號表示陣列總共有多少列，第二個中括號表示陣列有多少行。三維陣列則是由三個中括號宣告，依此類推。

若要取得陣列的大小，可以利用sizeof()函數來推測。例如

```
int size = sizeof(array)/sizeof(array[0]);
```

sizeof(array)會將array總共佔多少個位元組記憶體傳回來，sizeof(array[0])則是傳回array的第一個陣列元素array[0]佔多少位元組，二者相除就可以得到array陣列的陣列元素個數。

陣列資料在存放時通常是一個接一個，即使是二維陣列，資料也是連續擺放的。因此，如果要推測二維陣列的某個陣列元素實際存放在那一個位置上，就必須將二維陣列轉成一維陣列，並且計算出相對的位置。二維陣列轉一維陣列的執行方法有二種，一種為「以列為主 (Row Major)」，另一種為「以行為主 (Column Major)」。

三維陣列則是集合許多二維陣列所形成。其宣告時，必須使用三個中括號來表示陣列是由多少表格組成，每一張表格有多少列、多少行。相同的概念可以應用於四維、五維及多維陣列的宣告。

9.7 習題

1. 假設有二個陣列A及B，二個陣列的大小皆為3×3，請將二個陣列相乘，結果放在C陣列，再將結果顯示在畫面上。

2. 假設二個一維陣列A及B，二個陣列都已經排序完成，請將二個陣列合併形成一個新陣列C。此外，陣列內的元素也必須是排序好的。

3. 讓使用者輸入一個整數，將輸入整數的0~9平方值儲存於一維陣列中並輸出。

4. 寫出下面程式碼的執行結果。

```
main()
{
    int A[] = {15, 13, 10, 8};
    int B[] = {1, 8, 10, 36};
    int C[4];
    int i;
    for(i=0; i<4; i++){
        if (A[i] < B[i])
            C[i] = A[i];
        else C[i] = B[i];
    }
    for(i=0; i<4; i++)
        printf("%d",C[i]);
}
```

5. 請問下方的陣列宣告敘述句，其記憶體空間配置為何？

```
int array1 [5] = {12, 20, 34, 5, 67, 12, 33, 67, 89};
int array2 [10] = {50, 90}
```

6. 試寫出一個計算三維陣列平均值的程式，例如：陣列

```
int A [][][]= {{{1, 2, 3}, {4, 5, 6}},
               {{1, 2, 3}, {4, 5, 6}},
               {{1, 2, 3}, {4, 5, 6}}};
```

的平均值為3.5。

10 Chapter

字　串

10.1 前言

第三章談到C語言的基本型態,有整數、浮點數、字元及布林值,我們使用這些基本型態宣告變數,儲存不同型態的資料。假設要將學生 "Amy" 的國文及英文成績記錄起來。首先,先宣告二個整數變數Chinese及English,分別存放國文和英文的成績,

```
int Chinese = 90, English = 85;
```

接著,將學生的名字記錄下來。但是,翻遍了C語言提供的基本型態,卻沒有任何一個基本型態是用來記錄文字資料的,只有char資料型態是用來儲存字元,但一個char 變數也只能儲存一個字元,例如宣告一個字元變數C,

```
char C = 'o';
```

變數C 就可以放置一個字元資料。而 "Amy" 有三個字元,總不能分別用三個字元變數去儲存吧。那該如何記錄 "Amy" 這個字串呢?

"Amy" 其實是由 'A'、 'm' 及 'y' 三個字元所組成,而且這三個字元是連續出現的,這樣的特性是不是跟第九章談到的陣列很類似呢?陣列是將相同性質的資料集合起來,存放在連續的空間上。因此,雖然C語言沒有提供字串的基本型態,我們仍可以利用字元陣列來模擬字串。

本章的目的就是要了解如何宣告一個字串以及字串的應用。

本章將介紹的主題有:

➡ 字元陣列與字串

➡ 字串宣告

➡ 常用字串函數

➡ 函數與字串型態

10.2 字元陣列與字串

回想一下我們平常在處理的資料，絕大部分應該是「字串」資料吧！因此，如何有效地將字串資料記錄起來，或是對字串做修改、搜尋特定字元、比較兩個字串是否相同等工作，就顯得格外重要了。

因為C語言沒有提供字串資料型態，所以我們利用一維陣列來模擬字串。回顧一下陣列的宣告方式，一維陣列的宣告有二種語法：

1. 資料型態 陣列名稱 [k];

2. 資料型態 陣列名稱 [M] = {初始值0, 初始值1, ...,初值k－1};

如果以這二種語法來記錄 "Amy"，可以寫成

```
char name [10];
name[0] = 'A'; name[1] = 'm'; name[2] = 'y';
```

及 `char name [10] = {'A', 'm', 'y'};`

當我們要將字元陣列顯示在畫面上時，可以利用for迴圈將一維陣列顯示出來：

範例程式1： 字元陣列宣告

```
1 // 程式名稱：10_charArray.c
2 // 程式功能：字元陣列宣告，沒有加結尾符號
3
4 #include <stdio.h>
5 int main()
6 {
7     char name [10] = {'A', 'm', 'y'};
8     int size = sizeof(name)/sizeof(name[0]);
9     int i;
10    for (i = 0; i < size; i++)
11        printf("%c", name[i]);
12    printf("這是接在後面的字...");
13    system("PAUSE");
14 }
```

【執行結果】

Amy   這是接在後面的字...

程式第7行宣告了一個字元陣列name，陣列的大小設為10，裡面的陣列元素為name[0] = 'A'、 name[1] = 'm'及 name[2] = 'y'。這個陣列在記憶體的配置如下圖所示。

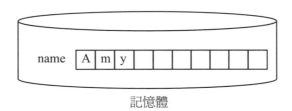

記憶體

圖10.1　字元陣列 name的記憶體配置

因為name的陣列大小為10，當for迴圈在列印name字元陣列時，會從陣列元素第0號位置印到陣列元素第9號位置。因為，name[3] － name[9]並沒有設定初始值，系統會預設為null，所以for迴圈列印時會印出空格。當程式執行到第12行，印出 "這是接在後面的字"，就會跟 "Amy" 字串隔7個空格。

如果，當初在宣告name陣列時，宣告它的陣列大小為100，那是不是表示以後在印name陣列時，都會列出很多個空格呢？

為了避免這樣的問題發生，我們在字串結束後的地方標示一個字串結尾的符號 '\0'。當for迴圈讀到 '\0' 時，就表示字串結束，可以停止列印了。接著改寫上面的例子，看看執行結果會是什麼。

範例程式2： 字元陣列宣告，加入結尾符號

```
1 // 程式名稱：10_charArray2.c
2 // 程式功能：字元陣列宣告，加入結尾符號
3
4 #include <stdio.h>
5 int main()
6 {
7     char name [10] = {'A', 'm', 'y', '\0'};
8     int i;
9     for (i = 0; name[i] ; i++)
10        printf("%c", name[i]);
11    printf("這是接在後面的字...");
12    system("PAUSE");
13 }
```

【執行結果】

Amy這是接在後面的字...

【程式說明】

1. 第7行，宣告字元陣列 name，陣列大小為10，陣列元素為name[0] = 'A'、name[1] = 'm'及name[2] = 'y'，並且在最後面加入一個結尾符號 name[3] = '\0'。字元陣列在記憶體的配置如下圖所示。

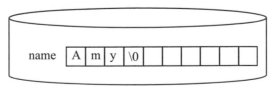

記憶體

圖10.2　字元陣列name加入結尾符號 '\0'，表示為一個字串

2. 第9行，for迴圈的起始條件是 i = 0，結束條件則是name[i]，i 每次會累加 1。因此，當迴圈第一次執行時 i = 0， name[0] 的資料為 'A'，所以迴圈會執行"印出 'A'"。

迴圈第二次執行時 i = 1， name[1] 的資料為 'm'，所以迴圈會執行"印出 'm'"。

迴圈第三次執行時 i = 2，name[2]為 'y'，所以迴圈會執行"印出 'y' "。

迴圈第四次執行時 i = 3， name[3] 為 '\0'，因為'\0' 是結束符號，所以迴圈不會執行，for迴圈結束。

從上面的例子可以看出：

1. 字串是由一維字元陣列所組成的。

2. 字元陣列與字串最大的不同是，字串必須告知其結束的位置，即必須在字元陣列後加入 '\0' 符號。

10.3 字串宣告

字串宣告除了剛才使用的一維陣列宣告語法外，還有其他的宣告方法。

【字串宣告 語法1】

```
char 字元陣列名稱 [M];
字元陣列名稱 [0] = '字元0';
字元陣列名稱 [1] = '字元1';
...
字元陣列名稱 [k-1] = '\0';
```

例如：

```
char S1 [10];
S1[0] = 'A'; S1[1] = 'm'; S1[2] = 'y'; S1[3] = '\0';
```

S1字串的記憶體配置如下圖：

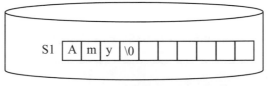

記憶體

圖10.3　字串S1的記憶體配置

【字串宣告 語法2】

```
char 字元陣列名稱 [M]={'字元0','字元1',...,'字元k−1','\0'};
```

例如：

```
char S2 [4] = {'A', 'm', 'y', '\0'};
```

S2字串的記憶體配置如下圖：

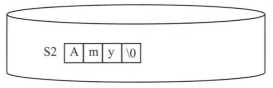

記憶體

圖10.4　字串S2的記憶體配置

【字串宣告 語法3】

```
char 字元陣列名稱 [M] = "字串內容";
```

例如：

```
char S3 [10] = "Amy";
```

S3字串的記憶體配置如下圖：

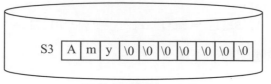

記憶體

圖10.5　字串S3的記憶體配置

【字串宣告 語法4】

```
char 字元陣列名稱 [] = "字串內容";
```

例如：

```
char S4 [] = "Amy";
```

第四種語法，程式會自動設定字串長度為字串內容的長度，即S4的字串長度為3。

S4字串的記憶體配置如下圖：

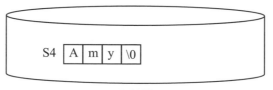

記憶體

圖10.6　字串S4的記憶體配置

【字串宣告 語法5】

```
char * 指標名稱 = 字串陣列名稱;
```

例如：

```
char * pointer = S4;
```

指標 pointer的記憶體配置如下圖：

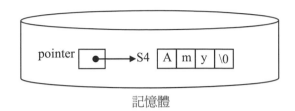

記憶體

圖10.7　指標pointer的記憶體配置

第五種語法是結合字元陣列與指標的字串宣告方法，指標的用法會在第十一章再做詳細介紹。

10.4　字串的應用

接著撰寫幾個處理字串資料常會使用到的程式。

⊃10.4.1　取得字串長度

當要取得一維陣列內有多少陣列元素時，可以利用sizeof()來計算陣列大小。字串雖然是使用字元陣列所組成，但是，在宣告字元陣列時，其元素個數有可能會大於字串的真實長度。例如，利用字串宣告語法3所宣告的字串

```
char S3 [10] = "Amy";
```

這個字元陣列有十個陣列元素，而真實的字串長度卻只有3。因此，需要另外撰寫取得字串長度的程式，用來計算字串共有幾個字元。

範例程式3：取得字串的長度

```
1  // 程式名稱：10_strlen.c
2  // 程式功能：取得字串長度
3
4  #include <stdio.h>
5  int main()
6  {
7      char S1 [10] = {'A', 'm', 'y', '\0'};
8      char S2 [4] = "this is a test";
9      char S3 [] = "Hi. My name is Ann.";
10     printf("%s 字串的總長度為   %d\n", S1, strlen(S1));
11     printf("%s 字串的總長度為   %d\n", S2, strlen(S2));
12     printf("%s 字串的總長度為   %d\n", S3, strlen(S3));
13     system("PAUSE");
14  }
15  int strlen(char array [])
16  {
17     int i, size = 0;
18     for (i = 0; array[i]; i++)
19         size++;
20     return size;
21  }
```

【執行結果】

```
Amy 字串的總長度為   3
thisAmy 字串的總長度為   7
Hi. My name is Ann. 字串的總長度為   19
```

【程式說明】

1. 第7行，S1宣告時，程式會去記憶體要求10個連續空間，用來放置字元，並設定初始值 'A'、'm' 及 'y'，多出來的空間，則以 '\0' 填滿，如下圖所示。

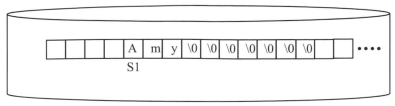

記憶體

圖10.8　S1的記憶體配置

2. 第8行，S2宣告時，程式只跟記憶體要求4個連續空間，用來儲放字元。程式在 S1的前面找到四個連續空間，接著將初始值 'T'、'h'、'i' 及 's' 設定給這四個空間，其餘的字則因為空間不足而被忽略，如下圖所示。

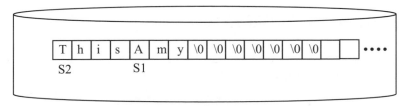

記憶體

圖10.9　S2字串的記憶體配置

3. 第10行，將字串顯示在畫面上，printf語法中，字元顯示的控制元是 %c，整數數值顯示的控制元是 %d，而字串使用的控制元是 %s。接著再呼叫strlen()函數計算字串S1的長度。

4. 第15-21行，宣告一個計算字串長度的函數strlen()，輸入的參數是陣列，命名為array，輸出值為array字串長度。函數裡面宣告一個整數變數size，用來記錄字串的長度。利用for迴圈判斷是否讀取到的陣列元素為結尾符號，如果是 '\0'則跳出，並且回傳size。

當程式執行到第10行時，會將字串S1顯示在畫面上，並且呼叫strlen()函數計算S1的字串長度。strlen()從S1的第一個字元 'A' 開始往下執行，因為 'A' 不是結尾符號，所以size會加一。

接著，往下看第二個字元 'm'，依此類推，直到碰到第四個字元 '\0'，for迴圈即結束執行，並將size的值傳回主程式。

程式執行到第11行，呼叫strlen()函數計算S2的字串長度。strlen()從S2的第一個字元 'T' 開始往下執行，從圖10.9上可以看到，S2本身並沒有結束符號，而for迴圈會一直執行直到遇到 '\0' 才會結束，所以strlen()函數在計算時會算到 'T'、'h'、'i'、's'、'A'、'm'、'y' 這七個字元，並且利用printf("%s", S2)將字串顯示在畫面上時，也是印出 "ThisAmy" 七個字。

⊃10.4.2 擷取字元

如果希望從字串中的某個地方取出一個字元，該怎麼做呢？

範例程式4： 取得某個位置的字元

```c
1 // 程式名稱：10_charAt.c
2 // 程式功能：取得某個位置的字元
3
4 #include <stdio.h>
5
6 char charAt(char array[], int location)
7 {
8     int i;
9     for (i = 0; array[i]; i++){
10        if (i == location)
11            return array[i];
12    }
13    return '\0';
14 }
15
16 int main()
17 {
18    char S1 [] = "Hi. My name is Ann.";
19    printf("%s\n", S1);
```

```
20      printf("第 %d 個字元爲 %c\n", 0, charAt(S1, 0));
21      printf("第 %d 個字元爲 %c\n", 5, charAt(S1, 5));
22      printf("第 %d 個字元爲 %c\n", 19, charAt(S1, 19));
23      system("PAUSE");
24 }
```

【執行結果】

```
Hi. My name is Ann.
第 0 個字元爲 H
第 5 個字元爲 y
第 19 個字元爲
```

【程式說明】

1. 第6行，宣告一個能夠從陣列中取得某個位置字元的函數charAt()，其函數輸入值為陣列array及欲取得字元的位置location。

2. 第9-12行，利用for迴圈找出array陣列第location位置的字元是什麼，如果location小於字串的長度，則將array[location]的字元傳送回去主程式，否則回傳結尾符號 '\0'。

◎10.4.3　找出字元第一次出現及最後一次出現的位置

要如何找出特定字元出現字串的第一個位置，或是最後一次出現的位置呢？

範例程式5： 找出字元第一次和最後一次出現的位置

```
1 // 程式名稱：10_firstLast.c
2 // 程式功能：找出字元第一次和最後一次出現的位置
3
4 #include <stdio.h>
5
6 int first(char array[], char X)
```

```
 7 {    //找出第一個出現字元 X 的位置
 8      int i;
 9      for (i = 0; array[i]; i++){
10          if (array[i] == X)
11              return i;
12      }
13      return -1;
14 }
15
16 int last(char array[], char X)
17 {    //找出最後出現字元 X 的位置
18      int i;
19      int size = 0;
20      for (i = 0; array[i]; i++)
21          size++;
22      for (i = (size-1) ; i >= 0; i--){
23          if (array[i] == X)
24              return i;
25      }
26      return -1;
27 }
28
29 int main()
30 {
31      char S1 [] = "Hi. My name is Ann.";
32      printf("%s\n", S1);
33      printf("字元 %c 第一個出現的地方在 %d\n", 'a', first(S1, 'a'));
34      printf("字元 %c 第一個出現的地方在 %d\n", 'n', first(S1, 'n'));
35      printf("字元 %c  最後出現的地方在 %d\n", 'i',  last(S1, 'i'));
36      printf("字元 %c  最後出現的地方在 %d\n", 'n',  last(S1, 'n'));
37      system("PAUSE");
38 }
```

【執行結果】

```
Hi. My name is Ann.
字元 a 第一個出現的地方在 8
字元 n 第一個出現的地方在 7
字元 i   最後出現的地方在 12
字元 n   最後出現的地方在 17
```

【程式說明】

1. 第6行，宣告一個函數 first用來回傳字元X第一次出現在字串array的位置，函數輸入值為陣列array及字元X。

2. 第10行，利用 if 條件式比較 array陣列元素是否與X相等。

3. 第13行，如果在字串中沒有找到相等的字元，則回傳－1。

4. 第16行，宣告一個函數last用來回傳字元X最後一次出現在字串array的位置。

5. 第20-21行，計算字串的長度。

6. 第23行，for迴圈的控制變數 i 會從size－1開始，每次減1，直到 i 小於0為止。即我們從陣列最後一個元素開始比較起，接著比較倒數第二個元素，直到第一個元素。若中途有碰到與X相同的陣列元素，則回傳位置給主程式。

7. 第26行，若找不到相同的字元，則回傳－1。

◐10.4.4　取得部分字元

寫一個程式可以從一個字串中取出部分的字元，形成另一個字串。

範例程式6： 取得部分字元

```
 1 // 程式名稱:10_subString.c
 2 // 程式功能:取得部分字元
 3
 4 #include <stdio.h>
 5 int main()
 6 {
 7     char S1 [] = "Hi. My name is Ann.";
 8     int location = 4;
 9     int length = 7;
10     printf("%s\n", S1);
11     int i;
12     char temp [length+1];
13     int count = 0;
14     for (i = 0; S1[i]; i++){
15         if ( (i >= location) && (i < (location+length)))
16             temp [count++] = S1[i];
17     }
18     temp[length] = '\0';
19     printf("從第 %d 到第 %d 個位置的字串是 %s", location,
                                        location+length, temp);
20     system("PAUSE");
21 }
```

【執行結果】

```
Hi. My name is Ann.
從第 4 到第 11 個位置的字串是 My name
```

【程式說明】

1. 第7行，宣告一個字串S1。

2. 第8行，變數location表示要從第幾號位置開始取得字元。

3. 第9行，變數length表示總共要抓取幾個字元。

4. 第12行，宣告一個新的字元陣列，其陣列大小為length + 1，最後加
   1的運算，是要讓字元陣列多一個空間，用來儲放 '\0' 的符號。

5. 第15行，當迴圈控制變數 i 大於等於location時，開始將字元設定給
   字元陣列temp，直到取得length個字元為止。

6. 第18行，記得在後面加入一個結尾符號。

⊃10.4.5 連接二個字串

寫一個程式將二個字串連接起來，形成另一個新字串。

範例程式7： 將二個字串連接起來

```
1  // 程式名稱：10_conCat.c
2  // 程式功能：將二個字串連接起來
3
4  #include <stdio.h>
5
6  int main()
7  {
8      char S1 [] = "Hello!";
9      char S2 [] = " How are you today?";
10     int i, count=0;
11     printf("第一個字串 %s\n", S1);
12     printf("第二個字串 %s\n", S2);
13     int sizeS1 = strlen(S1);
14     int sizeS2 = strlen(S2);
15     char S3 [sizeS1+sizeS2+1];
16     for (i = 0; i < sizeS1; i++)
17         S3[count++] = S1[i];
18     for (i = 0; i < sizeS2; i++)
19         S3[count++] = S2[i];
20     S3[count] = '\0';
21     printf("第三個字串 %s\n", S3);
22     system("PAUSE");
```

```
23 }
24
25 int strlen(char array [])
26 {
27     int i, size =0;
28     for (i = 0; array[i]; i++)
29         size ++;
30     return size;
31 }
```

【執行結果】

第一個字串 Hello!
第二個字串　How are you today?
第三個字串 Hello! How are you today?

【程式說明】

1. 第15行，宣告一個字元陣列S3，其陣列大小為S1與S2的陣列大小相加，再加1。

2. 第16-17行，將S1的陣列元素設定給S3。

3. 第18-19行，將S2的陣列元素設定給S3。

4. 第20行，加入結尾符號。

⊃10.4.6　字元取代

將字串中的某些字元，以其它字元來取代，並且將結果存到另一個字串。

範例程式8： 字元取代

```c
1  // 程式名稱：10_replace.c
2  // 程式功能：字元取代
3
4  #include <stdio.h>
5
6  int main()
7  {
8      char S1 [] = "hell@! h@w are y@u t@day.";
9      char X = '@'; //原本的字元
10     char A = 'o'; //修正後的字元
11     int i, size =0;
12     for (i = 0; S1[i]; i++)
13        size++;
14     char temp [size+1];
15     for (i = 0; S1[i]; i++){
16        if ( S1[i] == X )
17            temp[i] = A;
18        else temp[i] = S1[i];
19     }
20     temp[size] = '\0';
21     printf("舊的字串： %s\n", S1);
22     printf("新的字串： %s\n", temp);
23     system("PAUSE");
24  }
```

【執行結果】

```
舊的字串： hell@! h@w are y@u t@day.
新的字串： hello! how are you today.
```

【程式說明】

1. 第9行，利用字元變數X記錄字串中要修改的字元。

2. 第10行，利用字元變數A記錄修改後的字元。

3. 第14行，宣告一個字元陣列temp用來存放修改完畢的字串。

4. 第16-18行，利用 if 條件式判斷陣列元素是否等於X，若相等，則用A取代；反之，則保留原來的字元。

5. 第20行，在temp陣列後加入結尾符號，表示 temp為字串。

●10.4.7　字串反轉

將字串倒著印出來。

範例程式9： 將字串轉向

```c
1 // 程式名稱：10_reverse.c
2 // 程式功能：將字串轉向
3
4 #include <stdio.h>
5
6 int main()
7 {
8     char S1 [] = "hello! how are you today.";
9     printf("原本的字串：   %s\n", S1);
10    int i, size =0;
11    for (i = 0; S1[i]; i++)
12       size++;
13    for (i = 0; i < (int) (size/2); i++){
14       char temp = S1[i];
15       int j = size-i-1;
16       S1[i] = S1[j];
17       S1[j] = temp;
18    }
19    printf("反轉後的字串：%s\n", S1);
20    system("PAUSE");
21 }
```

【執行結果】

原本的字串：　hello! how are you today.
反轉後的字串：.yadot uoy era woh !olleh

【程式說明】

1. 第13-17行，將字串一分為二，第一個陣列元素跟最後一個陣列元素交換位置；第二個陣列元素跟倒數第二個陣列元素交換位置；第三個陣列元素跟倒數三個陣列元素交換位置，並依此類推。

2. 第14-17行，陣列元素在交換時，必須使用一個輔助變數temp。我們先將前面的字元S1[i]記錄在temp中，接著將後面的字元S1[j]設定給S1[i]，最後再將temp的值設定給S1[i]，如此即可完成元素交換的動作。

字串反轉的示意圖如下所示，我們將元素兩兩交換，如圖10.10(a)，結果就可以得到轉向後的字串，　如圖10.10(b)。

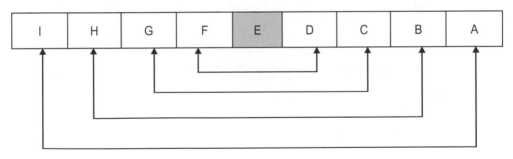

(a) 原始字串

A	B	C	D	E	F	G	H	I

(b) 轉向後字串

圖10.10　字串轉向示意圖

⟩10.4.8 字串小寫轉大寫

將字串中小寫字元轉成大寫字元。

範例程式10： 小寫轉大寫

```c
1 // 程式名稱：10_ToUpperCase.c
2 // 程式功能：小寫字型轉成大寫字型
3
4 #include <stdio.h>
5
6 int main()
7 {
8     char S1 [] = "hello! how are you today.";
9     printf("舊的字串: %s\n", S1);
10    int i, size =0;
11    for (i = 0; S1[i]; i++){
12        int num = (int) S1[i];
13        if (num > 96 &&  num < 123){
14            num = num - 32;
15            S1[i] = (char) num;
16        }
17    }
18    printf("新的字串: %s\n", S1);
19    system("PAUSE");
20 }
```

【執行結果】

```
舊的字串: hello! how are you today.
新的字串: HELLO! HOW ARE YOU TODAY.
```

【程式說明】

1. 第13-15行，將陣列元素從字元轉成整數型態，程式會將字元轉成相對的ASCII碼，例如 'A' 的ASCII碼為65，'B' 的ASCII碼為66，…，'Z' 的ASCII碼為122，'a' 的ASCII碼為97，'b' 的ASCII碼為98，…，'z' 的ASCII碼為154。

不知道讀者有沒有注意到一件事，大寫A與小寫 a 的ASCII碼差了32，大寫 B與小寫 b 的ASCII碼也差了32，依此類推，大寫Z與小寫 z 的ASCII碼也差了32。所以如果陣列元素是小寫字型，則其ASCII碼會介於97到122之間，要將其轉成大寫字型，就將小寫字型的ASCII碼減掉32，即可得到大寫字型的ASCII碼，例如： 'a' 的ASCII碼97減32得到65就是 'A' 的ASCII碼。接著，再將ASCII碼轉回字元型態，就可以順利地將小寫字型轉成大寫字型了。

10.5 常用字串函數

上面的章節我們學會了宣告字串，並且撰寫了許多跟字串處理相關的程式。但是，如果每次處理字串，都必須重新撰寫這些程式，不但麻煩，而且會讓程式變得很長、很複雜且不容易維護。

因此，C語言將一些常用的字串處理程式寫好，放在一個工具箱內，當需要用到字串處理的動作時，將工具箱打開，直接使用字串處理工具即可。而這個工具箱在那裡，要怎麼打開呢？

C語言將所有與字串處理有關的程式，都放在string.h這個工具箱裡，當我們需要用到字串工具時，就利用 #include指令將string.h包含進來，即打開工具箱。例如：

```
#include <string.h>
```

那麼string.h這個工具箱又有那些工具可以使用呢？

下面我們簡單列示string.h提供的字串函數。

表10.1　常用的字串函數

項次	函數名稱	說明
1	size_t strlen(const char *s);	計算字串長度
2	char *strcat(char *s1, const char *s2);	將s2字串接在s1之後
3	char *strncat(char *s1, const char *s2, size_t n);	將s2字串前面n個字元串接在s1之後
4	int strcmp(const char *s1, const char *s2);	比較s1和s2字串，如果二個相等，則回傳0；若s1第一個字元的ASCII比較大，傳回正數；反之，則傳回負數。
5	char *strcpy(char *s1, const char *s2);	將s2字串的內容拷貝給s1
6	char *strncpy(char *s1, const char *s2, size_t n);	將s2字串的前n個字元內容拷貝給s1

以下，用一個例子來說明如何直接利用string.h提供的函數處理字串。

範例程式11： 字串函數的應用

```
1 // 程式名稱：10_funString.c
2 // 程式功能：字串函數的應用
3
4 #include <stdio.h>
5 #include <string.h>
6 int main()
7 {
8     char S1 [] = "hello! My name is Ann. ";
9     char S2 [] = "How are you today. ";
```

```
10      char S3 [] = "Ann";
11      printf("字串 S1      : %s\n", S1);
12      printf("字串 S2      : %s\n", S2);
13      printf("字串 S2      : %s\n", S3);
14      printf("S1 字串長度 : %d\n", strlen(S1));
15      printf("S1拷貝S2     : %s\n", strcat(S1, S2));
16      printf("S2拷貝部分S3: %s\n", strncat(S2, S3, 8));
17      printf("S1與S2比較   : %d\n", strcmp(S1, S2));
18      printf("S3與S2比較   : %d\n", strcmp(S3, S2));
19      system("PAUSE");
20  }
21
```

【執行結果】

```
字串 S1       : hello! My name is Ann.
字串 S2       : How are you today.
字串 S2       : Ann
S1 字串長度   : 23
S1拷貝S2      : hello! My name is Ann. How are you today.
S2拷貝部分S3 : How are you today. Ann
S1與S2比較    : 1
S3與S2比較    : -1
```

【程式說明】

1. 第14行，利用strlen()函數取得字串的長度。

2. 第15行，利用strcat()函數將S1及S2連接起來。

3. 第16行，利用strncat()函數將S2的前面八個位元接在S1後面。

4. 第17行，利用strcmp()函數比較S1與S2字串，因為S1與S2不相等，而且S1第一個字元 'h' 的ASCII碼比S2第一個字元的ASCII碼小，所以會回傳正數。

5. 第18行，利用strcmp()函數比較S3與S2字串，因為S3與S2不相等，而且S3第一個字元 'A' 的ASCII碼比S2第一個字元的ASCII碼大，所以會回傳負數。

10.6 綜合練習

⟶10.6.1 1A2B遊戲

下面我們撰寫一個 "1A2B" 的遊戲，系統設定一組四個位數的密碼讓使用者猜，使用者每次輸入四個不同的數字，若數值相同而且又在同樣的位置上，則給一個A牌子；若數值相同但位置不對，則給一個B牌子。當使用者輸入完四個數字，則系統回覆該組數字可得幾個A牌子、幾個B牌子。

例如系統預設 "1234" 為密碼，使用者輸入 "1245"，則 '1' 及 '2' 二個字元跟密碼的第一個元素及第二個元素數值相同且位置一樣，可得二個A牌子。 使用者輸入的 '4' 在第三個位置，但密碼的 '4' 是在第四個位置，所以二者數值相同但位置不對，所以得到一個B牌子。因此，系統回覆 2A 1B。

範例程式12： 猜數字遊戲

```
1 // 程式名稱：10_Guess.c
2 // 程式功能：猜數字遊戲
3
4 #include <stdio.h>
5 int main()
6 {
7     char generated [] = "1234";
8     int number [10];
9     char input[5];
10    int i, j, A = 0, B=0;
11    char c;
12    while(A != 4){
```

```
13        A = 0, B=0;
14        printf("\n\n請輸入四個數字：\n");
15        for (i=0; i <10; i ++)
16            number[i] = 0;
17        for (i=0; i <4; i++){
18            printf("\n第 %d 個數字：", i);
19            c = getch();
20            while (number[((int)c - 48)] == 1){
21                printf("\n%c 已經出現過了，請重新輸入：", c);
22                printf("\n第 %d 個數字：", i);
23                c = getch();
24            }
25            number[((int)c - 48)] = 1;
26            input[i] = c;
27        }
28        input[4] = '\0';
29        for (i=0; input[i]; i++){
30            if (input[i] == generated[i])
31                A++;
32            else {
33                for (j =0; j < 4; j++){
34                    if ((j !=i) && (input[i] == generated[j])){
35                        B++;
36                        j = 4;
37                    }
38                }
39            }
40        }
41        printf("\n您輸入的字串 %s : %d A %d B", input, A, B);
42    }
43    system("PAUSE");
44 }
```

【執行結果】

請輸入四個數字：

第 0 個數字：5
第 1 個數字：4
第 2 個數字：8
第 3 個數字：6
您輸入的字串 5486：0 A 1 B

請輸入四個數字：

第 0 個數字：3
第 1 個數字：3
3 已經出現過了，請重新輸入：
第 1 個數字：3
3 已經出現過了，請重新輸入：
第 1 個數字：2
第 2 個數字：8
第 3 個數字：9
您輸入的字串 3289：1 A 1 B

請輸入四個數字：

第 0 個數字：1
第 1 個數字：2
第 2 個數字：3
第 3 個數字：9
您輸入的字串 1239：3 A 0 B

請輸入四個數字：

第 0 個數字：1
第 1 個數字：2
第 2 個數字：3
第 3 個數字：4
您輸入的字串 1234：4 A 0 B

【程式說明】

1. 第7行，宣告一個字串generated用來記錄系統預設的密碼。

2. 第8行，產生一個整數陣列number，用來記錄那些數字已經產生過了。為了避免使用者輸入重複字元，我們產生一個陣列大小10的整數陣列，表示數值0-9是不是有出現過，若使用者輸入6，則陣列元素number[6]就會設為1，表示輸入過了。如果下次使用者又輸入6，則系統會判斷number[6]是否為1，如果為1，就顯示已經存在，請重新輸入。

3. 第9行，宣告一個字元陣列input，用來存放使用者輸入的資料。

4. 第12行，利用while迴圈不斷執行猜數字的動作，直到使用者得到四個A牌子才結束。

5. 第15-16行，將整數陣列number的陣列元素都清為0。

6. 第19行，利用getch()從鍵盤中取得一個字元，並將輸入的值設定給字元 c。

7. 第20行，判斷 c 是否已經出現過了。我們將字元 c 轉成數字，首先利用 (int) c 將字元 c 轉成ASCII碼，再將ASCII碼減掉48就可以得到真正的數值。例如：'6' 的ASCII碼為54，將54減掉48即可得到數值6。接著，查看number陣列裡面number[6]是否為1，若為1則表示6已經出現過了，while迴圈即會執行要求使用者重新輸入，直到輸入的數值沒有出現過為止。

8. 第25行，設定number陣列元素為1。例如， 使用者輸入的 '6' 並沒有出現過，則number[6]就設為1。

9. 第28行，在字元陣列input後面加入結尾符號。

10. 第30-31行，利用 if 條件式判斷輸入的字元與系統設定的密碼是不是位置相同且數值一樣，若是，則給一個 A牌子。

11. 第33-36行，若輸入的字元與系統設定的密碼數字相同，但位置不一樣，則給一個B牌子。

⊃10.6.2　自己撰寫字串長度函數

我們在前幾章常使用到strlen()內建函數來獲得字串的長度，以便對字串做進一步處理。本節我們要來自己寫一個和strlen()具有相同功能的函數，就稱作strlength()好了，其函數原型如下：

```
int strlength(char s[]);
```

範例程式13： 自己撰寫字串長度函數

```
1  //程式名稱:10_strlength.c
2  //程式功能:自己撰寫字串長度函數
3
4  #include <stdio.h>
5  int strlength(char s[]); //函數原型
6
7  int main(void)
8  {
9     char s[] = "我熱愛學習 C 程式語言";
10
11    printf("字串\"%s\"之長度為:%d\n",s ,strlength(s));
12
13    system("PAUSE");
14    return 0;
15 }
16
17 int strlength(char s[])    //等同於內建函數strlen()
18 {
19    int i = 0;
20
21    while(s[i] != '\0')
22       i++;
```

```
23
24    return (i);
25 }
```

【執行結果】

字串"我熱愛學習 C 程式語言"之長度爲：21

【程式說明】

1. 第21-22行，字串的結尾字元為'\0'，因此，只要計算'\0'之前有幾個
   字元，即可得知字串長度值。

●10.6.3　合併字串，將字串s2的內容合併到字串s1之後

本範例要介紹如何將字串s2的內容合併到字串s1之後，亦即接續到字串
s1之後。例如：字串s1的內容為："我熱愛學習 C "，字串s2的內容為："程
式語言"，兩者合併後，字串s1的內容成為："我熱愛學習 C 程式語言"。

我們用strcat()函數來進行合併，其原型如下：

```
int strcat(char s1[], char s2[]);
```

範例程式14： 合併字串，將字串s2合併到字串s1之後

```
1 //程式名稱：10_strcat.c
2 //程式功能：合併字串，將字串s2的內容合併到字串s1之後
3
4 #include <stdio.h>
5 int strcat(char s1[], char s2[]); //函數原型
6
7 int main(void)
8 {
9     char s1[] = "我熱愛學習 C";
10    char s2[] = "程式語言";
```

```
11
12    printf("字串 s1 的內容為：\"%s\"\n",s1);
13    printf("字串 s2 的內容為：\"%s\"\n",s2);
14    strcat(s1, s2);
15    printf("將字串s2合併到字串s1之後，合併後字串 s1 的內容為：\"%s\"\n",s1);
16
17    system("PAUSE");
18    return 0;
19 }
20
21 int strcat(char s1[], char s2[])
22 {
23    int i = 0, j = 0;
24
25    while(s1[i] != '\0')   //相當於i = strlen(s1);
26       i++;
27    while((s1[i++] = s2[j++]) != '\0');
28
29    return 0;
30 }
```

【執行結果】

字串 s1 的內容為："我熱愛學習 C "
字串 s2 的內容為："程式語言"
將字串s2合併到字串 s1之後，合併後字串 s1 的內容為："我熱愛學習 C 程式語言"

【程式說明】

1. 第14行，呼叫strcat(s1, s2)，將字串s2的內容合併到字串s1之後。

2. 第25-26行，找到字串s1的尾端位置。這兩行敘述相當於「i = strlen(s1);」。

3. 第27行，將字串s2的內容合併到字串s1之後。

⊃10.6.4　將字串s2的內容複製到字串s1

本範例要介紹如何將字串s2的內容複製到字串s1，取代原來字串s1的內容。例如：字串s1的內容為："我對學習 C 程式語言沒有興趣"，字串s2的內容為："我熱愛學習 C 程式語言"，複製s2到s1後，字串s1的內容成為："我熱愛學習 C 程式語言"。

我們用strcopy()函數來進行複製，其原型如下：

```
int strcopy(char s1[], char s2[]);
```

範例程式15： 將字串s2的內容複製到字串s1

```
1  //程式名稱：10_strcopy.c
2  //程式功能：將字串s2的內容複製到字串s1
3
4  #include <stdio.h>
5  int strcopy(char s1[], char s2[]); //函數原型
6
7  int main(void)
8  {
9    char s1[] = "我對學習 C 程式語言沒有興趣";
10   char s2[] = "我熱愛學習 C 程式語言";
11
12   printf("字串 s1 的內容為：\"%s\"\n",s1);
13   printf("字串 s2 的內容為：\"%s\"\n",s2);
14   strcopy(s1, s2);
15   printf("複製 s2 到 s1 後，複製後，字串 s1 的內容為：\"%s\"\n",s1);
16
17   system("PAUSE");
18   return 0;
19 }
20
21 int strcopy(char s1[], char s2[]) // 將字串s2複製到字串s1
22 {
```

```
23    int i = 0;
24
25    while(s2[i] != '\0'){
26        s1[i] = s2[i];
27        i++;
28    }
29    s1[i] = '\0';
30
31    return 0;
32 }
```

【執行結果】

字串 s1 的內容為:"我對學習 C 程式語言沒有興趣"
字串 s2 的內容為:"我熱愛學習 C 程式語言"
複製 s2 到 s1 後,複製後,字串 s1 的內容為:"我熱愛學習 C 程式語言"

【程式說明】

1. 第14行,呼叫strcopy(s1, s2),將字串s2的內容複製到字串s1。

2. 第25-28行,從字串s2的第0個字元開始,拿來取代字串s1的第0個字元。如此動作,直到字串s2的尾端為止。

3. 第29行,最後幫字串s1加上尾端符號'\0'即可完成複製。

10.7 後記

C 語言本身並沒有提供字串資料型態,所以利用一維陣列來模擬字串。字串的特性如下:

1. 字串是由一維字元陣列所組成的。

2. 字元陣列與字串最大的不同是,字串必須告知字串的結束位置,即必須在字元陣列後加入 '\0' 符號。

字串宣告的方法有許多種：

1. char 字元陣列名稱 [M];

2. char 字元陣列名稱 [M]={'字元0','字元1',...,'字元k－1','\0'};

3. char 字元陣列名稱 [M] = "字串內容";

4. char 字元陣列名稱 [] = "字串內容";

5. char * 指標名稱 = 字串陣列名稱;

　　本章介紹了一些處理字串常用的程式，例如計算字串長度、連結二個字串、擷取字元、找出第一個出現或最後一個出現字元的位置、取得部分字元、字串反轉、小寫字型轉大寫字型等。

　　為了減少程式設計師撰寫程式的麻煩，C語言提供了許多好用的字串函數，例如：strlen()、strcat()、strncat()、strcmp()、strcpy()、strncpy()等。同時，本章也示範了如何利用字串函數處理字串資料。

10.8 習題

1. 請改寫猜數字遊戲，利用亂數產生系統密碼，再請使用者猜密碼。

2. 請寫出可以將單字擷取下來的字串處理程式，例如字串 "An apple a day keeps the doctor away." 的單字為 "An"、"apple"、"a"、"day"、"keeps"、"the"、"doctor"、"away"。

3. 請寫出可以比較二個字串是否相等的程式，功能如同strcmp()。

4. 讓使用者輸入一個字串，並且統計字串有幾個空白、幾個英文字母、幾個數字符號。

5. 讓使用者輸入數值資料，顯示時以貨幣符號表示法輸出，例如：4125014 以 $4,125,014，1234 以 $1,234 輸出。

6. 撰寫一支程式，運用內建函數strlen()，將字串的內容s2合併到字串s1之後。

7. 參考10.6.4節，將字串s2的內容複製到字串s1之程式10_strcopy.c，將第25-28行改為下列敘述，其結果為何？

   ```
   while((s1[i] = s2[i++]) != '\0');
   ```

8. 假設字串s1的內容為"abcde"，字串s2的內容為"12345"，則下列敘述的執行結果為何？

   ```
   s2 = s1;
   ```

9. 假設字串s1的內容為"abcde"，字串s2的內容為"12345"，且已知字串s3之宣告為char s3[80]，則下列敘述的執行結果為何？

   ```
   s3 = s1 + s2;
   ```

10. 撰寫一支程式，依序將字串s1、s2合併到字串s3之後。假設函數原型為：

    ```
    int strcat(char s1[], char s2[], char s3[]);
    ```

11 Chapter

指　標

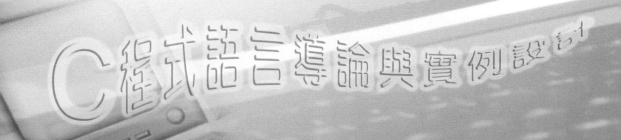

11.1 前言

在學習C語言的過程中，最令人怯步的地方可能就是「指標」的部分了。指標是什麼？它是做什麼用的？為什麼需要指標？什麼情況下要使用指標？如何使用它呢？這些疑問都會在這一章為大家做解答。

指標可以用來指示變數、陣列、字串的位址、資料型態及資料值；換句話說，變數、陣列、字串可以做到的事，指標都可以辦得到。除了這些基本功能外，指標還能夠做到動態配置，即指標不需要事先限定陣列的大小，可以等到程式執行時，再動態地給定陣列大小。

動態配置有什麼好處呢？當不確定有多少資料需要輸入時，我們必須將陣列設得很大，以防資料超出範圍而出錯。但是，如果最後輸入的資料很少，就會白白浪費很多寶貴的記憶體空間。因此，動態配置的技巧就很重要嘍！

且看我們如何使用指標來達到動態配置的功能吧！

本章將介紹的主題有：

➡ 記憶體位址
➡ 指標宣告
➡ 指標與變數
➡ 指標與陣列
➡ 指標與字串
➡ 動態配置

11.2 記憶體位址

在談指標前，先來談談什麼是記憶體空間及位址。在第三章有談到要記錄一個整數數值時，會先宣告一個整數變數，例如：

```
int A = 50;
```

用來存放整數資料。當執行時，程式會去跟記憶體要求一個空間，並且將初始值50設定給這個空間，其記憶體空間示意圖如下所示。

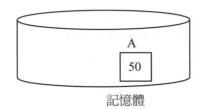

圖11.1　整數變數A的記憶體配置

若想知道這個空間是在記憶體的那個位置時，可以利用 '&' 符號來取得變數的記憶體位址。

範例程式1： 利用 '&' 取得記憶體位址

```
1  // 程式名稱：11_space.c
2  // 程式功能：利用 & 取得記憶體位址
3
4  #include <stdio.h>
5  int main()
6  {
7      int A = 50;
8      int B = 20;
9      int C [] = {5, 10, 20};
10     char D = 'a';
11     double E = 3.1415926;
12     float F = 3.99;
```

```
13
14      printf("A   : %d \t位址: %d\n", A, &A);
15      printf("B   : %d \t位址: %d\n", B, &B);
16      printf("C[0]: %d \t位址: %d\n", C[0], &C[0]);
17      printf("C[1]: %d \t位址: %d\n", C[1], &C[1]);
18      printf("C[2]: %d \t位址: %d\n", C[2], &C[2]);
19      printf("D   : %c \t位址: %d\n", D, &D);
20      printf("E   : %f \t位址: %d\n", E, &E);
21      printf("F   : %f \t位址: %d\n", F, &F);
22      system("PAUSE");
23 }
```

【執行結果】

```
A   : 50           位址: 2293612
B   : 20           位址: 2293608
C[0]: 5            位址: 2293584
C[1]: 10           位址: 2293588
C[2]: 20           位址: 2293592
D   : a            位址: 2293583
E   : 3.141593     位址: 2293568
F   : 3.990000     位址: 2293564
```

【程式說明】

1. 第9行，宣告一個整數陣列C，並設定其初始值為5、10及20。

2. 第11行，宣告一個雙精度變數E。

3. 第14行，將A的值及A的記憶體位址顯示在畫面上。

4. 第16行，將陣列C的第一個元素C[0]的值及記憶體位址顯示在畫面上。

執行結果第一行顯示，A的值為50，其記憶體位址在2293612的位址，而B的值為20，其記憶體位址在2293608的位址上。範例程式1的記憶體配置

如圖11.2，B的位址在A的前面，中間差了四個位址，這是因為B是一個整數變數，電腦使用四個位元組記錄一個整數值，所以接著的A跟B會差4。

　　字元變數D在C陣列的前面，而D的位址跟C[0]的位址只差1，這是因為電腦使用一個位元組記錄一個字元，而C陣列剛好接在D之後。

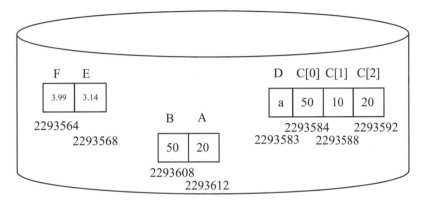

記憶體

圖11.2　範例1的記憶體配置

11.3 指標宣告

　　瞭解了記憶體位址的概念後，接著就是要利用「指標」指向這些記憶體位址，以存取記憶體裡面的資料。先來看看如何利用指標改變整數數值資料。

　　假設已經宣告了一個整數變數A，

```
int A = 50;
```

並且已經知道它的位址是在2293620的位址上。我們宣告一個指標p，用它來指向A的位址，並且修改裡面的內容。

指標宣告的方式有兩種，第一種方式為：

```
int * p1;
p1 = &A;
```

第一行程式，先定義一個指標p1，這個指標會指向一個存放整數資料的位址，第二行程式是將A的位址指定給p1，表示p1裡面存放的是A的位址。而當我們要取得指標指向的位址所對應的內容值時，就用*p1，其示意圖如圖11.3。

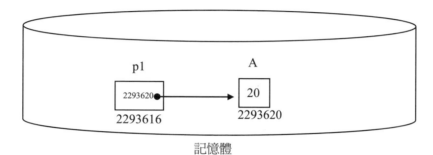

圖11.3　指標指向一個整數變數

我們利用一個例子來說明。

範例程式2： 利用指標指向變數

```
1  // 程式名稱：11_pointer1.c
2  // 程式功能：利用指標指向變數
3
4  #include <stdio.h>
5  int main()
6  {
7      int A = 50;
8      int *p;
9      p = &A;
10
11     printf("修改前：\n");
12     printf("A 的值為 %d \t A 的位址為   %d\n", A, &A);
```

```
13      printf("*p 的值爲 %d \t p 參照位址爲 %d  p 自己的位址爲 %d", *p, p, &p);
14
15      *p = 100;
16
17      printf("\n\n修改 *p 後:\n");
18      printf("A   的值爲 %d\n", A);
19      printf("*p 的值爲 %d", *p);
20
21      A = 299;
22
23      printf("\n\n修改 A 後:\n");
24      printf("A   的值爲 %d\n", A);
25      printf("*p 的值爲 %d", *p);
26      system("PAUSE");
27 }
```

【執行結果】

```
修改前:
A   的值爲 50        A  的位址爲    2293620
*p 的值爲 50         p 參照位址爲 2293620   p 自己的位址爲 2293616

修改 *p 後:
A   的值爲 100
*p 的值爲 100

修改 A 後:
A   的值爲 299
*p 的值爲 299
```

【程式說明】

1. 第7行，宣告一個整數A，其初始值爲50。

2. 第8行，當程式看到 int * p; 時，會去跟記憶體要求一個空間，這個空間是專門用來存放記憶體位址的，而這個記憶體位址指向的地方，裡面存的是一個整數型態的資料。

3. 第9行，將A的記憶體位址&A丟給p，所以現在 p 裡面存的是A的記憶體位址。當要存取指標 p 指向的資料時，就利用「**間接值（Indirect Value）**」*p。表示依照p指向的位址，去記憶體中抓出裡面的內容來，而指標p本身的記憶體位址則在2293616。

4. 第12行，顯示A的值和A的位址。

5. 第13行，顯示*p的值，即 p 記錄位址的對應內容值、p 記錄的位址、及指標p本身的位址。

6. 第15行，改變指標 p 所對應的內容值。程式會依照 p 記錄的位址，去該記憶體位址更改資料。因為 p 記錄的是A的位址，所以當程式更改 *p 的值時，其實就是直接修改A的值。

7. 第21行，直接更改變數A的值。因為 *p 與A指的都是同樣的資料，所以修改A的值，也會影響 *p 的結果。

第二種宣告指標的方式為：

```
int * p1 = &A;
```

這個方法的概念跟第一種方式一樣，只是第二種方式在指標宣告時，就將A的位址一併設定給p1。

11.4 指標變數

上一節介紹了如何利用指標來處理整數型態的資料，接著，再利用指標來處理不同資料型態的資料，例如字元、浮點數、雙精度數值等。

範例程式3：利用指標指向字元、浮點數、倍精度數值

```c
 1 // 程式名稱：11_pointer2.c
 2 // 程式功能：利用指標指向字元、浮點數、倍精度數值
 3
 4 #include <stdio.h>
 5 int main()
 6 {
 7     char c = 'a';
 8     char *p_c;
 9     p_c = &c;
10
11     double d = 3.1415926;
12     double *p_d = &d;
13
14     float f = 1.99;
15     float *p_f = &f;
16
17
18     printf("\t\t\t\t\n\n變數\t\t位址\t\t變數大小\n");
19     printf("=========================================\n");
20     printf("字元 %c \t\t%d\t\t%d\n", c, &c, sizeof(c));
21     printf("\t\t\t\t\n\n指標值\t\t參照位址\t指標大小\t指標位址\n");
22     printf("=========================================\n");
23     printf("指標 %c \t\t %d \t %d \t\t %d", *p_c, p_c, sizeof(p_c), &p_c);
24
25
26     printf("\n\t\t\t\t\n\n變數\t\t位址\t\t變數大小\n");
27     printf("=========================================\n");
28     printf("浮點數 %1.4f \t %d \t %d \n", f, &f, sizeof(f));
29     printf("\t\t\t\t\n\n指標值\t\t參照位址\t指標大小\t指標位址\n");
30     printf("=========================================\n");
31     printf("指標%1.4f \t %d \t %d \t\t %d ", *p_f, p_f, sizeof(p_f), &p_f);
32
33     printf("\n\t\t\t\t\n\n變數\t\t位址\t\t變數大小\n");
```

```
34    printf("=================================================\n");
35    printf("倍精度 %1.4f \t %d \t %d \n", d, &d, sizeof(d));
36    printf("\t\t\t\t\n\n指標值\t\t參照位址\t指標大小\t指標位址\n");
37    printf("=================================================\n");
38    printf("指標%1.4f \t %d \t %d \t\t %d ", *p_d, p_d, sizeof(p_d), &p_d);
39    system("PAUSE");
40 }
41
```

【執行結果】

變數	位址	變數大小
===		
字元 **a**	**2293623**	**1**

指標值	參照位址	指標大小	指標位址
===			
指標 a	2293623	4	2293616

變數	位址	變數大小
===		
浮點數 **1.9900**	**2293600**	**4**

指標值	參照位址	指標大小	指標位址
===			
指標 1.9900	2293600	4	2293596

變數	位址	變數大小
===		
倍精度 **3.1416**	**2293608**	**8**

指標值	參照位址	指標大小	指標位址
===			
指標 3.1416	2293608	4	2293604

【程式說明】

1. 第7行，宣告一個字元資料型態c，並設定其初始值為'a'。

2. 第8行，宣告一個指標 *p_c 用來指向一個字元的位址。

3. 第9 行，將變數 c 的位址設定給 p_c。

4. 第11行，宣告一個雙精度資料d。

5. 第12行，宣告一個指標 p_d 用來指向一個雙精度資料，並且將d的位址指定給 p_d。

6. 第20行，將變數 c 的內容值、c 的位址及 c 的記憶體大小列印出來。

7. 第23行，將指標 p_c 指向的內容值、p_c記錄的記憶體位址、p_c 的記憶體大小及指標 p_c 本身的位址印出來。

從執行結果可以看出，字元變數 c 的內容是 'a'，它的位址是在2293623，因為 c 是字元，系統使用一個位元組記錄字元資料，所以變數大小為1。

字元指標 p_c 指向的內容值是 *p_c = 'a'，p_c 裡面記錄的位址是在2293623，即變數 c 的位址。因為 p_c 記錄的是記憶體空間，系統使用四個位元組記錄記憶體位址，所以指標大小為4，而指標 p_c 本身的位址是2293616。

浮點數變數 f 的內容是1.99，它的位址是在2293600，因為 f 是浮點數，系統使用四個位元組記錄浮點數資料，所以變數大小為4。

雙精度變數 d 的內容是3.1416，它的位址是在2293608，系統使用八個位元組記錄雙精度資料，所以變數大小為8。而指向 d 的指標 p_d，其記錄的是 d 的記憶體位址，所以指標大小仍為4。

指標大小是固定的，不會因為指向的資料型態不同而不一樣。

11.5 指標與陣列

第九章所談到的陣列,也是利用指標的概念所產生的。當宣告一個整數陣列時,

```
int a [10];
```

程式會去記憶體中要求一塊連續的空間,用來儲放整數資料。這個例子宣告的陣列大小只有10,所以可以很容易地在記憶體中找到10個連續的空間位置,用來儲放資料。

但是,如果現在陣列宣告得非常大,但是又找不到這麼多連續的記憶體空間時,該怎麼辦呢?我們試著宣告一個陣列大小100,000的整數陣列,看看會不會出錯。

範例程式4: 宣告一個陣列,顯示每個陣列元素的位址

```c
1 // 程式名稱:11_address.c
2 // 程式功能:宣告一個陣列,顯示每個陣列元素的位址
3
4 #include <stdio.h>
5 int main()
6 {
7     int a [100000];
8     int i ;
9     for(i = 0; i < 10; i++)
10      printf ("%d\n", &a[i]);
11    for(i = 99990; i < 100000; i++)
12      printf ("%d\n", &a[i]);
13    system("PAUSE");
14 }
```

【執行結果】

```
1893616
1893620
1893624
1893628
1893632
1893636
1893640
1893644
1893648
1893652
2293576
2293580
2293584
2293588
2293592
2293596
2293600
2293604
2293608
2293612
```

【程式說明】

1. 第7行，宣告一個整數陣列 a，並設定陣列大小為100,000。

2. 第9-10行，將前十個元素的位址印出來。

3. 第11-12行，將後十個元素的位址印出來。

執行結果很順利，每一個陣列元素的位址都是緊接著的。運氣真好，居然還能找到這麼大的連續記憶體空間呢！

然而，事實上並非如此。當我們在執行C程式時，可能同時還會開啓很多的軟體，例如mp3 player、word、excel等，這些軟體在執行時，也都會使用到記憶體。所以，有可能許多連續的記憶體空間，已經被這些軟體佔去了。分配給C程式的記憶體只是一些零碎、不完整的空間，這些支離破碎的空間，怎麼可能還有辦法找到100,000個連續的記憶體位置呢？

我們都知道記憶體空間是很寶貴的，一絲一毫的空間都不能浪費掉。於是，系統會將這些零碎的空間集合起來，形成一個虛擬的大型空間，在這個虛擬的空間裡，每一個空間有一個虛擬位址，這個虛擬位址是連續的，而我們看到程式顯示的位址，就是這個**虛擬位址**。

為了能夠真正將資料存到真實的位址上，必須要有一個對映表 (Map)，用來指示虛擬位址所對應的真實記憶體位址在那裡，如圖11.4，這個指示的東西就是指標。

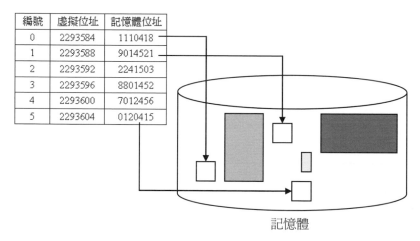

編號	虛擬位址	記憶體位址
0	2293584	1110418
1	2293588	9014521
2	2293592	2241503
3	2293596	8801452
4	2293600	7012456
5	2293604	0120415

記憶體

圖11.4 真實的記憶體位址

由於指標是屬於較為中低階的程式處理工具，使用不當的話，可能會造成結果不正確，甚至程式不正常結束。所以C語言提供變數、陣列等較為高階的資料處理工具，讓程式設計師不用擔心位址的問題。可是有些功能，還是必須使用指標才能達成，例如動態記憶體管理等。

接著，讓我們來看看如何利用指標達成陣列的各項功能。我們利用指標指向一個已經宣告好的整數陣列B，

```
int B [] = {50, 100, 200};
int * p2;
p2 = B;
```

指標陣列的宣告方式，跟上一節的指標變數很類似。不同的是，指標變數在設定時，是將變數的位址設給了指標，例如：int * p1 = &A，這裡的A是變數而&A是A的位址；B代表的是陣列的所在，也就是陣列的位址。所以指標p2直接指向B即可，而不需寫成 p2 = &B。

下面舉一個例子說明，如何利用指標抓取陣列裡面的內容。

範例程式5： 利用指標達成陣列功能

```
 1  // 程式名稱：11_pointerArray1.c
 2  // 程式功能：利用指標達成陣列功能
 3
 4  #include <stdio.h>
 5  int main()
 6  {
 7     int i;
 8     int Chinese [4];
 9     Chinese [0] = 20;
10     Chinese [1] = 20;
11     Chinese [2] = 80;
12     Chinese [3] = 60;
13     int Math [] = {30, 50, 20, 40};
14     int * p_Chinese, * p_Math;
15
16     p_Chinese = Chinese;
17     printf("Chinese    陣列的位址 %d \n", Chinese);
18     printf("p_Chinese 記錄的位址 %d \n", p_Chinese);
19     printf("p_Chinese 自己的位址 %d \n \n", &p_Chinese);
20
21     //計算國文成績平均值
22     int avg = 0;
```

```
23    for (i = 0 ;i< 4 ; i++)
24    {
25        printf("陣列[%d]=%d\t*(指標+%d)= %d\n",
                   i, Chinese[i],  i,  *(p_Chinese+i));
26        avg = avg + *(p_Chinese+i) ;
27    }
28    printf("\n國文成績平均: %d\n", (avg/4));
29
30    //計算數學成績平均值
31    avg =0;
32    p_Math = Math;
33    int size = sizeof(Math)/sizeof(Math[0]);
34    for (i = 0 ;i< size ; i++)
35        avg = avg + *(p_Math+i) ;
36
37    printf("數學成績平均: %d\n", (avg/size));
38    system("PAUSE");
39 }
```

【執行結果】

```
Chinese    陣列的位址 2293584
p_Chinese  記錄的位址 2293584
p_Chinese  自己的位址 2293564


陣列[0]=20        *(指標+0)= 20
陣列[1]=20        *(指標+1)= 20
陣列[2]=80        *(指標+2)= 80
陣列[3]=60        *(指標+3)= 60


國文成績平均: 45
數學成績平均: 35
```

【程式說明】

1. 第8行，宣告一個整數陣列Chinese，設定陣列大小為4。

2. 第14行，宣告二個陣列指標：p_Chinese用來指向Chinese陣列；p_Math用來指向Math陣列。

3. 第15行，設定p_Chinese裡面記錄的位址為陣列Chinese的位址。其中，p_Chinses指的是陣列第一個元素的位址，如下圖所示。

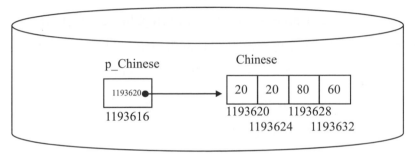

記憶體

圖11.5　指標指向整數陣列第一個位置

4. 第17行，將陣列Chinese 的位址顯示在畫面上。

5. 第18行，將p_Chinese裡面記錄的位址列印出來。

6. 第19行，將p_Chinese本身的位址列印出來。

7. 第23-27行，利用for迴圈將陣列裡面每個陣列元素的值列印出來，並且累加給avg，以供日後計算平均之用。

8. 第25行，若是以陣列方式取得陣列元素的值，可以利用Chinese[i]取得第 i 個陣列元素。然而，指標並沒有 *p_Chinese[i] 的寫法，指標陣列的正確寫法是 *(p_Chinses+i)。

   for 迴圈的控制變數 i 從0開始，(p_Chinese+0)表示p_Chinese記錄的位址加上0，p_Chinese的位址是1193620，加上0後仍然為1193620，所以仍然指向第一個陣列元素的位址， *(p_Chinese+0)為第一個位置的陣列元素資料20。

當 i 變為1時，則表示要讀取第二個位置的陣列元素資料。我們將 p_Chinese裡面記錄的位址加1，找到第二個陣列元素的位址，即(p_Chinese+1)。因為陣列是整數型態，每個陣列元素佔了4個位元組，我們將指標加1，(p_Chinese+1)，則系統會將p_Chinese裡面記錄的位址加上1*4(位元組) = 4(位元組)，即1193620 + 4 = 1193624。接著用 *(p_Chinese+1)取得的資料就是位址1193624的資料20。

當 i 變為2時，p_Chinese裡面記錄的位址會加2，找到第三個陣列元素的位址，即(p_Chinese+2)。系統會將p_Chinese裡面記錄的位址加上2*4(位元組)= 8(位元組)，即 1193620 + 8 = 1193628。接著用 *(p_Chinese+2)取得的資料就是位址1193628的資料80，依此類推。

9. 第32行，設定p_Math裡面記錄的位址為陣列 Math的位址。

10. 第35行，以指標算出Math陣列資料的平均值。

11.6 字串指標

第十章介紹了字串的宣告及用法，C語言以字元陣列來模擬字串。既然陣列可以管理字串資料，那麼指標也可以達成這項任務。

下面利用字串指標來管理字串資料。

【字串指標宣告 語法1】

```
char * 指標名稱 = 字串陣列名稱;
```

假設有一個字串

```
char [] S = "Amy";
```

若以指標的方式來管理這個字串，則必須宣告一個指標，這個指標指向一個字元陣列，所以指標的宣告如下：

```
char * pointer1;
pointer1 = S;
```

或

```
char * pointer1 = S;
```

指標pointer1的記憶體配置如下圖：

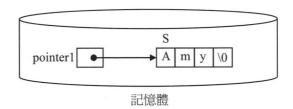

記憶體

圖11.6　指標pointer1的記憶體配置

剛才使用的字串指標，讓指標指向一個已經存在的字元陣列，那可不可以直接使用指標來管理字串，而不需透過字元陣列呢？答案是肯定的。我們可以直接宣告一個字串指標，並設定初始值為一個字串。字串指標語法如下：

【字串指標宣告 語法2】

```
char * 指標名稱 = "字串內容";
```

例如，

```
char * pointer2 = "Bob";
```

指標pointer2的記憶體配置如下圖：

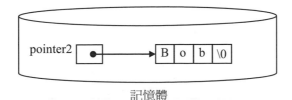

記憶體

圖11.7　指標pointer2的記憶體配置

接著，利用指標改寫第十章處理字串資料的程式。

⊃ 11.6.1 取得字串長度

範例程式6： 使用指標取得字串長度

```
1 // 程式名稱：11_pointerstrlen.c
2 // 程式功能：使用指標取得字串長度
3
4 #include <stdio.h>
5 int main()
6 {
7     char S [] = "this is a test";
8     printf("\n字串的長度  %d\n", strlen(S));
9     system("PAUSE");
10 }
11
12 int strlen (char * pointer)
13 {
14     int i, size = 0;
15     printf("S 字串的位置  %d\n", pointer);
16     for (i = 0; *(pointer+i); i++)
17     {
18         printf("%c", *(pointer+i));
19         size++;
20     }
21     return size;
22 }
```

【執行結果】

```
S 字串的位置  2293600
this is a test
字串的長度  14
```

【程式說明】

1. 第7行，宣告一個字元陣列S。

2. 第8行，呼叫strlen()函數，將字串陣列S帶入參數中。

3. 第12行，strlen()函數利用一個字元指標pointer接收輸入值。當第8行程式呼叫函數，並且將字串S的位址傳給函數時，程式會指定字串指標pointer指向S，即pointer = S。

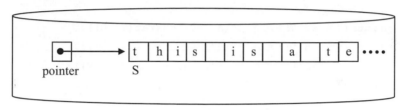

記憶體

圖11.8　pointer 指向S字串

4. 第16-20行，利用for迴圈將pointer指的字串列印出來，直到pointer指的地方是結尾符號為止，即遇到 '\0' 就會結束。

5. 第18行，將字串中的每一個字元列印出來。

⟳11.6.2　擷取字元

範例程式7： 利用指標取得字串中某個位置的字元

```
1 // 程式名稱：11_pointercharAt.c
2 // 程式功能：利用指標取得字串中某個位置的字元
3
4 #include <stdio.h>
5
6 char charAt(char * pointer, int location)
7 {
8     int i, size = 0;
9     for (i = 0; *(pointer+i); i++){
```

```
10          if (i == location)
11              return *(pointer+i);
12      }
13      return '\0';
14 }
15
16 int main()
17 {
18      char S [] = "Hi. My name is Ann.";
19      printf("%s\n", S);
20      printf("第 %d 個字元為 %c\n", 0, charAt(S, 0));
21      printf("第 %d 個字元為 %c\n", 5, charAt(S, 5));
22      printf("第 %d 個字元為 %c\n", 19, charAt(S, 19));
23      system("PAUSE");
24 }
```

【執行結果】

```
Hi. My name is Ann.
第 0 個字元為 H
第 5 個字元為 y
第 19 個字元為
```

【程式說明】

1. 第6行，宣告charAt()函數，並且利用字串指標pointer指向輸入陣列的位址。

2. 第9-12行，利用for迴圈找出字串第location位置的字元，迴圈會重複執行直到遇到結尾符號 '\0'。第location字元沒有超出字串的長度，則回傳字串第location的字元，即 *(pointer+i) 的值。反之，則回傳結尾符號。

3. 第20行，呼叫charAt()函數，並將字串S指定給函數，charAt()函數再用指標指向S，即pointer = S。

⊃11.6.3　找出字元第一次出現及最後一次出現的位置

範例程式8： 找出字元第一次和最後一次出現的位置

```c
1  // 程式名稱：11_pointerfirstLast.c
2  // 程式功能：利用指標找出字元第一次和最後一次出現的位置
3
4  #include <stdio.h>
5
6  int first(char * pointer, char X)
7  {    //找出第一次出現字元 X 的位置
8      int i;
9      for (i = 0; *(pointer+i); i++){
10         if (*(pointer+i) == X)
11             return i;
12     }
13     return -1;
14 }
15
16 int last(char * pointer, char X)
17 {    //找出最後出現字元 X 的位置
18     int i;
19     int size = 0;
20     for (i = 0; *(pointer+i); i++)
21         size++;
22     for (i = (size-1) ; i >= 0; i--){
23         if (*(pointer+i) == X)
24             return i;
25     }
26     return -1;
27 }
28
29 int main()
30 {
31     char *S = "Hi. My name is Ann.";
```

```
32      printf("%s\n", S);
33      printf("字元 %c 第一個出現的地方在 %d\n", 'a', first(S, 'a'));
34      printf("字元 %c 第一個出現的地方在 %d\n", 'n', first(S, 'n'));
35      printf("字元 %c    最後出現的地方在 %d\n", 'i', last(S, 'i'));
36      printf("字元 %c    最後出現的地方在 %d\n", 'n', last(S, 'n'));
37      system("PAUSE");
38  }
```

【執行結果】

```
Hi. My name is Ann.
字元 a 第一個出現的地方在 8
字元 n 第一個出現的地方在 7
字元 i    最後出現的地方在 12
字元 n    最後出現的地方在 17
```

【程式說明】

1. 第6行，定義 first() 函數用來回傳字元 X 第一次出現在字串的位置。我們利用指標 pointer 指向輸入的字串位址。

2. 第9行，利用 for 迴圈一個字元一個字元處理，直到遇到結尾符號。

3. 第10行，利用 if 條件式比較陣列元素 *(pointer+i) 是否與 X 相等。

4. 第31行，宣告一個字串指標 S，其指向字串 "Hi. My name is Ann." 的開頭位址。

5. 第33行，呼叫 first() 函數，並將字串 S 的位址及字元 'a' 傳給函數。

11.7 字串陣列指標

上面談到許多整數陣列或浮點數陣列的例子，例如，當有許多相同性質的整數資料要存放在一起，可以使用整數陣列來匯集這些資料。現在如果有許多字串資料要處理，是不是也可以宣告字串陣列來存放呢？

是的，我們可以利用陣列宣告的方式，將字串資料放在一起，以方便管理。以下就是利用陣列方式，儲存多個字串的例子。

範例程式9： 字串陣列指標

```
1  // 程式名稱：11_pointerString.c
2  // 程式功能：字串陣列指標
3
4  #include <stdio.h>
5
6  int main()
7  {
8      char * S0 = "Hi. How do you do.";
9      char * S1 = "I am Ann.";
10     char * S2 = "Nice to meet you.";
11     char * S3 = "Wish you have a nice day.";
12
13     printf("%s\n", S0);
14     printf("%s\n", S1);
15     printf("%s\n", S2);
16     printf("%s\n", S3);
17
18     printf("\n=================\n");
19     char * S [4];
20     int i;
21     S[0] = "Hi. How do you do.";
22     S[1] = "I am Ann.";
23     S[2] = "Nice to meet you.";
```

```
24      S[3] = "Wish you have a nice day.";
25      for (i = 0; i < 4; i ++)
26         printf("%s\n", S[i]);
27
28      printf("\n================\n");
29      char * P[] = {"AAAA", "BBBB", "CCC", "dd", "eeeeee"};
30      for (i = 0; *P[i]; i++)
31         printf("%s\n", P[i]);
32
33      system("PAUSE");
34 }
```

【執行結果】

```
Hi. How do you do.
I am Ann.
Nice to meet you.
Wish you have a nice day.

================
Hi. How do you do.
I am Ann.
Nice to meet you.
Wish you have a nice day.

================
AAAA
BBBB
CCC
dd
eeeeee
```

【程式說明】

1. 第8-11行，宣告四個字串指標S0、S1、S2和S3。

2. 第13-16行，分別將字串S0、S1、S2和S3印出來。

3. 第19行，宣告一個字串陣列指標S，指向一個字串陣列的開頭位置，字串陣列內有四個字串。

4. 第21行，設定S的第一個字串是 "Hi. How do you do."。

5. 第25-26行，利用for迴圈將S[0]、S[1]、S[2]及S[3]字串印出來。

6. 第29行，宣告一個字串陣列指標P，指向字串陣列的開頭位置，字串陣列的內容為{"AAAA", "BBBB", "CCC", "dd", "eeeeee"}，表示第一個字串為 "AAAA"；第二個字串為 "BBBB"，依此類推。

7. 第30行，利用for迴圈印出P指向的所有字串，當遇到 *P[i] 為結尾符號時則停止。

11.8 指標與函數

第九章談到函數的定義及使用，我們將重複使用到的部分程式，另外寫成副程式，讓其他程式地能夠呼叫，以縮短程式碼，使得程式較容易維護。

例如，寫一個計算平均值的函數，

```
double avg (int array[], int n){
    int i, sum;
    for (i = 0; i<n; i++)
        sum = sum + array[i];          //計算陣列總合
    double avg = (double) sum/n;        //將總和除以n得到平均值
    return avg;                         //回傳平均值
}
```

avg()函數有兩個輸入參數值和一個輸出值。這個函數可以回傳一個結果，即平均值。

　　可是，如果希望函數能夠同時回傳總和及平均值時，這個函數就沒辦法做到了。該怎麼修改程式，才能讓函數同時回傳兩個以上的結果呢？這個時候指標就派得上用場了。要讓函數同時傳回兩個以上的結果時，我們就先選好幾個要放結果的空間，將這些空間的位址傳給函數，函數將計算出來的結果設定給這些空間，將來就可以直接取得這些空間上的結果。

　　下面舉一個計算身材標準與否的例子來說明。身材的算法有兩種，一種是計算標準體重，另一種是計算身體質量指數：

　　標準體重的算法如下：

　　　　男性的標準體重 ＝ [身高(公分) － 80] × 0.7
　　　　女性的標準體重 ＝ [身高(公分) － 70] × 0.6

　　體重比標準體重多百分之十或少百分之十以內均屬於標準體重。

　　計算身體質量指數 (Body Mass Index, BMI)的算法如下：

　　體重(公斤)除以身高(公尺)的平方(BMI＝Kg/m2)

　　BMI 在 20-25 之間為正常

　　BMI 在 25-28 之間為體重過重

　　BMI 大於 28 以上則為肥胖

　　我們利用一個函數 F，幫忙計算標準體重、身體質量指數，並且指出我們的身材是否達到標準。

範例程式10： 計算標準身材

```
1 // 程式名稱：11_weight.c
2 // 程式功能：計算標準身材
3 #include <stdio.h>
4
5 void F(int sex, int height, int weight, double * X,
          double * Y, char *result [])
6 {
```

```
 7     if (sex==0)
 8        *X = (height - 80) * 0.7;
 9     else
10        *X = (height - 70) * 0.6;
11     double w = (double)abs(*X - weight)/(double)weight ;
12     if ( w <= 0.1)
13        result[0] = "標準";
14     else
15        result[0] = "不標準";
16
17     *Y = (double)weight*10000/(double)(height*height);
18     if (*Y < 20)
19        result[1] = "過瘦";
20     else if (*Y < 25)
21        result[1] = "標準";
22     else if (*Y < 28)
23        result[1] = "過重";
24     else
25        result[1] = "肥胖";
26 }
27
28 int main(void)
29 {
30
31     int sex = 1;
32     int h = 161;
33     int w = 48;
34     double BMI, BL;
35     char * result[2];
36     F(sex, h, w, &BL, &BMI, result);
37
38     printf("您的身高為 %d \n", h);
39     printf("您的體重為 %d \n", w);
40
41     printf("\n標準體重為 %3.2f \n", BL);
```

```
42    printf("您的身材    %s \n", result[0]);
43
44    printf("\nBMI為       %3.2f \n", BMI);
45    printf("您的身材    %s \n", result[1]);
46    system("PAUSE");
47 }
```

【執行結果】

```
您的身高為     161
您的體重為     48

標準體重為     54.60
您的身材       不標準

BMI為          18.52
您的身材       過瘦
```

【程式說明】

1. 第5行，F()函數宣告，函數的輸入值有性別(sex)、身高(height)、體重(weight)、標準體重(X)、身體質量數(Y)及判定身材是否標準的評語(result字串陣列)。其中，X、Y及result字串陣列，是讓函數放置結果的空間位址。

2. 第7-8行，如果性別是男生，則標準體重的算法是身高減掉80，再乘0.7，將結果存放在X空間上。

3. 第11行，計算體重比標準體重的差距百分比。

4. 第12-13行，如果差距百分比小於百分之10，則result陣列的第一個評語result[0] = "標準"。

5. 第17行，計算身體質量數，並且將結果放到Y空間上。

6. 第18-19行，如果身體質量數小於20，則result陣列的第二個評語result[1] = "過瘦"。

7. 第34-35行，宣告三個空間BMI、BL及result字串陣列，用來存放計算的標準體重、身體質量數及評語。

8. 第36行，呼叫F()函數，將BMI、BL及result字串陣列的位址交給函數。

11.9 動態配置

除了上面敘述的指標功能外，指標還能夠做到動態配置，即指標不需要事先限定陣列的大小，可以等到程式執行時，再動態地給定陣列大小。

這項優點讓程式設計師能夠不必傷透腦筋到底要預留多大的空間給陣列，才不致於發生陣列空間不足，或陣列宣告太大，使得空間浪費太多。

首先，我們來回憶陣列該如何宣告。第九章中提到，陣列宣告的方式有

1. 資料型態 陣列名稱 [M];

2. 資料型態 陣列名稱 [M] = {初始值0, 初始值1, ...,初值k－1};

等方式。這兩種方式所宣告的陣列，稱之為靜態宣告，即當程式在編譯的時候，程式就已經跟記憶體要求M個空間位置，用來儲存資料。

而動態記憶體配置，則是在程式執行階段，才去跟記憶體要求空間。其宣告的語法如下：

```
【動態宣告 語法】
資料型態 *指標名稱 =
(資料型態*) malloc( sizeof(資料型態) * 資料長度);
```

例如，跟記憶體要求五個空間，用來存放整數資料。

```
int * A = (int *) malloc ( sizeof(int) * 5);
```

其中A是指標，用來指向這五個新建立的空間位置。其效果與陣列宣告

```
int A [5];
```

一樣。不同的是，陣列宣告的五個空間會在編譯的階段就產生，而malloc所配置的空間，則是要等到執行的階段才會真的產生出來。

換句話說，如果malloc的這行指令沒有被執行，則系統不用預設空間給陣列，以免造成不必要的浪費。

只是利用malloc()所產生的空間並不會自動消除掉，必須利用free()函數將malloc()要來的空間清除，不然會產生**記憶體溢出(Memory Leakage)**的問題，即記憶體會一直被佔用，而使得其它程式無法使用的情況。

malloc()和free()這兩個函數都是在stdlib.h裡面的工具，因此要使用這兩個函數，必須將stdlib.h檔案包含進來。

範例程式11： 動態取得空間

```
1  // 程式名稱：11_malloc.c
2  // 程式功能：動態取得空間
3
4  #include <stdio.h>
5  #include <stdlib.h>
6  int main()
7  {
8      int size=0, i;
9      int data;
10     int * pointer;
11     printf("input size:");
12     scanf("%d", &size);
13     pointer =(int*) malloc(sizeof(int)*size);
14     for (i = 0; i < size; i++){
15         printf("第 %d 筆資料：", i);
16         scanf("%d", &pointer[i]);
17     }
18     printf("\n輸入的資料為\n");
```

```
19    for (i = 0; i < size ; i ++){
20       printf("%d  ==> %d\n", i, *(pointer+i));
21    }
22    free(pointer);
23    system("PAUSE");
24 }
```

【執行結果】

```
input size:5
第 0 筆資料:12
第 1 筆資料:17
第 2 筆資料:19
第 3 筆資料:30
第 4 筆資料:20

輸入的資料為
0   ==> 12
1   ==> 17
2   ==> 19
3   ==> 30
4   ==> 20
```

【程式說明】

1. 第5行，將<stdlib.h>檔案包含進來，以使用malloc()及free()函數。

2. 第10行，宣告一個整數指標pointer。

3. 第11-12行，使用者指定欲輸入的資料大小size。

4. 第13行，動態地產生size個整數空間，並且設定指標pointer指向這些動態產生出來的空間。

5. 第16行，將輸入的資料放到陣列中。

6. 第22行，利用free()函數將pointer指向的空間釋放掉。

11.10 綜合練習

11.10.1 整數、浮點數參數值及參數位置

範例程式12： 讓使用者輸入四個整數及四個浮點數陣列，分別印出
輸入的值及參數位置

```
1    //程式名稱：11_ex_point1.c
2    //程式功能：讓使用者輸入四個參數，分別印出輸入的值及參數位置
3
4 void main(void)
5 {   int a, b, c, d;
6     float score [4];
7
8     printf("\n請輸入四個整數數值");
9     scanf("%d %d %d %d", &a, &b, &c, &d);
10    printf("\n數值為: %d, %d, %d, %d", a, b, c, d);
11    printf("\n位址為: %d, %d, %d, %d", &a, &b, &c, &d);
12
13    printf("\n\n請輸入四個浮點數數值");
14    scanf("%f %f %f %f", &score[0], &score[1], &score[2], &score[3]);
15    printf("\n數值為: %f, %f, %f, %f", score[0], score[1], score[2],
score[3]);
16    printf("\n位址為: %d, %d, %d, %d", &score[0], &score[1],
&score[2], &score[3]);
17    system ("pause");
18 }
```

【執行結果】

請輸入四個整數數值：6 3 2 5

數值為: 6, 3, 2, 5

位址為: 2293612, 2293608, 2293604, 2293600

請輸入四個浮點數數值：14.5 13.2 14.3 12.2

數值為: 14.500000, 13.200000, 14.300000, 12.200000

位址為: 2293584, 2293588, 2293592, 2293596

【程式說明】

1. 第9行，將使用者輸入的四個整數數值放入變數a, b, c, d中。

2. 第11行，顯示變數a, b, c, d的位址。

3. 第14行，將使用者輸入的四個浮點數數值放入陣列score中。

4. 第16行，顯示陣列score中每一個元素的位址。

⊃11.10.2 利用指標指向指標所指的變數

本範例要介紹如何製作間接指標，即利用指標指向某一個指標所指的變數。例如：指標p2指向p1指標所指的變數A。

範例程式13： 利用指標指向指標所指的變數

```
1     //程式名稱：11_ex_point2.c
2     //程式功能：利用指標指向指標所指的變數
3
4     #include <stdio.h>
5     int main()
6     {
7         int A = 50;
8         int *p1, *p2;
9         p1 = &A;
10        p2 = p1;
11
12        printf("修改前：\n");
13        printf("A   的值為 %d \t A 的位址為    %d\n", A, &A);
14        printf("*p1 的值為 %d \t p1 參照位址為 %d  p1 自己的位址為 %d\n",
      *p1, p1, &p1);
15        printf("*p2 的值為 %d \t p2 參照位址為 %d  p2 自己的位址為 %d\n",
      *p2, p2, &p2);
16
17        *p1 = 100;
```

```
18
19      printf("\n修改 *p1 後：\n");
20      printf("A    的值為 %d\n", A);
21      printf("*p1 的值為 %d\n", *p1);
22      printf("*p2 的值為 %d\n", *p2);
23
24      A = 299;
25
26      printf("\n修改 A 後：\n");
27      printf("A    的值為 %d\n", A);
28      printf("*p1 的值為 %d\n", *p1);
29      printf("*p2 的值為 %d\n", *p2);
30      system("PAUSE");
31  }
```

【執行結果】

修改前：

A   的值為 50   A 的位址為   2293620

*p1 的值為 50   p1 參照位址為 2293620   p1 自己的位址為 2293616

*p2 的值為 50   p2 參照位址為 2293620   p2 自己的位址為 2293612

修改 *p1 後：

A   的值為 100

*p1 的值為 100

*p2 的值為 100

修改 A 後：

A   的值為 299

*p1 的值為 299

*p2 的值為 299

【程式說明】

1. 第8行，宣告二個指標變數p1和p2。

2. 第9行，p1指標為A的位址。

3. 第10行，p2指標指的是p1的內容。

4. 第15行，顯示p2指標指的內容、參照位址及自己的位址。

5. 第22行，第17行修改p1指標指向的內容值後，再顯示p2指標指向的內容。

從執行結果可以看出，p2指標和p1指標指的東西是一樣的，這是因為p2指標參照位址和p1指標一樣，都是2293620，而二個指標位在不同的位址上，p1是在2293616，而p2是在2293612，示意圖如圖11.9所示。

所以，當程式修改*p1的值，即代表更動A的值；而指標p2指向的是A的位址，所以*p2顯示的即為A的內容。

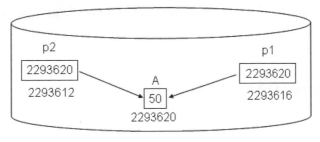

圖11.9　間接指標

⊃11.10.3 指標與二維陣列

以下範例將示範如何使用指標指向二維陣列。

範例程式14： 指標與二維陣列

```
1    //程式名稱：11_ex_pointer3.c
2    //程式功能：指標與二維陣列
3 #include <stdio.h>
4 int main()
5 {
```

```
6      int i,k;
7      int score [2][4] = {{30, 50, 20, 40},
8                          {20, 90, 70, 20}};
9      int * p_score;
10
11       printf("score 陣列的位址 %d \n", score);
12
13       //計算各維度成績平均值
14       int avg = 0;
15       for ( k = 0; k < 2; k++){
16           p_score = score[k];
17           printf("第 %d 維 p_score 記錄的位址 %d \n", k, p_score);
18           printf("p_score 自己的位址 %d \n \n", &p_score);
19
20           for (i = 0 ;i< 4 ; i++){
21               printf("陣列[%d][%d]=%d\t*(指標+%d)= %d\n", k, i ,score[k]
[i],i,*(p_score+i));
22               avg = avg + *(p_score+i) ;
23           }
24           printf("\n第%d維成績平均： %d\n", k, (avg/4));
25       }
26     system("PAUSE" );
27 }
```

【執行結果】

```
score 陣列的位址 2293568
第 0 維 p_score 記錄的位址 2293568
p_score 自己的位址 2293564

陣列[0][0]=30    *(指標+0)= 30
陣列[0][1]=50    *(指標+1)= 50
陣列[0][2]=20    *(指標+2)= 20
陣列[0][3]=40    *(指標+3)= 40
```

```
第0維成績平均： 35
第 1 維 p_score 記錄的位址 2293584
p_score 自己的位址 2293564
陣列[1][0]=20    *(指標+0)= 20
陣列[1][1]=90    *(指標+1)= 90
陣列[1][2]=70    *(指標+2)= 70
陣列[1][3]=20    *(指標+3)= 20

第1維成績平均： 85
```

【程式說明】

1. 第9行，宣告一個p_score指標，用來指向二維陣列資料。

2. 第15-25行，由於score有二個維度，所以利用k變數從0-1，計算二次平均成績。

3. 第16行，將p_score指標指向score[k]的位址，即指向第k個維度陣列的位址。

4. 第17行，顯示第k個維度時，p_score記錄的位址為何。

5. 第18行，顯示p_score本身的位址。

6. 第21行，顯示score[k][i]陣列內容，及指標*(p_score+i)的內容。

從執行結果可以看出，當程式處理第一個維度，即k=0時，p_score指標會指向score[0]的位址2293568，並透過*(p_score+i)將指標指向的內容顯示出來，此即為score[0][0]、score[0][1]、score[0][2]、score[0][3]的值。

當程式處理到第二個維度，即k=1時，p_score指標會指向score[1]的位址2293584，並透過*(p_score+i)將指標指向的內容顯示出來，此即為score[1][0]、score[1][1]、score[1][2]、score[1][3]的值。

p_score本身的位址不管執行到哪一個維度都不會變，都是在2293564。

由此可知，指標處理多維度以上的陣列時，只需將指標指向該維度第一個位址，即可利用*(p_score+i)取得陣列內容值。

➲11.10.4 利用指標合併字串，將字串s2合併到字串s1之後

本範例要介紹如何利用指標將字串s2的內容合併到字串s1之後，亦即接續到字串s1之後。例如：字串s1的內容為："我熱愛學習 C "，字串s2的內容為："程式語言"，兩者合併後，字串s1的內容成為："我熱愛學習 C 程式語言"。

我們用strcat()函數來進行合併，其原型如下：

```
int strcat(char *s1, char *s2);
```

範例程式15： 利用指標合併字串

```
1    //程式名稱：11_strcat.c
2    //程式功能：利用指標合併字串，將字串s2合併到字串s1之後
3
4 #include <stdio.h>
5 int strcat(char *s1, char *s2); //函數原型
6
7int main(void)
8 {
9    char s1 []= "I love C ";
10   char s2 []= "program";
11
12   printf("字串 s1 的內容為：%s\n",s1);
13   printf("字串 s2 的內容為：%s\n",s2);
14   strcat(s1, s2);
15   printf("將字串s2合併到字串s1之後，合併後字串 s1 的內容為：%s\n",s1);
16
17   system("PAUSE");
18   return 0;
19 }
```

```
20
21 int strcat(char * s1, char * s2)
22 {
23     int i = 0, j = 0;
24     int size_i = 0;
25     for(i =0; *(s1+i) ; i++){
26         size_i++;
27     }
28     for(j =0; *(s2+j) ; j++){
29         *(s1+size_i) = *(s2+j);
30         size_i++;
31     }
32     return 0;
33 }
```

【執行結果】

字串 s1 的內容為：I love C
字串 s2 的內容為：program
將字串s2合併到字串s1之後，合併後字串 s1 的內容為：I love C program

【程式說明】

1. 第14行，將字串s1及s2帶入strcat函數。

2. 第15行，顯示s1與s2合併後的結果。

3. 第25-27行，計算s1字串內容的長度。

4. 第28-31行，將s2的內容一個一個指定給s1。

5. 第29行，*(s1+size_i) = *(s2+j)為將s2第j個字元指定給s1第size_i個位元。

⊃11.10.5 指標、二維陣列與函數

本範例要介紹如何結合指標、二維陣列與函數。

範例程式16： 結合指標、二維陣列與函數

```c
1  //程式名稱：11_ex_pointer4.c
2  //程式功能：指標、二維陣列與函數
3  #include <stdio.h>
4  void countavg(int * p_score, int * result[])
5  {   int sum=0;
6      int i;
7      for (i = 0 ;i< 4 ; i++){
8         sum = sum + *(p_score+i) ;
9      }
10     result[0] = sum;
11     result[1] = (sum / 4);
12
13     return;
14 }
15 int main()
16 {
17     int i,k;
18     int score [2][4] = {{30, 50, 20, 40},
19                          {20, 90, 70, 20}};
20     int * p_score;
21     int * result[2];
22
23
24     //計算各維度成績平均值
25     for ( k = 0; k < 2; k++){
26        p_score = score[k];
27        countavg(p_score, result);
28        printf("第%d維成績總分：  %d\n", k, result[0] );
29        printf("第%d維成績平均：  %d\n", k, result[1]);
```

```
30      }
31
32      system("PAUSE");
33  }
```

【執行結果】

```
第0維成績總分： 140
第0維成績平均： 35
第1維成績總分： 200
第1維成績平均： 50
```

【程式說明】

1. 第4行，宣告一個countavg函數，帶入成績陣列指標p_score及結果陣列指標result。

2. 第8行，將p_score指向的成績值，一個一個抓出來做加總。

3. 第10行，最後加總結果放入result陣列第0號位置。

4. 第11行，平均值結果放入result陣列第1號位置。

5. 第27行，呼叫countavg函數。

11.11　後記

從這一章裡面可以知道，指標可以用於指示變數、陣列、字串的位址、資料型態及資料值。

讓指標指向一個變數的宣告方式有兩種，第一種方式為：

```
int * p;
p = &A;
```

第二種方式為：

```
int * p = &A;
```

指標 p 會指向一個存放整數資料的位址，p 裡面記錄的就是 A 的位址。當我們要取得指標指向的位址所對應的內容值時，就用 *p。

除了整數變數可以使用指標來處理外，字元、浮點數、雙精度數值等資料也可以使用。凡是變數可以做到的事情，指標都可以達成。

此外，第九章所談到的陣列，也是利用指標的概念所產生的。系統將零碎的空間集合起來，形成一個虛擬的大型空間，在這個虛擬的空間裡，每一個空間有一個虛擬位址，這個虛擬位址是連續的，我們看到程式顯示的位址，就是虛擬位址，系統再用指標來指示虛擬位址所對應的真實記憶體位址在那裡。

指標陣列的宣告方式，跟指標變數相似。不同的是，指標變數在設定時，是將變數的位址設給指標，而指標陣列在設定時，是將陣列的名稱設給指標，因為陣列名稱即代表陣列的位址。

指標也可以用來指向字串資料，其宣告的語法為：

```
char * 指標名稱 = 字串陣列名稱;
```

或

```
char * 指標名稱 = "字串內容";
```

我們還可以利用陣列宣告的方式，將字串資料放在一起，以指標字串陣列來管理。

函數宣告時允許有一個回傳值，可是，如果希望函數能夠同時回傳二個以上的結果，我們該怎麼做呢？

可以利用指標來達成這項任務。先選好幾個要放結果的空間，將這些空間的位址傳給函數，函數將計算出來的結果設定給這些空間，將來直接取得這些空間裡的結果即可。

除了上面敘述的指標功能外，指標還能夠做到動態配置，即指標不需事先限定陣列的大小，可以等到程式執行時，再動態地給定陣列大小。

靜態宣告是在編繹的階段就跟記憶體要求空間來儲存資料，而動態記憶體配置，則是在程式執行階段才去跟記憶體要求空間；換句話說，如果動態記憶體分配的指令沒有被執行，則系統不用預設空間給陣列，造成不必要的浪費。

11.12　習題

1.　請利用指標方式，將學生國文、英文、數學成績記錄下來，並且計算每位學生的平均分數，及各科成績的標準差。

2.　請利用指標方式，改寫氣泡排序法。

3.　請寫一個函數circle()計算圓面積及圓周。函數的輸入參數值為使用者輸入的半徑，circle()函數會將面積及圓周的結果，傳給主程式。

4.　請利用指標，將字串中的小寫字母轉成大寫字母。

5.　請利用指標，計算字串中各個字母出現的次數。

6.　利用指標撰寫一支程式，依序將字串s1、s2合併成字串s3。假設函數原型為：

```
int strcat(char *s1, char *s2, char *s3);
```

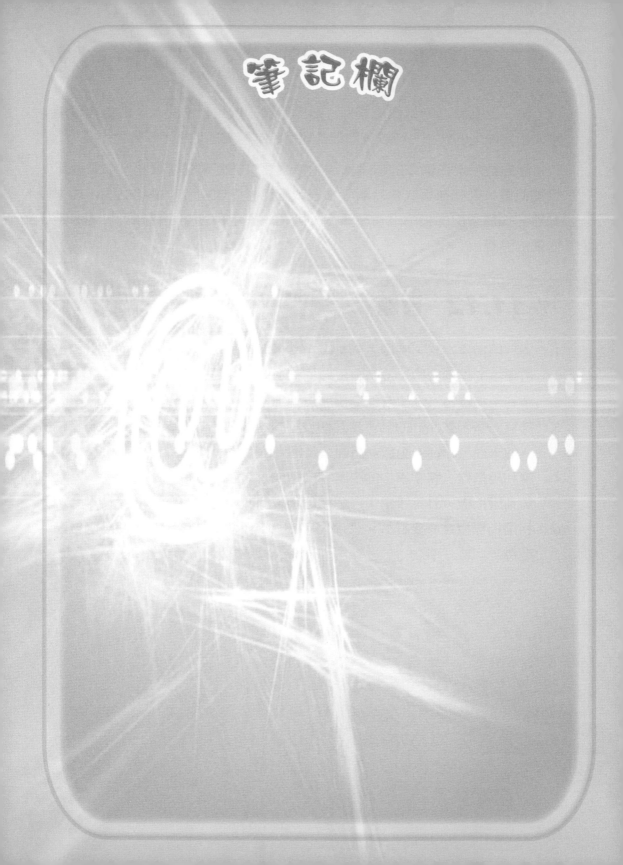

筆記欄

12 Chapter

結構與聯合

C程式語言導論與實例設計

12.1 前言

　　陳小姐是公司的會計小姐,她的工作是將公司每天的帳目資料都記錄下來。其中要記錄的科目包括有:水電費、電話費、郵費、差旅費、餐飲費、燃料費、文具費、現金收入、存款、支票、利息收入、信用卡、應收帳款等。

　　為了讓陳小姐方便處理這些資料,我們將這些收入、費用等不同科目資料,一一記錄在電腦中。但是,這麼多科目,如果每一項都記錄,就必須宣告許多變數,再一一將科目資料存起來。例如,

```
水電費: float we = 5600.9;
電話費: int tel = 1300;
郵電費: double post = 1247.25;
差旅費: int travel = 2055;
餐飲費: int food = 9841;
     ...
現金收入: int cash = 45,000;
應收帳號: double rec = 1,850,000.95;
```

　　這麼多的變數不但讓陳小姐一個頭兩個大,而且,雜亂無章的變數名稱也讓陳小姐傷透腦筋。

　　到了年底要做會計報表時,必須將上面的會計科目分成資產、負債、股東權益、收入、費用五大類,以製成資產負債表、利潤表、現金流量表、業主權益報表等。為了將這些會計科目分類,又得讓陳小姐加班到很晚。

　　有什麼辦法能夠讓屬於同一類的會計科目資料放在同一個地方,而且讓這些變數不要這麼雜亂無章呢?

　　針對這個問題,可以使用C語言提供的「結構(Struct)」來管理。我們將同一類的變數放在同一個結構中,有五大類會計科目,就以五個結構來匯集所有的會計科目,以此分門別類管理。

　　此外，因為匯差的關係，部分的會計科目有些時候是以美元表示，有些時候又必須轉換成台幣形式。例如，若是國內差旅費以台幣表示即可，而國際差旅費就必須以美元表示。但是，會計科目只設定一個差旅費，所以，會搞不清楚到底是美元表示或是台幣表示。換句話說，記錄差旅費的變數travel，有可能是整數型態，表示台幣，也有可能是浮點數型態，表示美元。

　　在上面已經定義travel是整數型態，如果再宣告travel為浮點數型態

```
double travel = 956.21;
```

則編譯時就會發生錯誤，因為重複定義了travel。那又該如何讓一個變數可以有多種不同型態呢？

　　這個問題就交給「聯合 (Union)」來解決吧！利用聯合的方式，可以允許變數在不同時間點有不同的資料表示格式，如此即可達到一個變數多種不同型態的目的。

　　這一章就是要教大家如何使用結構及聯合來幫陳小姐解決上面的問題。

　　本章學習主題包括：

　　➡ 認識結構
　　➡ 結構與陣列
　　➡ 結構與函數
　　➡ 結構與指標
　　➡ 聯合

12.2 認識結構

Amy這次期中考英文考了99分、數學95分、計概90分、物理85分。如果要將這些資料記錄下來，可以利用變數

```
int Amy_english = 99, Amy_math = 95, Amy_computer = 90, Amy_physics = 85;
```

來記錄。

現在如果又有Bob的成績要記錄時，也可以再宣告變數

```
int Bob_english = 45, Bob_math = 84, Bob_computer = 68, Bob_physics = 75;
```

用來記錄Bob的成績。

上面的例子可以看出，一個人的成績需要用四個變數來記錄，若是再多幾個人的資料，那麼宣告的變數就會以倍數成長。

或許讀者會想到利用第九章所介紹的「陣列」來改寫上面的儲存方式。例如，

```
int english [] = {99, 45},
math [] = {95, 84},
computer [] = {90, 68},
physics [] = {85, 75};
```

但是，這樣的儲存方式，很難看出來哪一個成績是Amy的，而哪一個又是Bob的。

12.2.1 結構宣告

為了能夠很明顯地區分那些資料是Amy的，那些資料是屬於Bob的，我們將屬於Amy的資料放在一個袋子中，屬於Bob的資料放在另一個袋子中。每個袋子都可以放英文、數學、計概、物理等資料。

而這個袋子就是由「**結構 (Struct)**」所定義的，結構的語法為：

【結構宣告 語法1】

```
struct 結構名稱
{
        資料型態    變數名稱 1;
        資料型態    變數名稱 2;
        ...
        資料型態    變數名稱 n;
};
結構名稱 結構變數1, 結構變數2, …, 結構變數k;
```

例如：

```
struct score
{
    int english;
    int math;
    int computer;
    int physics;
};
```

上面定義了一個結構名叫score，結構裡面可以放四個整數數值資料。

接著，用score結構做一個屬於Amy的袋子。

```
score Amy;
```

如此就可以產生一個Amy的袋子。再將成績資料一個一個放到袋子中，放的方式就是利用 '.' ，指定要將值放到Amy袋子中的那個變數上。例如

```
Amy.english = 99;
```

就是指定Amy袋子中english變數，其值為99，依此類推，

```
Amy.math = 95;
```

```
Amy.computer = 90;
Amy.physics = 85;
```

就會將其它的成績放到Amy的袋中。

當編譯器看到

```
struct score Amy;
```

的敘述時，會去跟記錄體要一塊空間，這塊空間有四個小格子，可以用來置放四個整數值。——將值填入後，其記憶體配置就像下圖一般：

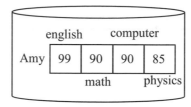

記憶體

圖12.1 Amy 結構的記憶體配置

若要再產生一個Bob的袋子來存放資料，就用score結構再做一個屬於Bob的袋子，

```
struct score Bob;
```

即可。

結構裡面的資料，除了可以是整數資料外，也可以是各種不同的資料型態，例如：

```
struct employee
{
    char * name;
    char address [100];
    float salary;
    int year;
    double works;
};
```

　　上面定義了一個員工的結構，結構裡面可以放員工的姓名、地址、基本薪資、年資及工作時數等不同資料型態的資料。

　　除了第一種語法宣告外，結構還有其他的宣告方式：

【結構宣告 語法2】

```
struct  結構名稱
{
        資料型態    變數名稱 1;
        資料型態    變數名稱 2;
        …
        資料型態    變數名稱 n;
} 結構變數1, 結構變數2, …, 結構變數k;
```

　　這裡我們直接將結構變數放在結構宣告的後面，以此方法設定結構變數。例如：

```
struct employee
{
    char * name;
    char * address;
    float salary;
    int year;
    double works;
} Tom, John;
```

　　上面的Tom及John即分別表示二名員工的資料。如果要設定Tom的名字及年資，就用

```
Tom.name = "林俊杰";
Tom.year = 5;
```

　　結構的第三種宣告方式，是在建立結構變數時，將結構內資料的初始值一併設定進去：

【結構宣告 語法3】

```
struct 結構名稱
{
      資料型態    變數名稱 1;
      資料型態    變數名稱 2;
      …
      資料型態    變數名稱 n;
} 結構變數 = {值1, 值2, …, 值n};
```

例如：

```
struct score
{
    int english;
    int math;
    int computer;
    int physics;
} Amy = {99, 90, 90, 85}, Bob = {45, 84, 68, 75};
```

建立socre結構後，將Amy及Bob設成 socre結構變數，並且將Amy及Bob的初始值一併設定進去。

範例程式1： 以結構儲存資料

```
1 // 程式名稱：12_struct1.c
2 // 程式功能：以結構儲存資料
3
4 #include <stdio.h>;
5 int main(void)
6 {
7     struct employee{
8         char * name;
9         char * address;
```

```
10      float salary;
11      int year;
12      double works;
13    } Tom, John= {"王立虹", "台北縣林口", 10000.0, 10, 45.15};
14    Tom.name = "林俊杰";
15    Tom.address = "台中縣霧峰鄉";
16    Tom.salary = 50000.10;
17    Tom.year = 3;
18    Tom.works = 98.75;
19
20    printf("Tom 的名字為：%s\n", Tom.name);
21    printf("Tom 的地址為：%s\n", Tom.address);
22    printf("Tom 的薪水為：%f\n", Tom.salary);
23    printf("Tom 的年資為：%d\n", Tom.year);
24    printf("Tom 的工時為：%f\n", Tom.works);
25
26    printf("\nJohn 的名字為：%s\n", John.name);
27    printf("John 的地址為：%s\n", John.address);
28    printf("John 的薪水為：%f\n", John.salary);
29    printf("John 的年資為：%d\n", John.year);
30    printf("John 的工時為：%f\n", John.works);
31    system("PAUSE");
32 }
```

【執行結果】

```
Tom 的名字為：林俊杰
Tom 的地址為：台中縣霧峰鄉
Tom 的薪水為：50000.101563
Tom 的年資為：3
Tom 的工時為：98.750000

John 的名字為：王立虹
John 的地址為：台北縣林口
John 的薪水為：10000.000000
John 的年資為：10
John 的工時為：45.150000
```

【程式說明】

1. 第7-13行,宣告一個結構employee,裡面可以存放姓名字串、地址字串、薪水、年資及工作時數,並且設定Tom及John為employee的結構變數。在設定John為employee結構時,順便將初始值設定給John。

2. 第14行,利用Tom.name找出Tom結構用來存放姓名的地方,將 "林俊杰" 設定給Tom.name。

3. 第20行,將Tom.name的資料顯示在畫面上。

⊃12.2.2 結構的應用

大致了解結構的宣告及使用之後,接著就利用結構來解決陳小姐的第一個問題。

會計科目主要可以分成五大類,**資產、負債、股東權益、收入、費用**,其中 "資產" 項下的會計科目有流動資產、現金、銀行存款、短期投資、應收票據、應收帳款等;"負債" 項下的會計科目有流動負債、銀行借款、銀行透支、應付票據等,依此類推。

我們產生五個結構,assets、debt、owner、income、charge,分別用來表示資產、負債、股東權益、收入、費用五大分類,並且將會計科目歸屬到不同的分類中。

陳小姐想要統計2005及2006年各個分類的小計情況,所以我們每一個結構都產生二個結構變數用來儲存資料,並且將各分類的會計科目做小計。

範例程式2： 以結構儲存會計科目資料

```c
 1  // 程式名稱：12_struct2.c
 2  // 程式功能：以結構儲存會計科目資料
 3
 4  #include <stdio.h>;
 5  int main(void)
 6  {
 7      struct assets{ //資產
 8          int floating; //流動資產
 9          int cash;       //現金
10          double bank; //銀行存款
11          float investment; //投資
12          double rec; //應收帳款
13      }ay2005 = {100, 50, 25, 30, 20}, ay2006 = {90, 10, 25, 35, 20};
14
15      struct debt{ //負債
16          double credit; //借款
17          double payable; //應付帳款
18          double tax; //應付稅款
19      }dy2005 = {12.5, 51.14, 12.1}, dy2006 = {33.17, 21.54, 20.1};
20
21      struct owner{ //業主權益
22          double retention; //保留盈餘
23          double reserve; //資本公積
24      }oy2005 = {15.4, 214.5}, oy2006 = {45.1, 210.1};
25
26      struct income{ //收入
27          double operating; //營業收入
28          double sale; //銷售收入
29      }iy2005 = {125.1, 10.1}, iy2006 = {15.24, 55.1};
30
31      struct charge{ //費用
32          float we ;// 水電費
33          int tel ; //電話費
```

```
34        double post ;  //郵電費
35        int travel ;  //差旅費
36        int food;  //餐飲費
37  }cy2005 = {23.3, 50, 12.99, 40, 58}, cy2006 = {94.3, 70, 33.12, 50, 90};
38
39    printf("                    \t2005 \t\t 2006 ");
40    printf("\n=======================================\n");
41    printf("資產\n");
42    printf("    流動資料  \t %3d    \t\t %3d   \n", ay2005.floating,
                                                   ay2006.floating);
43    printf("    現金       \t %3d    \t\t %3d   \n", ay2005.cash,
                                                   ay2006.cash);
44    printf("    銀行存款  \t %3.2f \t\t %3.2f \n", ay2005.bank,
                                                   ay2006.bank);
45    printf("    投資      \t %3.2f \t\t %3.2f \n", ay2005.investment,
                                                   ay2006.investment);
46    printf("    應收帳款  \t %3.2f \t\t %3.2f", ay2005.rec, ay2006.rec);
47    double sum2005 = ay2005.floating + ay2005.cash+ ay2005.bank +
                                ay2005.investment + ay2005.rec;
48    double sum2006 = ay2006.floating + ay2006.cash+ ay2006.bank +
                                ay2006.investment + ay2006.rec;
49    printf("\n     ----------------------------------------\n");
50    printf("    小計      \t %3.2f \t %3.2f \n", sum2005, sum2006);
51
52    printf("\n負債\n");
53    printf("    借款       \t %3.2f \t\t %3.2f   \n", dy2005.credit,
                                                   dy2006.credit);
54    printf("    應付帳款  \t %3.2f \t\t %3.2f   \n", dy2005.payable,
                                                   dy2006.payable);
55    printf("    應付稅款  \t %3.2f \t\t %3.2f", dy2005.tax, dy2006.tax);
56    sum2005 = dy2005.credit + dy2005.payable+ dy2005.tax ;
57    sum2006 = dy2006.credit + dy2006.payable+ dy2006.tax ;
58    printf("\n     -----------------------------------------\n");
59    printf("    小計      \t %3.2f \t\t %3.2f \n", sum2005, sum2006);
60
```

```
61    printf("\n業主權益 \n");
62    printf("     保留盈餘  \t %3.2f \t\t %3.2f  \n", oy2005.retention,
                                             oy2006.retention);
63    printf("     資本公積  \t %3.2f \t %3.2f ", oy2005.reserve,
                                             oy2006.reserve);
64    sum2005 = oy2005.retention + oy2005.reserve;
65    sum2006 = oy2006.retention + oy2006.reserve;
66    printf("\n     ----------------------------------------\n");
67    printf("     小計      \t %3.2f \t %3.2f \n", sum2005, sum2006);
68
69    printf("\n收入  \n");
70    printf("     營業收入   \t %3.2f \t %3.2f   \n", iy2005.operating,
                                             iy2006.operating);
71    printf("     銷售收入   \t %3.2f  \t %3.2f ", iy2005.sale,
                                             iy2006.sale);
72    sum2005 = iy2005.operating + iy2005.sale;
73    sum2006 = iy2006.operating + iy2006.sale;
74    printf("\n     ----------------------------------------\n");
75    printf("     小計      \t %3.2f \t %3.2f \n", sum2005, sum2006);
76
77    printf("費用\n");
78    printf("     水電費  \t %3.2f \t\t %3.2f   \n", cy2005.we, cy2006.we);
79    printf("     電話費  \t %3d   \t\t %3d   \n", cy2005.tel , cy2006.tel );
80    printf("     郵電費  \t %3.2f \t\t %3.2f \n", cy2005.post ,
                                             cy2006.post);
81    printf("     差旅費  \t %3d \t\t %3d \n", cy2005.travel ,
                                             cy2006.travel);
82    printf("     飲食費  \t %3d \t\t %3d", cy2005.food, cy2006.food);
83    sum2005 = cy2005.we+ cy2005.tel+ cy2005.post + cy2005.travel +
                                             cy2005.food;
84    sum2006 = cy2006.we+ cy2006.tel+ cy2006.post + cy2006.travel +
                                             cy2006.food;
85    printf("\n     ----------------------------------------\n");
86    printf("     小計      \t %3.2f \t %3.2f \n", sum2005, sum2006);
87
88    system("PAUSE");
89  }
```

【執行結果】

```
              2005              2006
==================================================
資産
      流動資料    100               90
      現金         50               10
      銀行存款    25.00            25.00
      投資        30.00            35.00
      應收帳款    20.00            20.00
      ------------------------------------------
      小計       225.00           180.00
負債
      借款        12.50            33.17
      應付帳款    51.14            21.54
      應付稅款    12.10            20.10
      ------------------------------------------
      小計        75.74            74.81
業主權益
      保留盈餘    15.40            45.10
      資本公積   214.50           210.10
      ------------------------------------------
      小計       229.90           255.20
收入
      營業收入   125.10            15.24
      銷售收入    10.10            55.10
      ------------------------------------------
      小計       135.20            70.34
費用
      水電費      23.30            94.30
      電話費         50               70
      郵電費      12.99            33.12
      差旅費         40               50
      飲食費         58               90
      ------------------------------------------
      小計       184.29           337.42
```

【程式說明】

1. 第7-13行，宣告一個結構assets，用來記錄資產類的會計科目資料。我們總共記錄了流動資產、現金、銀行存款、投資、應收帳款等資料，並且設定ay2005及ay2006為assets結構。在宣告結構的同時，將初始值一併設定進去。

2. 第47行，將2005年資產類的資料，加總起來形成小計。

12.3 結構與陣列

下面定義了員工的結構employee，

```
struct employee
{
    char * name;
    char * address;
    float salary;
    int year;
    double works;
}Tom, John;
```

並且設定Tom和John是employee結構變數，用來記錄二名員工的基本資料。如果公司有上百名甚至上千名員工，每個員工都取一個變數，用來記錄基本資料，那麼變數名稱的個數也是相當嚇人的。

為了方便管理這些員工資料，我們可以結合結構與陣列來管理大量資料。宣告結構陣列的語法，與陣列宣告是一樣的：

【結構陣列宣告 語法1】

```
struct 結構名稱
{
     資料型態    變數名稱 1;
     資料型態    變數名稱 2;
     ...
     資料型態    變數名稱 n;
};
struct 結構名稱   結構陣列名稱 [k];   //宣告
```

其中struct 是關鍵字，不可以省略；k是陣列大小，表示有多少結構要存放在陣列裡面。例如，

```
struct employee ABC [100];
```

表示宣告一個能夠存放100個employee型態資料的陣列，並且命名為ABC。當編譯器看到這行程式時，會去跟記憶體要求100塊空間，每一塊空間都可以存放姓名、地址、薪水、年資及工時，如下圖所示。

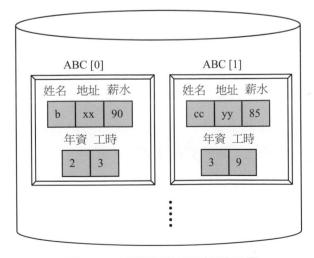

圖12.2　結構陣列的記憶體配置

跟陣列一樣，如果要存取結構陣列的元素內容，必須利用陣列索引值來指示要存取那一個結構資料，當找到陣列結構的位置後，再利用 "." 來取得結構中的變數。例如，要將資料存到第0號位置的結構中時，就利用

```
ABC[0].name = "b";
ABC[0].address = "xx";
ABC[0].salary = 90;
ABC[0].year = 2;
ABC[0].work = 3;
```

將值填到第0號位置結構的每個變數中。以下舉一個例子來說明。

範例程式3： 以結構陣列儲存資料

```
1 // 程式名稱：12_struct3.c
2 // 程式功能：以結構陣列儲存資料
3
4 #include <stdio.h>;
5 int main(void)
6 {
7     struct student{
8        char * name;
9        int Chinese;
10       int English;
11       int Math;
12     } score [3];
13
14     score[0].name = "林聰明";
15     score[0].Chinese = 95;
16     score[0].English = 75;
17     score[0].Math = 33;
18
19     score[1].name = "陳小春";
20     score[1].Chinese = 55;
21     score[1].English = 18;
22     score[1].Math = 93;
```

```
23
24    score[2].name = "周汶棋";
25    score[2].Chinese = 89;
26    score[2].English = 54;
27    score[2].Math = 36;
28    int i ;
29
30    for (i = 0; i < 3; i++){
31        printf("姓名：%s\n", score[i].name);
32        printf("國文：%d\n", score[i].Chinese);
33        printf("英文：%d\n", score[i].English);
34        printf("數學：%d\n", score[i].Math);
35    }
36
37    system("PAUSE");
38 }
39
```

【執行結果】

姓名：林聰明
國文：95
英文：75
數學：33
姓名：陳小春
國文：55
英文：18
數學：93
姓名：周汶棋
國文：89
英文：54
數學：36

【程式說明】

1. 第7-12行，宣告一個結構student，用來記錄學生的基本資料。裡面記錄了姓名、國文、英文及數學成績。在宣告結構的同時，設定一個陣列score，裡面可以存放三個student結構的資料。

2. 第14行，將姓名資料設定給陣列第0號位置的name欄位。

3. 第15行，將國文成績資料設定給陣列第0號位置的Chinese欄位。

12.4 結構內的資料型態

　　結構內的資料型態除了可以是整數、浮點數、倍精度數值、字元、字串之外，還可以是陣列、結構、指標等不同的資料型態喔！

　　例如，學生基本資料結構裡面，有一個項目是記錄期中考各科的成績，因為科目太多，所以利用陣列的方式，將成績資料儲存在結構中：

```
struct student{
    char * name;
    int mid [10];
    int final [5][6];
};
```

　　上面宣告了一個結構student，裡面可以記錄學生的姓名字串name、10科不同科目的期中考成績mid及5×6個期末考成績final。

　　當要記錄學生Amy的記錄時，就產生一個新的student結構，命名為Amy：

```
struct student Amy;
```

　　接著再將值設定給Amy裡面的變數：

```
Amy.name = "艾咪";
Amy.mid[0] = 95;
```

```
Amy.mid[1] = 85;
...
Amy.final[0][0] = 100;
Amy.final[0][1] = 97;
...
Amy.final[4][5] = 85;
```

上面結構裡有一維陣列及二維陣列的資料。若有三維或多維陣列的資料，也是採用相同的觀念。

除了陣列，有些時候陣列也會包含其他的結構。例如，如果要記錄員工的生日時，必須將生日的年、月、日分開來記錄。因此，我們產生一個記錄日期格式的結構date，裡面記錄年、月、日的整數資料：

```
struct date{
    int year;
    int month;
    int day;
};
```

接著，在產生員工結構時，記錄生日的資料項，就用date結構產生一個新的日期結構birthday，用來儲存每個員工的生日：

```
struct employee{
    char * name;
    struct date birthday;
};
```

要設定員工的資料時，就利用

```
struct employee Tom;
```

來產生一個新的employee結構，命名為Tom。接著設定Tom裡面儲存的資料

```
Tom.name = "湯姆";
Tom.birthday.year = 1977;
```

```
Tom.birthday.month = 10;
Tom.birthday.day = 10;
```

因為birthday 是日期結構date，結構下有三個變數year、month及day，所以必須再利用 "." 找到結構的最下層變數，才能將值設定給它。Tom結構的示意圖如下所示。

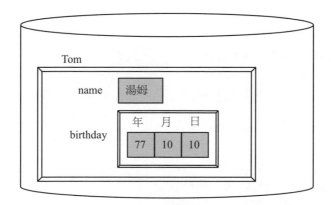

圖12.3　Tom結構的記憶體配置

下面舉一個例子說明，如何在結構裡面儲存陣列及結構資料。

範例程式4： 結構裡面還可以是結構跟陣列

```
1 // 程式名稱：12_struct4.c
2 // 程式功能：結構裡面還可以是結構跟陣列
3
4 #include <stdio.h>;
5 int main(void)
6 {
7     struct date{
8        int year;
9        int month;
10       int day;
11    };
12    struct student{
13       char * name;
```

```
14      struct date birthday;
15      int mid [2][2];
16  } score [2], Amy = {"艾咪", {1976, 4, 19}, {{98, 23},{100, 84}}};
17

18  score[0].name = "林聰明";
19  score[0].birthday.year = 1977;
20  score[0].birthday.month = 8;
21  score[0].birthday.day = 5;
22  score[0].mid[0][0] = 95;
23  score[0].mid[0][1] = 37;
24  score[0].mid[1][0] = 45;
25  score[0].mid[1][1] = 12;
26

27  score[1].name = "陳明貞";
28  score[1].birthday.year = 1980;
29  score[1].birthday.month = 3;
30  score[1].birthday.day = 6;
31  score[1].mid[0][0] = 50;
32  score[1].mid[0][1] = 45;
33  score[1].mid[1][0] = 98;
34  score[1].mid[1][1] = 65;
35

36  int size = sizeof(score)/sizeof(score[0]);
37  printf("陣列個數: %d\n", size);
38

39  int i;
40  for (i = 0; i < size; i++){
41      printf("姓名:%s\n", score[i].name);
42      printf("生日:%d/%d/%d\n", score[i].birthday.year,
                    score[i].birthday.month, score[i].birthday.day);
43      printf("期中考成績\n");
44      printf("    國文:%d\n", score[i].mid[0][0]);
45      printf("    英文:%d\n", score[i].mid[0][1]);
46      printf("    數學:%d\n", score[i].mid[1][0]);
47    printf("    計概:%d\n\n", score[i].mid[1][1]);
48  }
49
```

```
50     printf("姓名：%s\n", Amy.name);
51     printf("生日：%d/%d/%d\n", Amy.birthday.year,
                    Amy.birthday.month, Amy.birthday.day);
52     printf("期中考成績\n");
53     printf("    國文：%d\n", Amy.mid[0][0]);
54     printf("    英文：%d\n", Amy.mid[0][1]);
55     printf("    數學：%d\n", Amy.mid[1][0]);
56     printf("    計概：%d\n\n", Amy.mid[1][1]);
57
58     system("PAUSE");
59 }
```

【執行結果】

```
陣列個數： 2
姓名：林聰明
生日：1977/8/5
期中考成績
    國文：95
    英文：37
    數學：45
    計概：12

姓名：陳明貞
生日：1980/3/6
期中考成績
    國文：50
    英文：45
    數學：98
    計概：65

姓名：艾咪
生日：1976/4/19
期中考成績
    國文：98
    英文：23
    數學：100
    計概：84
```

【程式說明】

1. 第7-11行，宣告一個日期結構date，用來記錄日期資料。裡面記錄了年、月、日。

2. 第12-16行，宣告一個student結構，用來儲存學生的基本資料。裡面記錄有學生姓名name、生日birthday及期中考成績mid。其中birthday項目是一個結構資料型態，mid是陣列資料型態。在宣告student結構時，同時建立一個student陣列，命名為score，陣列裡面可以存放二個結構的資料。此外，再建立一個student結構，命名為Amy，並且一併設立初始值到Amy結構裡面。

3. 第19行，設定score陣列裡第一個結構裡birthday項目的 "年" 資料為1997。

4. 第36行，利用sizeof()取得陣列有多少個元素在裡面。

12.5 結構與指標

第十一章說明了指標可以用來處理變數、陣列、字串，除此之外，指標也可以用來處理結構資料。換句話說，指標可以用來管理結構裡面的資料。

指標結構的宣告如下：

【結構指標宣告 語法】

```
struct 結構名稱
{
        資料型態   變數名稱 1;
        資料型態   變數名稱 2;
        …
        資料型態   變數名稱 n;
```

```
}結構變數;
struct 結構名稱 *指標名稱;
指標名稱 = &結構變數;
```

　　首先，我們先定義一個結構，並且產生一個結構，命名為結構變數；接著，宣告一個能夠指向結構的指標，將指標指向結構變數的位址。舉一個例子來加以說明，

```
struct employee
{
    char * name;
    char address [100];
    float salary;
    int year;
    double works;
}Tom;
struct employee *ptr;
ptr = &Tom;
```

　　上面定義了一個employee的結構，並且產生一個employee結構，命名為Tom。接著，產生一個結構指標ptr專門用來指向employee結構。最後一行指令，就是將ptr指向結構變數Tom的位址。其結構指標示意圖如下：

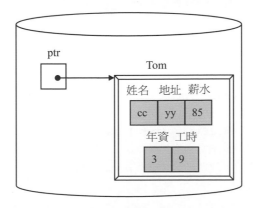

圖12.4　利用指標指向一個結構

當利用指標存取結構裡面的資料項目時，利用

1. (*結構指標名稱).欄位　或者
2. 結構指標名稱->欄位

這二種方式來存取結構裡面的內容。例如，要取得Tom裡面的薪水欄位 salary，可以寫成

```
(*ptr).salary   或者
 ptr -> salary
```

範例程式5： 結構與指標

```
 1 // 程式名稱：12_struct5.c
 2 // 程式功能：結構與指標
 3
 4 #include <stdio.h>;
 5 int main(void)
 6 {
 7    struct employee{
 8       char * name;
 9       char * address;
10       float salary;
11       int year;
12       double works;
13    } Tom = {"王立虹", "台北縣林口", 10000.0, 10, 45.15};
14
15    struct employee *ptr;
16    ptr = &Tom;
17
18    printf("姓名：%s\n", ptr->name);
19    printf("地址：%s\n", ptr->address);
20    printf("薪水：%4.2f\n", (*ptr).salary);
21    printf("年資：%d\n", (*ptr).year);
22    printf("工時：%4.2f\n", (*ptr).works);
23    system("PAUSE");
24 }
25
```

【執行結果】

```
姓名：王立虹
地址：台北縣林口
薪水：10000.00
年資：10
工時：45.15
```

【程式說明】

1. 第15行，宣告一個結構指標 ptr 專門用來指向 employee結構。

2. 第16行，設定 ptr 指向Tom的位址。

3. 第18行，利用 "->" 符號找出Tom結構中name的值。

4. 第20行，利用 "." 符號找出Tom結構中salary的值。這邊要注意的是 (*ptr) 的括號不可以省略，若寫成 *ptr.salary則在編譯時就會出錯。

上面的例子，我們利用結構指標指向一個結構變數Tom。現在如果結構指標指向的是陣列結構，又該如何處理呢？如下圖所示，結構指標 ptr 指向結構陣列ABC，那又該如何存取ABC裡面的資料呢？

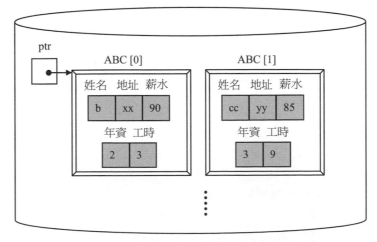

圖12.5　結構指標與結構陣列的記憶體配置

當利用結構指標存取結構陣列裡面的資料項目時，可以利用

1. (*(結構指標名稱+i)).欄位　或者

2. (結構指標名稱+i)->欄位

其中 i 表示陣列中第 i 個元素。例如，要取得ABC陣列裡，第2個元素的地址欄位address，可以寫成

```
(*(ptr+1)).address   或者
(ptr+1) -> address
```

範例程式6： 結構指標與結構陣列

```c
1 // 程式名稱：12_struct6.c
2 // 程式功能：結構指標與結構陣列
3
4 #include <stdio.h>;
5 int main(void)
6 {
7    struct date{
8       int year;
9       int month;
10      int day;
11   };
12   struct student{
13      char * name;
14      struct date birthday;
15      int mid [2][2];
16   } score [] = {{"林聰明", {1977,8,5}, {{95, 37}, {45, 12}}},
17                    {"陳明貞", {1980,3,6}, {{50, 45}, {98, 65}}}},
18     Amy = {"艾咪", {1976, 4, 19}, {{98, 23},{100, 84}}};
19
20   struct student *ptr1, *ptr2;
21   ptr1 = &Amy;
22   ptr2 = score;
23
```

```
24      printf("姓名：%s\n", ptr1->name);
25      printf("生日：%d/%d/%d\n", ptr1->birthday.year,
                      ptr1->birthday.month, ptr1->birthday.day);
26    printf("期中考成績\n");
27      printf("    國文：%d\n", (*ptr1).mid[0][0]);
28    printf("    英文：%d\n", (*ptr1).mid[0][1]);
29    printf("    數學：%d\n", (*ptr1).mid[1][0]);
30    printf("    計概：%d\n\n", (*ptr1).mid[1][1]);
31
32    int size = sizeof(score)/sizeof(score[0]);
33    printf("陣列個數：%d\n", size);
34
35    int i;
36    for (i = 0; i < size; i++){
37        printf("姓名：%s\n", (*(ptr2+i)).name);
38        printf("生日：%d/%d/%d\n", (*(ptr2+i)).birthday.year,
            (*(ptr2+i)).birthday.month, (*(ptr2+i)).birthday.day);
39        printf("期中考成績\n");
40        printf("    國文：%d\n", (ptr2+i)->mid[0][0]);
41        printf("    英文：%d\n", (ptr2+i)->mid[0][1]);
42        printf("    數學：%d\n", (ptr2+i)->mid[1][0]);
43        printf("    計概：%d\n\n", (ptr2+i)->mid[1][1]);
44    }
45
46    system("PAUSE");
47 }
48
```

【執行結果】

姓名：艾咪
生日：1976/4/1
期中考成績
    國文：98
    英文：23
    數學：100
    計概：84

```
陣列個數： 2
姓名：林聰明
生日：1977/8/5
期中考成績
    國文：95
    英文：37
    數學：45
    計概：12

姓名：陳明貞
生日：1980/3/6
期中考成績
    國文：50
    英文：45
    數學：98
    計概：65
```

【程式說明】

1. 第12-18行，宣告一個學生基本資料結構student，裡面的欄位有姓名、生日、期中考成績。其中生日欄位是由date結構所產生，而期中考成績是2*2的陣列。利用student結構產生一個score陣列，裡面有二個結構，分別用來存放 "林聰明" 及 "陳明貞" 的資料。此外，再利用student結構產生一個Amy結構變數，用來存放 "艾咪" 的資料。

2. 第20行，產生二個結構指標ptr1及ptr2，用來指向student結構。

3. 第21行，設定ptr1指標指向Amy結構變數的位址。

4. 第22行，設定ptr2指標指向score結構陣列的位址，因為score就代表陣列的開頭位址，故不需要使用&符號表示位址。

5. 第24行，利用 "->" 取出ptr1指標指向的結構中name欄位資料。

6. 第25行，取出ptr1指標指向的結構中birthday欄位資料，因為birthday

欄位是date結構，所以必須再利用 "." 找到最下層的變數名稱，例如 year、month及day。

7. 第27行，利用 "." 取出ptr1指標指向的結構中期中考欄位資料。其中 (*ptr1).mid[0][0] 表示期中考欄位第0列第0行的資料。除了上述的寫 法外，也可以利用 ptr1->mid[0][0]取得相同的值。

8. 第37行，取出ptr2指標指向的第i個結構中name欄位資料，除了 (*(ptr2+i)).name的寫法外，也可以利用 (ptr2+i)->name取得相 同的值。

9. 第38行，取出ptr2指標指向的第i個結構中birthday欄位資料，除了 (*(ptr2+i)).birthday.year的寫法外，也可以利用(ptr2+i)->birthday.year 取得相同的值。

10. 第40行，利用 "->" 取出ptr2指標指向的第i個結構中期中考欄位資 料。其中(ptr2+i)->mid[0][0]的寫法外，也可以利用(*(ptr2+i)).mid[0] [0]取得相同的值。

12.6 結構與函數

　　第八章介紹了函數的定義及使用，我們將許多重複執行的動作寫成一 個函數，例如列印學生基本資料函數、計算學生平均成績函數等，以縮短 程式碼之長度。函數在宣告時有兩個主要的部分，一個是輸入參數值，另 一個是輸出值。

　　輸入參數可以是整數、浮點數、字元、字串、陣列、指標等不同資料 型態的資料。可以不可以是結構呢？又該怎麼傳遞結構資料呢？

　　其實結構可以看成一般的資料型態，在函數傳遞時，將結構的名稱當 做輸入參數值即可。下面用一個例子來加以說明。

範例程式7： 結構與函數

```c
1  // 程式名稱：12_struct7.c
2  // 程式功能：結構與函數
3
4  #include <stdio.h>;
5  struct employee{
6      char * name;
7      char * address;
8      float salary;
9      int year;
10     double works;
11 } Tom = {"王立虹", "台北縣林口", 10000.0, 10, 45.15};
12
13 void test (struct employee es)
14 {
15     printf("函數內的結構位址：%d\n", &es);
16     printf("姓名：%s\n", es.name);
17     printf("地址：%s\n", es.address);
18     printf("薪水：%4.2f\n", es.salary);
19     printf("年資：%d\n", es.year);
20     printf("工時：%4.2f\n", es.works);
21 }
22 int main(void)
23 {
24     printf("Tom    的結構位址：%d\n", &Tom);
25     test(Tom);
26     system("PAUSE");
27 }
28
```

【執行結果】

```
Tom    的結構位址： 4202496
函數內的結構位址： 2293568
姓名：王立虹
地址：台北縣林口
薪水：10000.00
年資：10
工時：45.15
```

【程式說明】

1. 第5-11行，宣告一個結構employee。請注意employee結構宣告的地方是在main函數的外面，即employee結構是一個全域結構，任何在12_struct7.c檔案裡面的函數都可以使用它。

2. 第13-21行，定義一個test函數，用來將employee結構裡面的資料列印出來。函數的輸入參數是一個employee結構的資料，命名為es。

3. 第15行，將es的位址列印出來。

4. 第24行，將Tom的位址列印出來。

5. 第25行，呼叫test()函數，將Tom裡面的資料列印出來。

從執行結果可以看出，Tom結構的位址在4202496，當呼叫test()函數時，程式會拷貝一份Tom的資料放在位址2293568。再將在2293568位址的資料列印出來。

上面的做法，程式需要另外再跟記憶體要求空間儲存es的資料，造成不必要的浪費。因此，我們可以利用上一小節談到的結構指標方式，在函數呼叫時，傳遞結構的位址，即以Call by Reference的方式，直接將Tom的資料列印出來，而不需要再額外拷貝一份相同的資料。

下面利用結構指標來傳遞結構，將學生成績列印出來。

範例程式8： 結構指標與函數

```
 1 // 程式名稱：12_struct8.c
 2 // 程式功能：結構指標與函數
 3
 4 #include <stdio.h>;
 5 struct date{
 6   int year;
 7   int month;
 8   int day;
 9 };
10 struct student{
11   char * name;
12   struct date birthday;
13   int mid [2][2];
14 } score [] = {{"林聰明", {1977,8,5},  {{95, 37}, {45, 12}}},
15                {"陳明貞", {1980,3,6},  {{50, 45}, {98, 65}}},
16                {"艾咪",   {1976,4,19}, {{98, 23},{100, 84}}}};
17
18 void test (struct student *ptr)
19 {
20    printf("姓名：%s\n", ptr->name);
21    printf("生日：%d/%d/%d\n", ptr->birthday.year, ptr->birthday.month,
                    ptr->birthday.day);
22    printf("期中考成績\n");
23    printf("    國文：%d\n", (*ptr).mid[0][0]);
24    printf("    英文：%d\n", (*ptr).mid[0][1]);
25    printf("    數學：%d\n", (*ptr).mid[1][0]);
26    printf("    計概：%d\n\n", (*ptr).mid[1][1]);
27
28 }
29
30 int main(void)
31 {
32    int size = sizeof(score)/sizeof(score[0]);
```

```
33    printf("陣列個數：%d\n", size);
34
35    int i;
36    for (i = 0; i < size; i++){
37        test(&score[i]);
38    }
39    system("PAUSE");
40 }
```

【執行結果】

陣列個數：3
姓名：林聰明
生日：1977/8/5
期中考成績
　　國文：95
　　英文：37
　　數學：45
　　計概：12

姓名：陳明貞
生日：1980/3/6
期中考成績
　　國文：50
　　英文：45
　　數學：98
　　計概：65

姓名：艾咪
生日：1976/4/19
期中考成績
　　國文：98
　　英文：23
　　數學：100
　　計概：84

【程式說明】

1. 第18行，宣告一個函數test()用來列印學生基本資料，其輸入參數是student結構的結構指標，命名為 ptr。

2. 第37行，呼叫test()函數，並且將score陣列第 i 個元素的位址傳給test()函數。

12.7 聯合

陳小姐的第二個問題是有些會計科目在不同時期，必須以不同幣別來表示，例如差旅費這個會計科目，平時是以台幣表示的，但若是有同事去國外出差，就必須轉換成美元表示。

為了能夠區分這兩種不同的幣別，我們必須宣告二個不同的變數

```
int travel_NT; 及
float travel_US;
```

用來表示台幣及美元。如果所有的費用科目都必須以二種不同的幣別來表示，那就需要宣告二倍的變數名稱來儲存費用資料。

為了減少宣告變數的數量，可以將屬於相同會計科目的變數放在一個結構中，以方便管理。例如，上面二個同屬於差旅費的變數，放到一個結構中，

```
struct charge{
    int NT;
    double US;
} travel;
```

上面宣告了一個費用的結構charge，裡面可以儲存台幣跟美元二種不同的幣別資料，並且利用charge結構產生一個travel，用來記錄差旅費。travel結構的記憶體配置如下圖所示。

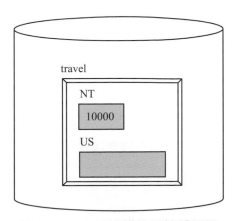

圖12.6　travel結構的記憶體配置

　　假如系統以4個位元組表示一個整數，8個位元組表示一個雙倍精度的數值，那travel結構總共佔了12個位元組，即使US變數沒有儲存資料，系統仍會配置12個位元組的空間給travel結構。

　　然而，費用科目以美元表示的時機並不多，但為了防範萬一，還是必須為美元的資料保留一個空間。這樣的做法，會造成一些不必要的浪費。

　　為了解決這個問題，C語言提供一個予許變數能夠擁有兩種以上不同型態的資料型態—**聯合 (Union)**。

　　聯合跟結構有點像，都是將相同性質的資料收集在一起。我們將charge的結構以union方式改寫：

```
union union_charge{
    int NT;
    double US;
} union_travel;
```

　　可以發現struct跟union的語法幾乎一模一樣，不同的是，在一個時間點，union中的變數只有一個是有效的。換句話說，如果要記錄的是美元的資料，那變數US就會有效，NT就會失效；反之，若要記錄的是台幣的資料，那變數NT就會有效，US就會失效。

為什麼會這樣呢？這是因為NT與US的記憶體位置是放在一起的，union_Travel的記憶體配置如下圖所示：

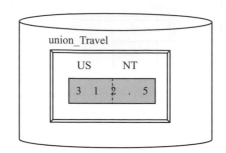

圖12.7　union_Travel結構的記憶體配置

當union宣告時，系統會在union變數中找尋佔記憶體最大的變數，其所佔的空間就是整個union的空間。例如，在union_Travel結構中，NT佔了4個位元組，US佔了8個位元組，所以系統配置8個位元組給整個union_Travel結構。當union_Travel記錄的是台幣資料時，資料就儲存在後面4個位元組中；若記錄的是美元資料時，資料就儲存在8個位元組中。

上面的例子，結構佔了12個位元組，而聯合只佔了8個位元組，所以union減少了許多的記憶體空間。

但是如果union_Travel現在記錄的是美元的資料，但我們硬是要取出台幣的資料，則取出來的值就會不正確，因為系統只會取出後4個位元組的資料，取出來的值是無法預知的。以下舉一個例子來加以說明。

範例程式9： 聯合的應用

```
1 // 程式名稱：12_union.c
2 // 程式功能：聯合的應用
3 #include <stdio.h>;
4 int main(void)
5 {
6     union charge{
7         int NT;
```

```
 8      double US;
 9    };
10    union charge travel;
11
12    printf("NT size: %d \nUS size: %d\n", sizeof(travel.NT),
                 sizeof(travel.US));
13    printf("union size: %d\n", sizeof(travel));
14
15    travel.NT = 10000;
16    printf("旅費 = NT %d\n", travel.NT);
17    printf("     = US %4.2f\n", travel.US);
18
19    travel.US = 998.54;
20    printf("旅費 = NT %d\n", travel.NT);
21    printf("     = US %4.2f\n", travel.US);
22    system("PAUSE");
23 }
```

【執行結果】

```
NT size: 4
US size: 8
union size: 8
旅費 = NT 10000
    = US 0.00
旅費 = NT -343597384
    = US 998.54
```

【程式說明】

1. 第6-9行，宣告一個union命名為charge，裡面可以記錄新台幣 NT及美元US的資料。

2. 第10行，利用charge產生一個新的union，並且命名為travel。

3. 第12行，利用sizeof()取得travel裡面的NT及US欄位佔有多少記憶體空間。

4. 第13行，利用sizeof()取得 travel佔有多少記憶體空間。

5. 第15行，設定travel裡面的台幣資料是10000。

6. 第16行，將travel的台幣資料列印出來。

7. 第19行，設定travel裡面的美元資料是998.54。

從執行結果可以看出，當travel在宣告時，系統會去跟記憶體要求4個位元組用來儲存NT，要求8個位元組用來儲存US，而整個travel只佔了8個位元組，即travel裡面佔最大記憶體空間的US其所佔的位元組。

當第15行宣告NT的資料為10000時，會將資料放在後4個位元組中，第16行印出travel.NT的資料就是10000。此時，前4個位元組並沒有給值，所以當列印出travel.US時，會無法預估究竟會出現什麼值。

當第19行宣告US的資料為998.54時，資料會佔滿整個8個位元組。而第20行印出travel.NT資料時，只抓到後面4個位元組，所以會出現－343597384的值。

有了union的協助，我們就可以幫陳小姐將費用相關的會計科目資料記錄下來，並且可以將費用表示成美元及台幣兩種不同的幣別。

12.8 綜合練習

◯12.8.1 結構宣告範例

假設有一家汽車公司要記錄每台車子的基本資料，該如何以結構的方式進行宣告呢?

範例程式10： 汽車結構宣告

```
1    //程式名稱：12_ex_struct1.c
2    //程式功能：以結構儲存汽車資料
3
4    #include <stdio.h>;
5    int main(void)
6    {
7        struct car{
8            char * board;    //廠牌
9            int ccn;          //cc數
10           int year;         //出廠年份
11           char * color;     //顏色
12           int cartype;      //種類  1.休旅車 2.轎車 3.貨車 4.吉普車
13        }Lancer, CRV;
14
15       Lancer.board = "Mitsubishi";
16       Lancer.ccn = 1600;
17       Lancer.year = 2000;
18       Lancer.color = "black";
19       Lancer.cartype = 2;
20
21
22       printf("Lancer 的廠牌為：%s\n", Lancer.board);
23       printf("Lancer 的cc數為：%d\n", Lancer.ccn);
24       printf("Lancer 的出廠年份為：%d\n", Lancer.year);
25       printf("Lancer 的顏色為：%s\n", Lancer.color);
26       printf("Lancer 的種類為：" );
27       switch (Lancer.cartype)
28       {
29           case 1: printf("休旅車" ); break;
30           case 2: printf("轎車" ); break;
31           case 3: printf("貨車" ); break;
32           case 4: printf("吉普車" ); break;
33       }
```

```
34
35      CRV.board = "Honda";
36      CRV.ccn = 2400;
37      CRV.year = 2010;
38      CRV.color = "red";
39      CRV.cartype = 1;
40
41      printf("\nCRV 的廠牌為:%s\n", CRV.board);
42      printf("CRV 的cc數為:%d\n", CRV.ccn);
43      printf("CRV 的出廠年份為:%d\n", CRV.year);
44      printf("CRV 的顏色為:%s\n", CRV.color);
45      printf("CRV 的種類為:" );
46      switch (CRV.cartype)
47      {
48          case 1: printf("休旅車" ); break;
49          case 2: printf("轎車" ); break;
50          case 3: printf("貨車" ); break;
51          case 4: printf("吉普車" ); break;
52      }
53
54      system("PAUSE");
55  }
```

【執行結果】

```
Lancer 的廠牌為:Mitsubishi
Lancer 的cc數為:1600
Lancer 的出廠年份為:2000
Lancer 的顏色為:black
Lancer 的種類為:轎車
CRV 的廠牌為:Honda
CRV 的cc數為:2400
CRV 的出廠年份為:2010
CRV 的顏色為:red
CRV 的種類為:休旅車
```

【程式說明】

1. 第7-13行，宣告一個結構，裡面包含汽車的基本資料，如廠牌、cc數、出廠年份、顏色及種類等，並宣告二個結構變數Lancer及CRV。

2. 第27-33行，因car結構中，汽車種類cartype是以整數數值記載，若要顯示相對應的中文名稱，就可利用switch方式進行判斷，若cartype = 1，則顯示休旅車；若cartype = 2，則顯示轎車；以此類推。

⊃12.8.2 指標、陣列與結構範例─業績獎金計算

A公司有二個部門，每個部門各有二名員工，請宣告一個結構記錄員工的姓名、年資、業績及業績獎金，並計算每位員工的業績獎金，業績獎金的算法是業績的1%再乘上年資。

範例程式11： 業績獎金計算

```
1   //程式名稱：12_ex_struct2.c
2   //程式功能：指標、結構與二維陣列
3  #include <stdio.h>
4   int main()
5   {
6       int i,j;
7       struct employee{
8               char * name;
9               int year;          //年資
10              float results;    //業績
11              float bonus;      //獎金
12          };
13
14      struct employee ABC [2][2]; //二個部門各有二名員工
```

```
15
16       ABC[0][0].name = "林鳳嬌";
17       ABC[0][0].year = 10;
18       ABC[0][0].results = 5000.7;
19
20       ABC[0][1].name = "陳小春";
21       ABC[0][1].year = 5;
22       ABC[0][1].results = 10000.5;
23
24       ABC[1][0].name = "王美雪";
25       ABC[1][0].year = 1;
26       ABC[1][0].results = 2000;
27
28       ABC[1][1].name = "汪寶寶";
29       ABC[1][1].year = 20;
30       ABC[1][1].results = 150000;
31
32       struct employee *ptr;
33       for (i = 0; i < 2; i++){
34          ptr = ABC[i];
35          for (j = 0; j < 2; j++){
36
37             (ptr+j)->bonus = (ptr+j)->year * (ptr+j)->results * 0.01;
38             printf("\n %s 獎金 %f ",(ptr+j)->name, (ptr+j)->bonus );
39          }
40       }
41       system("PAUSE");
42  }
```

【執行結果】

```
林鳳嬌 獎金 500.070007
陳小春 獎金 500.024994
王美雪 獎金 20.000000
汪寶寶 獎金 30000.000000
```

【程式說明】

1. 第7-12行，宣告一個employee結構，裡面可以存放員工的姓名、年資、業績及業績獎金。

2. 第14行，宣告ABC為一個2×2大小的陣列，裡面存放的資料為employee結構。

3. 第32行，宣告一個指標prt，指向employee結構。

4. 第34行，令指標prt指向ABC第i個維度的陣列所在。

5. 第37行，計算指標prt指向的第j個員工業績獎金，獎金的算法為年資(ptr+j)->year 乘上業績 (ptr+j)->results，再乘以1%。

6. 第38行，將第j個員工姓名及其業績獎金顯示出來。

⊃12.8.3　巢狀結構—年資自動計算

改寫範例程式11，讓員工的年資是自動計算的。為了讓年資能夠自動算出，我們另外宣告一個date的結構，裡面包含了年、月、日的資料，並且在employee結構中加入記錄員工到職日的date結構duty，利用duty裡面的year記錄員工到職年份，再利用C語言自動抓取系統日期的函數，抓取今年的年份，與員工到職年份進行運算，以求得員工的年資及業績獎金。

範例程式12： 員工的年資及業績獎金計算

```
1   //程式名稱：12_ex_struct3.c
2   //程式功能：巢狀結構—員工的年資及業績獎金計算
3 #include <stdio.h>
4 #include <time.h>
5 int main()
6 {
7     time_t seconds = time(NULL);
8     int today = localtime(&seconds)->tm_year + 1900;
```

```
9      printf("今年是：%d 年\n", today);
10
11     int i,j;
12     struct date{
13          int year;
14          int month;
15          int day;
16     };
17     struct employee{
18        char * name;
19        int year;          //年資
20        float results;     //業績
21        float bonus;       //獎金
22        struct date duty;
23     };
24
25     struct employee ABC [2][2]; //二個部門各有二名員工
26
27     ABC[0][0].name = "林鳳嬌";
28     ABC[0][0].results = 5000.7;
29     ABC[0][0].duty.year = 1990;
30
31     ABC[0][1].name = "陳小春";
32     ABC[0][1].results = 10000.5;
33     ABC[0][1].duty.year = 1998;
34
35     ABC[1][0].name = "王美雪";
36     ABC[1][0].results = 2000;
37     ABC[1][0].duty.year = 2000;
38
39     ABC[1][1].name = "汪寶寶";
40     ABC[1][1].results = 150000;
41     ABC[1][1].duty.year = 2005;
42
43
```

```
44    struct employee *ptr;
45    for (i = 0; i < 2; i++){
46      ptr = ABC[i];
47       for (j = 0; j < 2; j++){
48          (ptr+j)->year = today - (ptr+j)->duty.year;
49          (ptr+j)->bonus = (ptr+j)->year * (ptr+j)->results * 0.01;
50          printf("\n%s 年資 %d 獎金 %f ",(ptr+j)->name, (ptr+j)-
>year, (ptr+j)->bonus );
51       }
52    }
53    system("PAUSE");
54 }
```

【執行結果】

```
今年是：2011 年

林鳳嬌 年資 21 獎金 1050.147095
陳小春 年資 13 獎金 1300.064941
王美雪 年資 11 獎金 220.000000
汪寶寶 年資 6 獎金 9000.000000
```

【程式說明】

1. 第4行，C語言與日期相關的函數都放在time.h的函數庫，若要使用自動抓取今天日期的函數，就必須先將time.h函數庫包含進來。

2. 第7行，宣告一個time_t的結構變數seconds，time(NULL)是傳回從1970-1-1 00:00:00到目前時間的秒數。

3. 第8行，抓到目前的秒數seconds後，再利用localtime函數轉換second成為當地區域時間，localtime函數功能如下：

   ```
   localtime(*time_t)：由time_t取得秒數
   ```

   接著將區域時間轉換為時間結構，在時間結構裡有一個變數tm_year

就是記錄年份，但是這個年份是從1900開始算起，所以我們必須再加上1900才能推算出今年正確的年份。

4. 第9行，顯示今年的年份today。

5. 第12-16行，宣告一個date結構，裡面包含了年year、月month、日day三個資料。

6. 第22行，在employee結構裡面放一個date結構變數duty，用來記錄員工的到職年、月、日。

7. 第29行，設定員工的到職年份。

8. 第48行，計算員工的年資，(ptr+j)->year表示第j位員工的年資，年資計算是利用今年的年份today減去員工到職日的年份，即today - (ptr+j)->duty.year。

9. 第49行，再利用年資計算業績獎金。

12.9 後記

這一章介紹如何利用結構將相同性質的資料收集在一起，以方便管理。結構的宣告方式為

```
struct 結構名稱
{
    資料型態   變數名稱 1;
    資料型態   變數名稱 2;
    ...
    資料型態   變數名稱 n;
} 結構變數1, 結構變數2, …, 結構變數k;
```

透過結構的宣告，可以將屬於同一位員工的資料收集在同一個結構中，結構中的變數就像欄位一樣。要取得該員工的欄位資料，則利用 "." 運算元取得即可。若公司員工有上百人以上，則可利用結構陣列來管理大量

資料，宣告結構陣列的語法，與陣列宣告是一樣的。

　　結構內的資料型態除了可以是整數、浮點數、倍精度數值、字元、字串之外，還可以是陣列、結構、指標等不同的資料型態。若結構中還有結構，我們稱之為「**巢狀結構**」，要取得巢狀結構裡面的資料，則必須再利用 "." 運算元找到最下層的變數名稱，才能存取變數的值。

　　指標除了可以用來處理變數、陣列、字串之外，也可以用來管理結構裡面的資料。當利用指標存取結構裡面的資料項目時，則利用

1. (*結構指標名稱).欄位　或者

2. 結構指標名稱 -> 欄位

這兩種方式來存取結構裡面的內容。

　　函數在傳遞輸入參數時，也可以傳遞整個結構過去，只要將結構的名稱當做輸入參數值傳給函數即可。這樣的傳遞方式稱為Call by Value，程式會拷貝一份相同的結構在記憶體中。

　　為了減少不必要的浪費，可以利用結構指標方式，在函數呼叫時，傳遞結構的位址，即以Call by Reference的方式，函數再以指標方式取得結構的位址，如此就不需要再額外拷貝一份相同的資料了。

　　為了讓變數能夠同時擁有兩種以上不同型態的資料型態，C語言甚至進一步地提供聯合(Union)的概念，讓變數在不同的時間點，有不同的資料型態及表示方法，以減少記憶體的浪費。

12.10 習題

1. 範例程式2 中，陳小姐只計算了2005及2006年的資料。請以陣列改寫範例程式2，讓程式可以顯示1990-2006年的資料，並計算不同分類的小計。

2. 假設班上共有50名學生，請定義一個學生資料結構student，以記錄學生的姓名、電話、地址、生日、英文成績、數學成績、國文成績。生日欄位是由日期結構所構成的。

3. 請利用 [習題2]的student結構，寫出一個能夠讓使用者輸入學生基本資料的程式。

4. 請計算 [習題3] 各位學生的平均成績。

5. 請計算 [習題3] 班上同學各科的平均成績。

6. 請利用生日欄位計算每位同學的年齡。

7. 請參考範例程式11-12_ex_struct2.c程式，計算每個部門的平均業績及業績獎金。

8. 請改寫習題7的程式，讓計算每個部門的平均業績及業績獎金的程式以函數方式呈現，且僅使用一個函數即可同時回傳平均業績及業績獎金。

9. 請改寫習題8的程式，讓員工的年資是以員工到職日進行運算，如範例程式12，並且重新計算員工業績獎金。

13 Chapter

資料檔案管理

13.1 前言

張老師是大學教授，這學期總共教了四門課，分別是計算機概論、影像處理、資訊安全及資料結構，每一門課大約都有四十位以上的同學修課。為了測試學生的能力，每一個課程都有作業、小考、期中考及期末考。

張老師該如何記錄學生平時的出缺勤資料、各類小考的成績、期中及期末的分數呢？

學期結束了，每一個科目都要計算最後的平均分數，要如何將記錄的成績資料取出來，以計算最後的期末成績呢？

請幫張老師寫一個能夠將學生資料儲存起來；需要時，能夠將資料取出來的成績資料管理系統。系統的功能包括：

1. 基本資料讀取。

2. 考試成績檔案管理。

3. 期末成績計算。

本章學習主題包括：

➡ 檔案讀取

➡ 檔案寫入

➡ 資料搜尋

➡ 資料修改

13.2 資料讀取

教務處給了張教授一份學生基本資料文字檔「student.txt」，裡面記錄學生的學號、姓名、聯絡電話及住址資料。請幫張教授寫一個程式，將學生的資料從文字檔裡面讀取出來，並且顯示在螢幕上。

⊃13.2.1　檔案開檔fopen()、讀取字元fgetc()、檔案關檔fclose()

要將資料從檔案中取出來，包含了幾個動作：開檔、讀取及關檔。

開檔：在開檔的動作裡，必須告訴程式，要打開的檔案名稱叫什麼、是放在哪一個位置上。檔案找到後，利用一個指標指向檔案的開頭位置。

讀取：依據指標指向的位置，一個字元一個字元，或一個字串一個字串的將資料從檔案中取出來。

關檔：再將指標指向的檔案關閉。

想像「檔案總管」就像一個大書櫃一般，上面放著許許多多的檔案及子目錄，而「檔案」就是一本本的書。平常不用時，就閤起來放在架子上，等想看某本書時，先找到這本書在書櫃的那個位置，再從書架上將書拿下來，打開書，一字一句地閱讀。等書看完了，再將書閤起來放回原位。

圖13.1　「檔案總管」與「檔案」

同樣的道理，當要讀取某一個檔案時，必須先找到檔案在「檔案總管」的那個位置，再將檔案打開來，一個字元一個字元地讀出來，等到資料都讀完了，再將檔案關閉。

要完成以上的讀檔動作，必須先利用C語言提供的FILE資料型態及fopen()函數開啟檔案，告訴程式我們準備要開啟的檔案名稱是什麼、在那一個目錄下。

fopen()函數會回傳一個指標，指向檔案的開頭位址，也就是檔案在那一個位置上。我們利用檔案指檔FILE * 指向這個開頭位址。檔案的宣告如下：

【檔案開啟 語法1】

```
FILE * 檔案指標名稱;
指標名稱 = fopen("檔案名稱", "檔案存取模式");
```

【檔案開啟 語法2】

```
FILE * 指標名稱 = fopen("檔案名稱", "檔案存取模式");
```

例如：

```
FILE * fptr = fopen("c:\test\student.txt", "r");
```

表示開啟一個在C槽test目錄下的student.txt檔案，並且利用檔案指標fptr指向檔案開頭的位置。

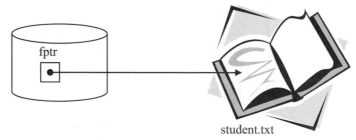

圖13.2　利用檔案指標 FILE * fptr指向一個檔案

其中 "檔案存取模式" 表示要對檔案做那些動作，存取模式有：

表13.1　文字檔案存取模式

存取模式	動作	例外情況
r	讀取資料。	檔案不存在：回傳 NULL
w	寫入資料。 若檔案原本就存在，會將舊資料清除，再將資料寫入。 若檔案不存在，會建立一個新的檔案，再將資料寫入。	
a	新增資料。 若檔案原本就存在，會將資料附加在舊的資料後面。 若檔案不存在，會建立一個新的檔案，再將資料寫入。	
r+	讀取兼寫入資料。	檔案不存在：回傳 NULL
w+	讀取兼寫入資料。 若檔案原本就存在，會將舊資料清除，再將資料寫入。 若檔案不存在，會建立一個新的檔案，再將資料寫入。	
a+	讀取兼寫入資料。 若檔案原本就存在，會將資料附加在舊的資料後面。 若檔案不存在，會建立一個新的檔案，再將資料寫入。	

　　如果我們只是單純地要從開啓檔案中讀取資料出來，那存取模式就可以設成 "r"，若是要寫入資料，則設成 "w"，如此才可以將資料寫入檔案中。

張老師的第一個任務是要從 "student.txt" 檔案中，將學生的基本資料取出來，所以開啟的檔案其存取模式為 "r"。

如果檔案能夠成功開啟，則fopen()函數會回傳檔案的位址；反之，則回傳NULL，表示開啟失敗。

開完檔後，接著就是要將資料讀取出來。C語言利用fgetc()函數，將資料一個字元一個字元的從檔案中取出來，fgetc()函數會回傳字元的ASCII碼，所以fgetc()函數的回傳值是整數型態。其語法如下：

【字元讀取宣告 語法】

```
int fgetc(FILE * 檔案指標名稱);
```

例如：

```
char c = (char) fgetc(fptr);
```

表示讀取檔案指標fptr指向檔案的字元，系統會傳回該字元的ASCII碼，將ASCII碼轉成字元型態後，再指定給字元c，並且將指標指向下一個字元。

如果fgetc()回傳End of file (EOF)的符號，表示已經讀取到檔案結尾的地方。

當檔案資料讀取完畢，不要忘記將檔案關起來，放回原處喔。C語言將檔案關起來的函數就是fclose()函數。

【檔案關閉 語法】

```
int fclose(FILE * 檔案指標名稱);
```

例如：

```
int fc = fclose(fptr);
```

如果fclose()能夠成功的將檔案關閉，就會回傳0；反之，則會回傳-1，表示失敗。

　　大致了解了檔案的開啓、讀取、關閉流程之後，接下來，我們就幫張老師寫一個可以讀取學生基本資料的程式吧！

範例程式1： 學生基本資料讀取

```
1  // 程式名稱：13_ReadFile.c
2  // 程式功能：讀取學生基本資料
3
4  #include <stdio.h>;
5  int main(void)
6  {
7     FILE  *fptr;
8     fptr = fopen ("Student.txt", "r");      //開啓供讀取的資料檔
9     if (fptr == NULL){
10       printf("無法開啓檔案 !!");
11       return 0;
12    }
13    char c = (char) fgetc(fptr);            //一次讀取一個字元
14    while(c != EOF){
15      printf("%c", c);
16      c = (char)fgetc(fptr);
17    }
18    fclose(fptr);                           //關閉檔案
19    system("PAUSE");
20 }
```

【執行結果】

9212001	林俊傑	0915411445	桃園縣
9212002	王立宏	0910215487	花蓮縣
9212003	周杰倫	0933452188	雲林縣
9212004	蔡依琳	0914774854	南投縣
9212005	歐得陽	0921458745	高雄市

【程式說明】

1. 第4行，fopen()、fclose()、fgetc()等函數，都放在stdio.h這個工具箱裡面，如果要使用這些函數，記得要將工具箱打開，亦即利用#include語法將stdio.h包含進來，程式才認得這些函數喔！

2. 第7行，宣告一個檔案指標 fptr。

3. 第8行，利用fopen()函數開啓學生基本資料檔案 "Student.txt"，因為只是單純要讀取資料，所以檔案存取模式為 "r"，檔案開啓後，將檔案的開頭位址設定給fptr。

4. 第9行，如果檔案不存在，或是檔案正在被其他程式所使用，都會造成檔案無法開啓，當檔案開啓不成功時，fopen()函數就會回傳NULL。我們就是利用這個條件來判斷檔案是否成功開啓。如果 ftpr 是NULL，則顯示 "無法開啓檔案 !!"，並且結束程式。

5. 第13行，利用fgetc()函數，讀取檔案的第一個字元，並且設定給字元變數 c。因為fgetc()回傳的是字元的ASCII碼，利用 (char) 將整數數值轉成字元。

6. 第14行，利用while迴圈讀取檔案的資料，如果讀取到的字元是EOF，則表示已經到檔尾了。

7. 第18行，利用fclose()函數將檔案關閉。

⊃13.2.2　讀取字串fgets()

上面的例子是將資料從檔案中，一個字元一個字元的讀出來，並且直接顯示在畫面上。但是，如果想改變資料顯示的格式，例如一筆一筆顯示，如下方顯示格式：

```
學號：  9212001
姓名：  林俊傑
電話：  0915411445
住址：  桃園縣
```

那該怎麼辦呢？

從 "Student.txt" 檔案可以看出，每一筆資料的第一個欄位是學號，佔了8個字元；第二個欄位是姓名，佔了8個字元；第三個欄位是電話，佔了12個字元；第四個欄位是地址，佔了30個字元。

我們可以利用fgetc()讀取前八個字元，將它組合成一個字串，再顯示到畫面上，表示是學號的欄位，再往下讀取八個字元，組成姓名，依此類推。

然而，這樣的控制方式非常麻煩，而且程式會非常冗長。我們改採其他的方法來達成這個任務。

C語言針對資料讀取提供了另一個好用的函數fgets()，讓資料讀取以字串為單位，fgets()函數的定義如下：

【檔案關閉 語法】

```
char *fgets(char *字串指標, size_t 字串長度, FILE *檔案指標名稱);
```

例如：

```
char s [20];
fgets(s, 5, fptr);
```

我們宣告一個字串陣列 s，用來存放從檔案中讀取出來的資料。利用fgets()函數到檔案指標 fptr 所指的檔案中讀取5個字元出來，並將五個資料設定給 s 陣列。

這裡要注意一點，s 陣列的大小，必須大於size_t定義的字串長度，如此才能將所抓取出來的字串全部放到 s 中。

我們改寫上面的程式，讓 "Student.txt" 資料在顯示時，一筆一筆分開顯示。

範例程式2： 以字串為單位讀取學生的基本資料

```
1  // 程式名稱：13_Read_string.c
2  // 程式功能：以字串為單位讀取學生的基本資料
3
4  #include <stdio.h>;
5  int main(void)
6  {
7     FILE  *fptr;
8     fptr = fopen ("Student.txt", "r");        //開啓供讀取的資料檔
9     if (fptr == NULL){
10        printf("無法開啓檔案 !!");
11        return 0;
12    }
13    char s [30];
14    while(fgets(s, 9, fptr)){
15        printf("學號： %s\n", s);
16        fgets(s, 8, fptr);                     //一次讀取8個字元
17        printf("姓名： %s\n", s);
18        fgets(s, 13, fptr);
19        printf("電話： %s\n", s);
20        fgets(s, 30, fptr);
21        printf("住址： %s\n", s);
22    }
23    fclose(fptr);                              //關閉檔案
24    system("PAUSE");
25 }
```

【執行結果】

學號： 9212001
姓名： 林俊傑
電話： 0915411445
住址： 桃園縣

```
學號： 9212002
姓名： 王立宏
電話： 0910215487
住址： 花蓮縣

學號： 9212003
姓名： 周杰倫
電話： 0933452188
住址： 雲林縣

學號： 9212004
姓名： 蔡依琳
電話： 0914774854
住址： 南投縣

學號： 9212005
姓名： 歐得陽
電話： 0921458745
住址： 高雄市
```

【程式說明】

1. 第13行，宣告一個字串陣列 s，用來存放利用fgets()函數取得的資料，陣列大小預設為30。

2. 第14行，fgets(s, 9, fptr)敘述，表示從檔案指標 fptr 指向的檔案中，取出九個字元，並將字元設定給字串陣列 s。如果fgets()函數讀到檔，尾則會回傳NULL，所以使用fgets()函數當判斷式，如果讀取到NULL，就結束while迴圈。

3. 第15行，將 s 字串顯示在螢幕上。

4. 第16行，繼續往下讀取8個字元。

13.3 資料寫入

第一次小考成績出爐了，請幫張老師將學生的成績資料記錄到檔案中，以便日後計算期末成績。

◯13.3.1 寫入字元fputc()

剛才利用fgetc()將資料從檔案裡面取出來，相反地，我們可以利用fputc()將資料寫到檔案中。和讀取檔案一樣，在寫資料到檔案之前，必須先將檔案打開來，並且設定檔案的存取模式是 "w" 格式，表示要將資料寫到檔案裡面。

fputc()的語法如下：

【字元寫入 語法】
`int fputc(int 字元, FILE * 檔案指標名稱);`

例如：

```
FILE * fptr = ("score.txt", "w");
fputc('a', fptr);
```

表示開啟一個可以寫入資料的檔案 "score.txt"，並利用檔案指標 fptr 指向該檔。接著將字元 'a' 寫到檔案中。如果 "score.txt" 檔案已經存在了，程式會先將裡面的內容清除，再將字元寫進去。一旦fputc()成功地將字元寫入，就會回傳寫入的字元回來；反之，則會回傳EOF，表示錯誤發生。

請參考下面的例子，看看fputc()如何將資料寫入檔案中。

範例程式3： 將字串寫到檔案中

```
1  // 程式名稱：13_writeFile.c
2  // 程式功能：將字串寫到檔案中
3
4  #include <stdio.h>;
5  int main(void)
6  {
7      FILE  *fptr;
8      fptr = fopen ("test.txt", "w");   //開啓供寫入的資料檔
9      if (fptr == NULL){
10         printf("無法開啓檔案 !!");
11         return 0;
12     }
13     int i;
14     char * s = "This is a test.";
15
16     for (i = 0 ; *(s+i) ; i++)
17         fputc(*(s+i), fptr);
18     fclose(fptr);                      //關閉檔案
19     printf("資料寫入完畢!!");
20     system("PAUSE");
21 }
```

【執行結果】

資料寫入完畢!!

【程式說明】

1. 第8行，開啓一個可以將資料寫入的檔案 "test.txt"。

2. 第14行，宣告一個字串 s。

3. 第16-17行，利用for迴圈將字串裡面的字元，一個字元一個字元地寫入檔案中。

原本目錄下並不存在 "text.txt" 檔案，當執行完程式後，目錄下會多一個 "text.txt" 檔案，裡面的內容就是 s 字串的內容。

⊃13.3.2　寫入字串fputs()

如果現在有多個字串要寫入檔案中，使用以字元為單位的fputc()函數撰寫程式會很麻煩。

C語言提供另一種以字串為單位的fputs()函數，一次寫入一個字串到檔案中，如此就可以減少程式設計師的負擔了。

fputs()的語法如下：

【字串寫入 語法】

```
int fputs(char *字串名稱, FILE * 檔案指標名稱);
```

例如：

```
FILE * fptr = ("score.txt", "w");
fputs("this is a test", fptr);
```

表示將字串 "this is a test" 寫到檔案 "score.txt" 中。

下面使用fputs()函數，將多個字串寫入檔案中。

範例程式4： 將多個字串寫到檔案中

```
1 // 程式名稱：13_writeFile2.c
2 // 程式功能：將多個字串寫到檔案中
3
4 #include <stdio.h>;
5 int main(void)
6 {
7    FILE  *fptr;
8    fptr = fopen ("test2.txt", "w");  //開啓供寫入的資料檔
9    if (fptr == NULL){
```

```
10          printf("無法開啓檔案 !!");
11          return 0;
12      }
13      int i;
14      char * s [5] = {"This is a test.",
15                      "An apple a day keeps the doctor away.",
16                      "To see is to believe.",
17                      "Happy birthday.",
18                      "Yesterday once more."};
19      for (i = 0 ; i < 5 ; i++) {
20          fputs(s[i], fptr);
21          fputs("\n", fptr);
22      }
23      fclose(fptr);                        //關閉檔案
24      printf("資料寫入完畢!!");
25      system("PAUSE");
26  }
```

【執行結果】

資料寫入完畢!!

【程式說明】

1. 第14行，宣告一個字串陣列。

2. 第20行，將字串陣列中的每一個字串，寫入檔案中。

3. 第21行，每一行字串後面加入斷行符號。

我們打開新開啓的檔案 "test2.txt"，裡面的內容為

【text2.txt結果】

```
This is a test.
An apple a day keeps the doctor away.
To see is to believe.
Happy birthday.
Yesterday once more.
```

⊃13.3.3 學生成績檔寫入

接下來，利用fputc()及fputs()函數，將學生的成績記錄到成績檔案中。

範例程式5： 學生基本資料讀取

```c
1 // 程式名稱:13_writeFile3.c
2 // 程式功能:學生成績寫入檔案中
3
4 #include <stdio.h>;
5 #include <stdlib.h>;
6 int main(void)
7 {
8    FILE  *fptr;
9    fptr = fopen ("score1.txt", "w");
10   if (fptr == NULL){
11      printf("無法開啟檔案 !!");
12      return 0;
13   }
14   char *No [] = {"8914201", "8914202", "8914203", "8914204",
           "8914205"};
15   int English [] = {50, 90, 85, 75, 37};
16   int Chinese [] = {73, 85, 100, 74, 65};
17   int Math [] = {65, 45, 85, 91, 85};
18
19   int i;
20   char s [3];
```

```
21    int size = sizeof(English)/sizeof(English[0]);
22    for (i = 0 ; i < size ; i++){
23        fputs(No[i], fptr);              //學號
24        fputc(' ', fptr);
25
26        itoa(Chinese[i], s, 10);        //國文成績
27        fputs(s, fptr);
28        fputc(' ', fptr);
29
30        itoa(English[i], s, 10);        //英文成績
31        fputs(s, fptr);
32        fputc(' ', fptr);
33
34        itoa(Math[i], s, 10);           //數學成績
35        fputs(s, fptr);
36        fputc('\n', fptr);
37    }
38    fclose(fptr);                       //關閉檔案
39    printf("資料寫入完畢!!");
40    system("PAUSE");
41 }
```

【執行結果】

資料寫入完畢!!

【程式說明】

1. 第9行，開啟score1.txt檔案，做為成績資料寫入的檔案。

2. 第10行，宣告一個字串陣列No，用來存放學生的學號。

3. 第11行，宣告一個整數陣列，用來存放英文成績。

4. 第20行，宣告一個 s 字元陣列，用來暫存數值資料轉成字元資料的結果。

5. 第23行，將學生的學號寫到檔案裡面，因為學號資料是字串型態，所以利用fputs()函數寫到檔案中。

6. 第24行，在學號後面加入一個空格，用來區隔學號及各科成績，這裡我們以fputc()函數將字元寫到檔案中。

7. 第26行，接著將各科成績寫到檔案中。但是，因為各科成績是以整數型態記錄，要將整數型態資料寫到檔案中，必須先轉成字串才能寫入。因此，利用C語言提供的itoa()函數，將整數資料轉換成字串。itoa()函數的定義如下：

itoa(整數變數, 字串指標名稱, 進位);

例如：

itoa(num, str, 10);

表示將十進位整數數值num轉成字串，並且將結果設定給str。itoa()函數放在stdlib.h工具箱裡面，所以要使用這個函數，就必須利用#include指令將stdlib.h包含進來。

而第26行程式是將Chinese[i]的整數數值轉成字串，再將轉完的結果設定給 s。

8. 第27行，將字串結果寫入檔案中。

程式執行完，會產生一個 score1.txt檔案，裡面的內容如下所示。

```
【score1.txt結果】
8914201 73 50 65
8914202 85 90 45
8914203 100 85 85
8914204 74 75 91
8914205 65 37 85
```

⊃13.3.4 學生成績資料新增

突然，張老師發現學號 "8914206" 同學的成績忘記記錄進去了，請幫張老師將資料直接加到剛才產生的score1.txt檔案中。

範例程式6： 加入一筆記錄到已存在的學生成績檔案中

```c
1 // 程式名稱：13_writeFile4.c
2 // 程式功能：加入一筆記錄到已存在的學生成績檔案中
3
4 #include <stdio.h>;
5 #include <stdlib.h>;
6 int main(void)
7 {
8     FILE   *fptr;
9     fptr = fopen ("score1.txt", "a");
10    if (fptr == NULL){
11        printf("無法開啟檔案 !!");
12        return 0;
13    }
14    char * No = "8914206";
15    int English = 88;
16    int Chinese = 90;
17    int Math = 89;
18
19    int i;
20    char s [3];
21    fputs(No, fptr);              //學號
22    fputc(' ', fptr);
23
24    itoa(Chinese, s, 10);         //國文成績
25    fputs(s, fptr);
26    fputc(' ', fptr);
27
28    itoa(English, s, 10);         //英文成績
```

```
29    fputs(s, fptr);
30    fputc(' ', fptr);
31
32    itoa(Math, s, 10);          //數學成績
33    fputs(s, fptr);
34    fputc('\n', fptr);
35
36    fclose(fptr);               //關閉檔案
37    printf("資料寫入完畢!!");
38    system("PAUSE");
39 }
```

【執行結果】

資料寫入完畢!!

【程式說明】

1. 第9行，開啟score1.txt檔案，這裡設定檔案的存取模式是 "a"，表示資料寫入是以新增的方式寫到檔案中。

2. 第14行，宣告一個字串No，用來存放學生的學號。

3. 第23行，將學生的No資料寫到檔案裡面。

程式執行完畢，score1.txt檔案內容會增添一筆新的記錄：

【score1.txt結果】

```
8914201 73 50 65
8914202 85 90 45
8914203 100 85 85
8914204 74 75 91
8914205 65 37 85
8914206 90 88 89
```

13.4 格式化資料寫入及讀取fprintf()、fscanf()

從上面的例子可以看到，當利用fputs()方式寫入數值資料時，是非常麻煩的。首先，得先將整數型態轉成字串型態，再寫入檔案，而且為了區隔每一科成績，還必須額外再利用fputc()寫一個空格進去。

為了減少程式的複雜度，C語言提供了另一個更好的選擇 fprintf()函數，讓我們能夠以格式化的方式，將資料寫入檔案中。fprintf()的函數定義如下：

```
fprintf(檔案指標, "格式1 格式2 … 格式n", 變數1,變數2,…,變數n);
```

例如：

```
fprintf(fptr, "%s %d", "apple", 80);
```

就是將字串 "apple" 及整數數值80寫入檔案指標fptr所指向的檔案中。其中，語法中的 "格式" 與scanf()及printf()函數使用的格式是相同的。

以下改用fprintf()，將學生成績資料寫入的檔案中。

範例程式7： 利用格式化寫法將資料寫入成績檔中

```
1  // 程式名稱:13_writeFile5.c
2  // 程式功能:利用格式化寫法將資料寫入成績檔中
3
4  #include <stdio.h>;
5  #include <stdlib.h>;
6  int main(void)
7  {
8     FILE  *fptr;
9     fptr = fopen ("score2.txt", "w");
10    if (fptr == NULL){
```

```
11        printf("無法開啓檔案 !!");
12        return 0;
13    }
14    char *No [] = {"8914201", "8914202", "8914203", "8914204",
                         "8914205"};
15    int English [] = {50, 90, 85, 75, 37};
16    int Chinese [] = {73, 85, 100, 74, 65};
17    int Math [] = {65, 45, 85, 91, 85};
18
19    int i;
20    int size = sizeof(English)/sizeof(English[0]);
21    for (i = 0 ; i < size ; i++){
22        fprintf(fptr, "%s %d %d %d", No[i], Chinese[i], English[i],
                  Math[i]);
23        fputc('\n', fptr);
24    }
25    fclose(fptr);                        //關閉檔案
26    printf("資料寫入完畢!!");
27    system("PAUSE");
28 }
```

【執行結果】

資料寫入完畢!!

【程式說明】

1. 第9行，開啓score2.txt檔案，做為成績資料寫入的檔案。

2. 第22行，將成績資料以fprintf()函數寫入檔案中。

3. 第23行，在每一行資料後面加入一個斷行符號。

程式執行完畢，會多一個score2.txt檔案，其內容如下：

【score2.txt結果】
8914201 73 50 65
8914202 85 90 45
8914203 100 85 85
8914204 74 75 91
8914205 65 37 85

資料以格式化的方式寫入，那是否意味著我們也可以用格式化的方式讀取出來呢？答案是肯定的。fprintf()函數相對應的函數是fscanf()函數，其函數定義如下：

fscanf(檔案指標, "格式1 格式2 … 格式n", 變數1位址,變數2位址,…, 變數n位址);

例如：

```
char name [30];
int num;
fscanf(fptr, "%s %d", name, &num);
```

表示利用fscanf()函數取得字串及整數數值的資料，並且將值寫入字串陣列name及變數num裡。

我們利用fscanf()函數將寫入score2.txt的資料取出來，顯示在畫面上。

範例程式8： 利用格式化寫法將資料寫入成績檔中

```
1  // 程式名稱：13_fscanf.c
2  // 程式功能：利用格式化寫法，將資料從成績檔中讀取出來
3
4  #include <stdio.h>;
5  #include <stdlib.h>;
6  int main(void)
7  {
8     FILE  *fptr;
9     fptr = fopen ("score2.txt", "r");
10    if (fptr == NULL){
```

```
11          printf("無法開啟檔案 !!");
12          return 0;
13      }
14      char No [30];
15      int Chinese, English, Math;
16      while(!feof(fptr)){
17          fscanf(fptr, "%s %d %d %d", No, &Chinese, &English, &Math);
18          printf("\n學號：%s\n", No);
19          printf("國文：%d\n", Chinese);
20          printf("英文：%d\n", English);
21          printf("數學：%d\n", Math);
22      }
23      fclose(fptr);                           //關閉檔案
24      printf("資料寫入完畢!!");
25      system("PAUSE");
26 }
```

【執行結果】

學號：8914201
國文：73
英文：50
數學：65

學號：8914202
國文：85
英文：90
數學：45

學號：8914203
國文：100
英文：85
數學：85

學號：8914204
國文：74
英文：75
數學：91

```
學號： 8914205
國文： 65
英文： 37
數學： 85
學號： 8914205
國文： 65
英文： 37
數學： 85
```

【程式說明】

1. 第14行，宣告一個字元陣列，用來儲存學號資料。

2. 第15行，宣告三個整數型態變數Chinese、English及Math。

3. 第16行，利用**feof()函數**來判定是不是已經讀到檔尾了。如果已經讀到檔尾，則會回傳 true；反之，則回傳 false。

4. 第17行，利用fscanf()函數將由fptr所指的檔案中抓出來的學號、國文、英文及數學成績，分別放到No陣列、Chinese、English及Math變數中。

13.5 資料修改

張老師在校對學生成績時，發現學號 "8914202" 學生的成績輸入錯誤了。本來張老師想打開 "score2.txt" 檔案，直接對檔案做修改，但是學生資料太多了，一筆一筆找很不容易。請幫張老師寫一個能夠直接修改成績的程式。

不知道讀者有沒有注意到，前面談到的檔案處理模式都是「循序」性的。也就是讀完一筆資料，指標就會自動指向下一筆要讀取的位置，我們不需要特別設定指標要怎麼移動，這就是「**循序式檔案讀寫模式**」。

但是，如果資料量很大，我們卻只要處理其中的一小筆，利用循序式方式來處理檔案，就太沒有效率了。

⊃13.5.1　取得檔案指標位置 ftell()、更改指標位置fseek()

為了解決這樣的問題，C語言提供另一種檔案存取的模式，稱之為「**隨機式檔案讀寫模式**」，讓檔案的指標可以任意移動，跳到我們指定的地方。而讓指標任意移動的工具就是 fseek()函數。fseek()函數的語法如下：

int fseek(int * 檔案指標, int 位移量, int 以那裡做為基礎點);

其中「以那裡做為基礎點」可以是

SEEK_SET ： 系統預設為0，表示檔案開頭的位置。

SEEK_CUR： 系統預設為1，表示檔案指標目前的位置。

SEEK_END： 系統預設為2，表示檔案結尾的位置。

而「位移量」是指移動多少個位元組(bytes)。

例如：

```
fseek(fptr, 10, SEEK_SET);
```

表示將指標移到從檔案開頭往後數10個位元組的地方。其結果如下圖所示，fptr指標現在指向第10個位元組的位址。

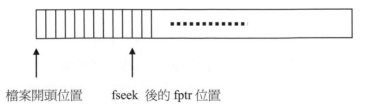

檔案開頭位置　　　fseek 後的 fptr 位置

圖13.3　fseek(fptr, 10, SEEK_SET)後的結果

另外一個例子：

```
fseek(fptr, -10, SEEK_CUR);
```

表示將指標從目前位置往前數10個位元組的地方。假設 fptr 目前位置在第20的位置上，執行完 "fseek(fptr, -10, SEEK_CUR);" 指令後，就會移動到第10個位置上，其結果如下圖所示。

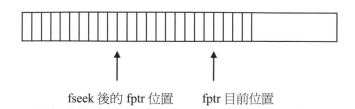

　　　　fseek 後的 fptr 位置　　　fptr 目前位置

圖13.4　fseek(fptr, -10, SEEK_CUR)後的結果

那麼，要怎麼知道現在的指標指到那一個位置上呢？可以利用ftell()函數，告訴我們目前檔案指標指到那一個位置上。ftell()函數的語法為：

```
int ftell(int * 檔案指標名稱);
```

例如：

```
ftell(fptr);
```

如果函數正確執行，就會取出檔案指標 fptr 目前的位置；反之，如果函數執行失敗，就會回傳-1。

下面利用ftell()及fseek()函數，將檔案內容列印出來，並且取得每一筆記錄的相對應位置。

範例程式9： 取得指標位置

```
1 // 程式名稱:13_fseek.c
2 // 程式功能:取得指標位置
3
4 #include <stdio.h>
5 #include <stdlib.h>
6 int main(void)
7 {
8    FILE  *fptr;
```

```
9     fptr = fopen ("score2.txt", "r");
10    if (fptr == NULL){
11        printf("無法開啓檔案 !!");
12        return 0;
13    }
14    char No [30];
15    int Chinese, English, Math, i=1;
16    while(!feof(fptr)){
17        printf("\n目前指標位置: %d\n", ftell(fptr));
18        fscanf(fptr, "%7s %3d %3d %3d", No, &Chinese, &English, &Math);
19        printf("第 %d  筆資料: %7s %3d %3d %3d\n", i++, No, Chinese,
                                                    English, Math);
20    }
21    printf("\n ********* 將指標移到最前面 ********* \n");
22    rewind(fptr);
23    printf("目前指標位置: %d\n", ftell(fptr));
24    fseek(fptr,19, SEEK_SET);
25    fscanf(fptr, "%7s %3d %3d %3d", No, &Chinese, &English, &Math);
26    printf("第 2 筆資料: %7s %3d %3d %3d\n", No, Chinese, English, Math);
27    printf("目前指標位置: %d\n", ftell(fptr));
28
29    fseek(fptr,21, SEEK_CUR);
30    fscanf(fptr, "%7s %3d %3d %3d", No, &Chinese, &English, &Math);
31    printf("第 4 筆資料: %7s %3d %3d %3d\n", No, Chinese, English, Math);
32    printf("目前指標位置: %d\n", ftell(fptr));
33
34    fseek(fptr,-21, SEEK_END);
35    fscanf(fptr, "%7s %3d %3d %3d", No, &Chinese, &English, &Math);
36    printf("最後一筆資料: %7s %3d %3d %3d\n", No, Chinese, English, Math);
37    printf("目前指標位置: %d\n", ftell(fptr));
38
39    fclose(fptr);                          //關閉檔案
40    printf("資料讀取完畢!!");
41    system("PAUSE");
42 }
```

【執行結果】

```
目前指標位置： 0
第 1  筆資料： 8914201  73   50   65

目前指標位置： 19
第 2  筆資料： 8914202  85   90   45

目前指標位置： 40
第 3  筆資料： 8914203 100   85   85

目前指標位置： 61
第 4  筆資料： 8914204  74   75   91

目前指標位置： 82
第 5  筆資料： 8914205  65   37   85

目前指標位置： 103
第 6  筆資料： 8914205  65   37   85

********* 將指標移到最前面 *********
目前指標位置： 0
第 2  筆資料： 8914202  90   80   75
目前指標位置： 40
第 4  筆資料： 8914204  74   75   91
目前指標位置： 82
最後一筆資料： 8914205   65   37   85
目前指標位置： 103
資料讀取完畢！！
```

【程式說明】

1. 第16-20行，利用while迴圈讀取score2.txt的檔案內容，直到feof()回傳true，表示到檔尾為止。

2. 第17行，利用ftell()函數，取得目前檔案指標fptr的位置，並且顯示在畫面上。

3. 第18行，利用fscanf()函數取得檔案內容，將取得的值分別設定給變數No、Chinese、English、及 Math。

4. 第22-23行，當我們利用while迴圈讀完檔案資料後，檔案指標fptr會指向檔案的結尾地方，如果要再從頭找資料，就必須利用rewind()函數，將指標移到檔案開頭的地方。rewind()函數的語法為

```
int rewind(int *檔案指標名稱);
```

接著，第23行利用ftell()印出指標位置時，指標就會指在檔案一開頭的地方。

5. 第24行，利用fseek()函數，將指標移到從檔案開頭往後數19個位元組的地方。

6. 第29行，利用fseek()函數，將指標從目前的位置，往後移21個位元組。

7. 第34行，利用fseek()函數，將指標從檔案結尾的地方，往前移21個位元組。

13.5.2　修改學生成績資料

接著就利用fseek()函數，來修改學號 "8914202" 的成績記錄。

範例程式10： 修改成績資料

```
1 // 程式名稱：13_modifyFile.c
2 // 程式功能：修改成績資料
3
4 #include <stdio.h>
5 #include <stdlib.h>
6 int main(void)
7 {
8    FILE  *fptr;
9    fptr = fopen ("score2.txt", "r+");
```

```
10    if (fptr == NULL){
11        printf("無法開啓檔案 !!");
12        return 0;
13    }
14    char No [30];
15    int Chinese, English, Math;
16    while(!feof(fptr)){
17        int add = ftell(fptr);
18        fscanf(fptr, "%7s %3d %3d %3d", No, &Chinese, &English, &Math);
19        if ( strcmp(No, "8914202") == 0 ){
20            printf("資料在　%d位址\n", add);
21            fseek(fptr, -19, SEEK_CUR);
22            fputs("8914202  90  80  75", fptr);
23            break;
24        }
25    }
26    fclose(fptr);                        //關閉檔案
27    printf("資料修改完畢!!");
28    system("PAUSE");
29 }
```

【執行結果】

資料在　19位址
資料修改完畢!!

【程式說明】

1. 第9行，利用fopen()函數開啓score2.txt的檔案，因為我們要對檔案進行讀取和修改，所以檔案開啓時，必須宣告成又能讀又能寫的型式，而檔案存取模式 "r+"，就是表示檔案既可讀又可寫。

2. 第17行，利用ftell()取得目前檔案指標的位置，並且指標位置設定給變數add。

3. 第18行，利用fscanf()函數取得檔案內容，下達fscanf()指令後，檔案指標會往後移19個位示組，因為 "%7s %3d %3d %3d" 格式總共佔19個位元組。目前指標位置如下圖所示。

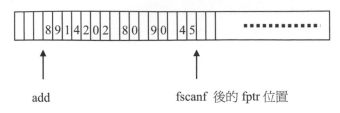

圖13.5　執行完fscanf()函數後的指標位置

4. 第19行，利用strcmp()字串比對函數，比對取得的字串No與"8914202"是否相同，如果相同，則回傳0；反之，則回傳非0的值。如果函數回傳0，表示找到學號 "8914202" 的資料。但是，因為指標位置已經往後移了19個位元組，"8914202" 的資料應該是在 add的位置上，所以利用fseek()函數，將指標往前移19個位元組，移到 add 的位置。

5. 第19行，接著利用fputs()將正確的資料寫入檔案中。

【score2.txt結果】
8914201　73　50　65
8914202　90　80　75
8914203 100　85　85
8914204　74　75　91
8914205　65　37　85

13.6 綜合練習

⊃13.6.1 複製檔案

在Windows命令提示字元下輸入C>copy fa fb的作用是將檔案fa複製到檔案fb。本節我們要自己寫一個和copy指令具有相同功能的程式。

範例程式11： 複製檔案

```
 1  //程式名稱：13_fcopy.c
 2  //程式功能：複製「檔案1」到「檔案2」
 3  //執行方式：C>13_fcopy 檔案1 檔案2
 4
 5  #include <stdio.h>
 6  FILE *fptr1, *fptr2;
 7
 8  int main(int argc, char *argv[])
 9  {
10     //printf("argc = %d\n", argc);
11     //printf("argv[0] = %s, argv[1] = %s, argv[2] = %s\n", argv[0],
12     //        argv[1], argv[2]);
13     switch(argc){
14        case 1 : printf("無檔名1、檔名2！\n");
15                 printf("執行方式為 C>13_fcopy 檔案1 檔案2\n");
16                 exit(1);
17                 break ;
18        case 2 : printf("無檔名2！\n");
19                 printf("執行方式為 C>13_fcopy 檔案1 檔案2\n");
20                 exit(1);
21                 break;
22        case 3 : if((fptr1 = fopen(argv[1],"rb")) == NULL){
23                    printf("檔案 %s 不存在！\n",argv[1]);
24                    exit(1);
25                 }
```

```
26      }
27      fptr2 = fopen(argv[2],"wb");
28      printf("複製檔案 %s 到 %s ...", argv[1], argv[2]);
29      int ch = 0;
30      while((ch = fgetc(fptr1)) != EOF){   // EOF = -1
31        //printf("ch = \'%c\'(%d)\n", ch, ch);  //也可以用 putchar(c);
32        fputc(ch,fptr2);
33      }
34      printf("完成複製\n");
35      fclose(fptr1);    //關閉 infile 檔
36      fclose(fptr2);    //關閉 outfile 檔
37
38      //system("PAUSE");
39      return 0;
40  }
```

【執行結果】

```
C>type data.txt
2012 我愛 C 程式語言
C>13_fcopy data.txt copydata.txt
複製檔案 data.txt 到 copydata.txt ...完成複製
C>type copydata.txt
2012 我愛 C 程式語言
```

【程式說明】

1. 第21-22行，字串的結尾字元為'\0'，因此只要計算'\0'之前有幾個字元，即可得知字串長度值。

⊃13.6.2 比較「檔案1」和「檔案2」是否相同，以字元(十進位)顯示不同之處

在Windows命令提示字元下輸入C>comp fa fb的作用是比較檔案fa和檔案fb的差異，並印出差異之處。本節我們要來自己寫一個和comp指令具有

相同功能的程式，並將差異之處的字元(十進位)列印出來。列印差異的格式為：

> 第幾行　　第幾列　　檔案1的字元(值)　　檔案2的字元(值)
>
> 行、列的計數是從0起算。

範例程式12： 比較「檔案1」和「檔案2」是否相同，以字元(十進位)顯示不同之處

```c
1 // 程式名稱：13_fcomp.c
2 // 程式功能：比較「檔案1」和「檔案2」是否相同，以字元(十進位)顯示不同之處
3 // 執行方式：C>13_fcomp 檔案1 檔案2
4
5 #include <stdio.h>
6 FILE *fptr1, *fptr2;
7
8 int main(int argc, char *argv[])
9 {
10    switch(argc){
11       case 1 : printf("無檔名1、檔名2！\n");
12                printf("執行方式為 C>13_fcomp 檔案1 檔案2\n");
13                exit(1);
14                break ;
15       case 2 : printf("無檔名2！\n");
16                printf("執行方式為 C>13_fcomp 檔案1 檔案2\n");
17                exit(1);
18                break;
19       case 3 : if((fptr1 = fopen(argv[1],"rb")) == NULL){
20                   printf("檔案 %s 不存在！\n",argv[1]);
21                   exit(1);
22                }
23                if((fptr2 = fopen(argv[2],"rb")) == NULL){
24                   printf("檔案 %s 不存在！\n",argv[1]);
25                   exit(1);
26                }
```

```
27      }
28      int fsize1 = 0, fsize2 = 0;
29      int ch1 = 0, ch2 = 0, line = 0, offset = -1, count = 0;
30
31      fseek(fptr1, 0L, SEEK_END);    //檔案尾
32      fsize1 = ftell(fptr1);         //檔案長度
33      fseek(fptr1, 0L, SEEK_SET);    //檔案頭
34
35      fseek(fptr2, 0L, SEEK_END);
36      fsize2 = ftell(fptr2);
37      fseek(fptr2, 0L, SEEK_SET);
38
39      if(fsize1 != fsize2)
40          printf("比較兩檔案...兩檔案長度不同\n");
41      else{
42          printf("line offset   file1      file2\n");
43          printf("--------------------------------\n");
44          while((ch1 = fgetc(fptr1)) != EOF){   // EOF = -1
45              ch2 = fgetc(fptr2);
46              offset++;
47              if(ch1 != ch2){
48                  printf("%3d   %3d   \'%c\'(%3d)   \'%c\'(%3d) \n",
49                          line, offset, ch1, ch1, ch2, ch2);
50                  count++;
51              }
52              if(ch1 == '\n'){
53                  line++;
54                  offset = -1;
55              }
56              else;
57          }
58          printf("--------------------------------\n");
59          if(count != 0)
60              printf("比較兩檔案...共有 %d 個字元不相同\n", count);
61          else
```

```
62            printf("比較兩檔案...兩檔案相同\n");
63      }
64      fclose(fptr1);    //關閉infile1檔
65      fclose(fptr2);    //關閉infile2檔
66
67      //system("PAUSE");
68      return 0;
69 }
```

【執行結果】

```
C>13_fcomp data.txt copydata.txt
line offset    file1        file2
-------------------------------
-------------------------------
比較兩檔案...兩檔案相同
C>type data1.txt
12345abc
xyy
C>type data2.txt
13215aaa
xyz
C>13_fcomp data1.txt data2.txt
line offset    file1        file2
-------------------------------
  0     1    '2'( 50)     '3'( 51)
  0     2    '3'( 51)     '2'( 50)
  0     3    '4'( 52)     '1'( 49)
  0     6    'b'( 98)     'a'( 97)
  0     7    'c'( 99)     'a'( 97)
  1     2    'y'(121)     'z'(122)
-------------------------------
比較兩檔案...共有 6 個字元不相同
```

【程式說明】

1. 第31-33行，將檔案指標指到檔案尾端，以取得檔案之長度，再將檔案指標指到檔案頭端。

2. 第29行，line、offset兩個變數分別用來記錄第幾行、第幾列的字元不相同，而count則用來記錄共有幾個字元有差異。

3. 第44-45行，從兩個檔案各讀取一個字元來比較，若兩者不同，則列出第幾行、第幾列的字元不同，並分別印出這兩個字元及其十進位值。

13.7 後記

透過張老師成績資料管理的一連串例子，我們可以清楚的知道檔案資料要如何建立、讀取、修改。

其中所使用到的函數有

fopen()：用來開啓檔案

fclose()：用來關閉檔案

fgetc()：用來取得檔案中的一個字元

fgets()：用來取得檔案中的一個字串

fputc()：用來寫一個字元到檔案中

fputs()：用來寫一個字串到檔案中

fprintf()：以格式化的方式將資料寫入檔案中

fscanf()：以格式化的方式將資料從檔案中讀取出來

fseek()：移動檔案指標，讓檔案可以隨機存取

ftell()：取得目前檔案指標的位置

feof()：查看是否已經到達檔案結尾的地方

不論是資料讀取、建立、修改或寫入等，在本章節都有詳盡的定義及範例說明，讀者若能活用這些函數，相信檔案處理不再是難事。

13.8 習題

1. 請設計一個能夠讀取文字資料的程式，並且將資料從尾印到頭。
2. 請設計一個能夠計算文字檔案內有多少數字及多少英文字母的程式。
3. 請將郵件文字檔內的 > 符號刪除

   例如，郵件內容為：

   ```
   >>Dear Ann,
           >>Today is your birthday.
           >>Wish you have a nice day.
           >>Happy birthday to you.
   ```

   改成

   ```
   Dear Ann,
           Today is your birthday.
           Wish you have a nice day.
           Happy birthday to you.
   ```

4. 請寫一個能夠將文字檔案內，每一個英文單字字首轉成大寫的程式。

   例如：

   檔案內容：

   ```
   "an apple a day keeps the doctor away."
   ```

   轉成

   ```
   "An Apple A Day Keeps The Doctor Away."
   ```

5. 請將二個文字檔內容合併，寫到另外一個文字檔中。
6. 請讀取score2.txt的成績，計算平均成績後，將平均成績寫入檔案中。

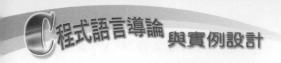

7. 假設檔案f1和檔案f2的內容分別如下，則在Windows命令提示字元下執行下列程式之結果為何？

```
C>13_comp f1.txt f2.txt
```

檔案f1的內容	檔案f2的內容
abc	12345

前置處理器及常用函數

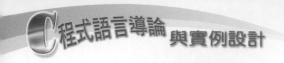

14.1 前言

第十章裡談到，在處理字串時常常需要用到計算字串長度、比較二個字串相不相同、合併兩個字串、尋找某個字元在字串的那個位置、從字串中取出部分字元等字串工具，而C語言很貼心地將這些工具撰寫好，例如strlen()、strcomp()、strcat()、strchr()等函數，並且放在 <string.h>這個工具箱裡面。當有需要時，再將工具箱打開來，就可以輕鬆地使用這些函數了。

另外，第十三章也介紹了，跟檔案有關的各種好用的工具，例如fopen()、fgetc()、fgets()、fclose()、fscan()及fprint()等函數，這些工具都擺在 <stdio.h>工具箱中。要將這個工具箱打開，並使用裡面的函數，則可以利用 #include 指令來打開工具箱。

由此可知，C語言提供了許許多多方便又好用的函數，讓我們不需再重複撰寫這些常會使用到的函數。

除了前面章節已經介紹過的函數外，C語言還提供那些函數呢？這些函數又分別包含在那一個工具箱中呢？

此外，有些數學常數是在做執行算術運算時常常會使用到的，例如，圓周率PI = 3.1415926、自然對數的底e = 2.7183、角度轉換弳度的常數PI/180等，或者是公司定義的最大(小)利潤是多少、成績大於多少門檻值才算及格等。這些常數因為常常會在程式中使用到，所以可以另外定義在程式的開頭的地方，如果需要修改某個常數時，則只需要修改一個地方即可，不需要再從頭到尾追蹤程式。那又該如何在程式中定義這些常數呢？

本章學習主題包括：

➡ 輸入、輸出函數庫 <stdio.h>

➡ 字元檢查函數庫<ctype.h>

➡ 數學函數庫 <math.h>

➡ 工具函數庫 <stdlib.h>

➡ 前置處理器

14.2　標準輸入、輸出函數庫

　　首先要介紹的工具箱是在前面章節已經使用非常多次的<stdio.h>工具箱，這個工具箱包含了所有跟標準輸入輸出相關的函數，例如，檔案輸出入、鍵盤輸入、螢幕輸出等。下表列示<stdio.h>所包含的主要函數。

表14.1　stdio.h 內常用的函數

項次	函數名稱	說明
1	FILE* fopen(const char* filename, const char* mode)	開啟參數filename 的檔案。如果成功傳回檔案位址；反之，失敗傳回NULL。
2	int fflush(FILE* f)	清除緩衝區的內容，如果成功傳回0；反之，失敗傳回EOF。
3	int fclose(FILE* f)	關閉檔案。
4	int remove(const char* filename)	刪除filename檔案。失敗時傳回非零值。
5	int rename(const char* oldfile, const char* newfile)	將檔案名稱oldfile改為newfile。如果失敗，傳回非零值。
6	int fprintf(FILE* stream, const char* format, ...)	以格式化方式將字串寫入stream。
7	int sprintf(char* st, const char* format, ...)	以格式化方式將字串輸出到字串st上。
8	int fscanf(FILE* stream, const char* format, ...)	以格式化方式從檔案中讀取指定的資料。
9	int fgetc(FILE* f)	從檔案中讀取一個字元。
10	char* fgets(char* s, int n, FILE* f)	從檔案中讀取一個字串。
11	char* fputs(const char* s, FILE* f)	寫一個字串到檔案中。

表14.1 stdio.h 內常用的函數 (續)

項次	函數名稱	說明
12	int getc(FILE* f)	從檔案中讀取一個字元。
13	int fputc(int c, FILE* f)	寫一個字元到檔案中。
14	int getchar(void)	從鍵盤讀取一個字元。
15	char* gets(char* s)	從鍵盤讀取一個字串。
16	int putc(int c, FILE* f)	寫一個字元到檔案中。
17	int putchar(int c)	將字元c顯示在螢幕上。
18	int puts(const char* s)	將字串s顯示在螢幕上。
19	size_t fread(void* ptr, size_t size, size_t nobj, FILE* f)	從檔案中讀取 nobj個size大小的資料出來,並且放到ptr中。
20	size_t fwrite(const void* ptr, size_t size, size_t nobj, FILE* f)	當nobj個size大小的資料ptr寫到檔案中。
21	int fseek(FILE* stream, long offset, int start)	將檔案指標移到從start位置後推offset位元組的地方,start的可能值為: SEEK_SET檔案開頭、SEEK_CUR目前位置或SEEK_END 檔尾。
22	long ftell(FILE* f)	告知目前檔案指標的位置。
23	void rewind(FILE* f)	將檔案指標移到檔案開頭的位置。
24	int feof(FILE* f)	檢查檔案指標是否已到達檔尾。
25	int ferror(FILE* f)	檢查是否發生錯誤。

範例程式1： stdio.h函數庫常用函數

```
1  // 程式名稱：14_stdio.c
2  // 程式功能：stdio.h函數庫 常用函數
3
4  #include <stdio.h>
5  int main(void)
6  {
7      FILE  *fout = fopen ("out.txt", "w");   //開啓供寫入的資料檔
8      if (fout == NULL){
9          printf("無法開啓檔案 !!");
10         return 0;
11     }
12     char name [30];
13     int a, b, c;
14     printf("輸入姓名：");
15     scanf("%s", name);
16     printf("國文成績：");
17     scanf("%d", &a);
18     printf("英文成績：");
19     scanf("%d", &b);
20     printf("數學成績：");
21     scanf("%d", &c);
22     fprintf(fout, "%s %d %d %d\n", name, a, b, c);
23     fclose(fout);
24
25     rename("out.txt", "result.txt");
26
27     FILE  *fptr = fopen ("result.txt", "r");   //開啓供讀取的資料檔
28     if (fptr == NULL){
29         printf("無法開啓檔案 !!");
30         return 0;
31     }
32     char ch;
33     while( (ch = (char)fgetc(fptr)) != EOF){
```

```
34        printf("%c", ch);
35    }
36    fclose(fptr);                        //關閉檔案
37    system("PAUSE");
38  }
```

【執行結果】

```
輸入姓名：ann
國文成績：95
英文成績：100
數學成績：97
ann 95 100 97
```

【程式說明】

1. 第4行，將<stdio.h>工具箱打開，並且將裡面所有的函數包含進來。

2. 第7行，利用fopen()函數將 "out.txt" 檔案開啟，用來寫入資料。

3. 第14行，printf()函數是標準輸出函數，它也是包含在<stdio.h>工具箱裡面的。

4. 第15行，scanf()是標準輸入函數，此行程式會要求使用者鍵入一個字串，並且將字串資料放到name字元陣列中。

5. 第22行，利用fprintf()函數將資料寫到檔案fout中，寫的時候是依據格式化 "%s %d %d %d\n" 的方式將 name、a、b及 c 的值寫進去。

6. 第23行，利用fclose()將檔案關閉。

7. 第25行，將原本名稱為 "out.txt" 的檔案改名成 "result.txt"。讀者可以檢查，原本在第7行建立的 "out.txt" 檔案就會不見，多了一個 "result.txt" 的檔案。

8. 第33行，利用fgetc()函數，從檔案中一次讀取一個字元出來。

　　為了讓程式能夠跟使用者互動，常常會需要讓使用者輸入一些資料，要讓程式能夠取得使用者從鍵盤中輸入的資料，就必須使用到getchar()、gets()、scanf()等標準輸入輸出函數，而當有需要將資料顯示在畫面上，就得使用putchar()、puts()、printf()等函數。下面先就來看看如何利用getchar()，讓使用者輸入一個字元資料到程式，以及如何將字元顯示在畫面上。

範例程式2： getchar()及putchar()

```
1  // 程式名稱：14_stdio2.c
2  // 程式功能：getchar()、及putchar()
3
4  #include <stdio.h>
5  int main(void)
6  {  char c;
7     printf("\n請輸入一個字元：");
8     c = getchar();
9     printf("\n您輸入的字元為：");
10    putchar(c);
11    system("PAUSE");
12 }
```

【執行結果】

請輸入一個字元：a

您輸入的字元為：a

【程式說明】

1. 第7行，利用getchar()函數，取得使用輸入的字元，並將值設定給變數 c。

2. 第10行，利用putchar()函數，將 c 顯示在畫面上。

接著，再利用getchar()函數要使用者輸入二個字元。

範例程式3： getchar()、及 putchar()輸入二個字元

```
1 // 程式名稱：14_stdio3.c
2 // 程式功能：getchar()、及putchar() 輸入二個字元
3
4 #include <stdio.h>
5 int main(void)
6 {
7    char c1, c2;
8    printf("\n請輸入第一個字元：");
9    c1 = getchar();
10   printf("\n請輸入第二個字元：");
11   c2 = getchar();
12   printf("\n您輸入的第一個字元為：");
13   putchar(c1);
14   printf("\n您輸入的第二個字元為：");
15   putchar(c2);
16   system("PAUSE");
17 }
```

【執行結果】

請輸入第一個字元：a

請輸入第二個字元：
您輸入的第一個字元為：a
您輸入的第二個字元為：

【程式說明】

1. 第9行，利用getchar()函數，取得使用輸入的字元，並將值設定給變數c1。

2. 第11行，再利用getchar()函數，取得使用輸入的字元，並將值設定
   給變數c2。

3. 第13、15行，分別將值c1及c2顯示在畫面上。

執行14_stdio3.c程式時，我們先輸入第一個字元 a，並且按下Enter鍵告
訴C語言第一個字元輸入完畢，並且準備輸入下一個字元。但是，奇怪了！
都還沒有輸入第二個字元，程式就跳開了，並且將結果顯示在畫面，這是
怎麼一回事呢？

原來剛才我們按下的Enter鍵，C語言也將它算成是一個字元，而這個字
元就放在變數c2中。我們必須按Enter以告訴程式第一個字元已經輸入完成
了，卻又不想讓這個Enter的動作影響到getchar()取字元。該怎麼辦才好呢？

其實很簡單，只要再加入一個getchar()指令，用以吸收Enter鍵就可以
嘍！程式改寫如下：

範例程式4： 解決getchar()、及putchar() 輸入二個字元的問題

```
1  // 程式名稱：14_stdio4.c
2  // 程式功能：解決getchar()、及putchar() 輸入二個字元的問題
3
4  #include <stdio.h>
5  int main(void)
6  {
7     char c1, c2;
8     printf("\n請輸入第一個字元：");
9     c1 = getchar();
10    getchar();
11    printf("\n請輸入第二個字元：");
12    c2 = getchar();
13    getchar();
14    printf("\n您輸入的第一個字元為：");
15    putchar(c1);
16    printf("\n您輸入的第二個字元為：");
```

```
17      putchar(c2);
18      system("PAUSE");
19  }
```

【執行結果】

請輸入第一個字元：y

請輸入第二個字元：e

您輸入的第一個字元為：y
您輸入的第二個字元為：e

【程式說明】

1. 第10行，再利用一個getchar()函數，取得使用輸入的Enter字元。

如果希望使用者輸入一串字串時，則可以利用gets()取得使用者所輸入的字串，並且利用puts()函數將字串顯示在畫面上，下面舉一個例子說明。

範例程式5： 解決 getchar()、及 putchar() 輸入二個字元的問題

```
1  // 程式名稱：14_stdio5.c
2  // 程式功能：gets()、及puts()
3
4  #include <stdio.h>
5  int main(void)
6  {
7      char s [50];
8      printf("\n請輸入一個字串：");
9      gets(s);
10     printf("\n您輸入的字串為：");
11     puts(s);
12     system("PAUSE");
13 }
```

【執行結果】

請輸入一個字串：an apple a day keeps the doctor away

您輸入的字串為：an apple a day keeps the doctor away

【程式說明】

1. 第7行，宣告一個字元陣列，用來接收使用者輸入的字串。

2. 第8行，利用gets()函數，取得使用者從鍵盤輸入的字串，並且設定給 s。

3. 第11，利用puts()函數，將字串 s 顯示在畫面上。

14.3 字元檢查函數庫

　　寫程式最怕遇到一件事，就是要求使用者輸入一個數值資料，但是使用者卻輸入文字或奇怪的資料，造成程式執行時出現錯誤。有什麼辦法能夠判斷使用者輸入的資料是否符合我們的規定呢？即要求輸入數值資料時，只有輸入數值資料才會順利過關；否則，要求使用者重新輸入。

　　針對這個問題，C語言提供 isalpha()、isdigit()、isspace()等函數，用來判斷資料是否為字母符號、是否為數值資料、是否為空白字元等。而這些函數都放在 <ctype.h> 這個工具箱中。

　　<ctype.h> 裡面的函數如下表所示。

表14.2 ctype.h 內常用的函數

項次	函數名稱	說明
1	int isalnum(int c)	是否為字母或數字資料。
2	int isalpha(int c)	是否為字母符號。
3	int iscntrl(int c)	是否為ASCII 控制字元。
4	int isdigit(int c)	是否為數值資料。
5	int islower(int c)	是否為小寫字元。
6	int isupper(int c)	是否為大寫字元。
7	int isspace(int c)	是否為空白字元。
8	int isxdigit(int c)	是否為十六進位字元。
9	int tolower(int c)	轉換成小寫字元。
10	int toupper(int c)	轉換成大寫字元。

舉一個例子說明。

範例程式6： ctype.h 函數庫 常用函數

```
1  // 程式名稱：14_ctype.c
2  // 程式功能：ctype.h函數庫
3
4  #include <stdio.h>
5  #include <ctype.h>
6  int main(void)
7  {
8
9      int a = 10;
10     char b = 'c';
11     char d1 = 'A', d2 = 'a';
12
13     printf("a = %d \t b = %c \t d1 = %c\td2 = %c\n", a, b, d1, d2);
```

```
14      printf("\na 是否爲字母      \t %d\n", isalpha(a));
15      printf("a 是否爲十六進位字元\t %s\n", isxdigit(a)?"yes":"no");
16
17      printf("\nb 是否爲字母      \t%s\n", isalpha(b)?"yes":"no");
18      printf("b 是否爲ASCII      \t%d\n", isascii(b)?1:0);
19      printf("b 是否爲控制字元 \t%d\n", iscntrl(b)?1:0);
20      printf("b 是否爲小寫字元 \t%d\n", islower(b)?1:0);
21      printf("b 是否爲大寫字元 \t%d\n", isupper(b)?1:0);
22      printf("b 是否爲空白字元 \t%d\n", isspace(b)?1:0);
23
24      printf("\n%c 轉成小寫 %c\n", d1, tolower(d1));
25      printf("%c 轉成大寫 %c\n", d2, toupper(d2));
26
27      char ch = 32 ; // ASCII 碼32 表示 backspace
28      printf("char 32 是否爲空白字元 \t%s\n", isspace(ch)?"yes":"no");
29      printf("%d", ch);
30      system("PAUSE");
31  }
```

【執行結果】

```
a = 10   b = c   d1 = A d2 = a

a 是否爲字母                0
a 是否爲十六進位字元        no

b 是否爲字母                yes
b 是否爲ASCII                1
b 是否爲控制字元            0
b 是否爲小寫字元            1
b 是否爲大寫字元            0
b 是否爲空白字元            0

A 轉成小寫 a
a 轉成大寫 A
char 32 是否爲空白字元  yes
32
```

【程式說明】

1. 第5行，將<ctype.h>工具箱打開，並且將裡面所有的函數包含進來。

2. 第14行，利用isalpha()函數判斷整數型態的 a 是不是字母符號。

3. 第15行，利用isxdigit()函數判斷 a 是不是十六進位字元，這裡我們利用三元符號

   (判斷式)?(條件成立):(條件不成立)

   來顯示判斷 a 是不是十六進位字元的結果，若 a 是十六進位字元，則顯示 "yes"；反之，則顯示 "no"。

4. 第19行，利用iscntrl()函數判斷b是不是控制字元，若是則回傳1；反之，則回傳0。

5. 第27行，宣告一個字元ch，並預設字元的值為ASCII碼32。

6. 第28行，利用isspace()函數判斷 ch 是不是空白字元。若是，則回傳 "yes"；反之，則回傳 "no"。因為ASCII碼32表示backspace，因此 ch 為空白字元。

14.4 數學函數

跟數學相關的函數，則放在<math.h>的工具箱裡。先來看看<math.h>函數庫究竟提供了那些函數。

表14.1　Math.h 內常用的函數

項次	函數名稱	說明
1	double exp(double x)	傳回自然數的指數e^x。
2	double log(double x)	傳回自然對數log x。
3	double log10(double x)	傳回以十為底的對數$\log_{10} x$。
4	double pow(double x, double y)	傳回x^y。
5	double sqrt(double x)	傳回x 的平方根。
6	double ceil(double x)	傳回大於或等於x 的最小整數。
7	double floor(double x)	傳回小於或等於x 的最大整數。
8	double fabs(double x)	傳回x 的絕對值。
9	hypot(double x, double y)	傳回$\sqrt{x^2 + y^2}$ 的值。
10	double ldexp(double x, int n)	傳回$x \times 2^n$ 的值。
11	double modf(double x, double* ip)	將x 分解成整數和小數部分，傳回小數部分，將整數部分存入ip。
12	double fmod(double x, double y)	傳回x/y 的餘數。
13	double sin(double x)	正弦函數。
14	double cos(double x)	餘弦函數。
15	double tan(double x)	正切函數。
16	double asin(double x)	反正弦函數。
17	double acos(double x)	反餘弦函數。
18	double atan(double x)	反正切函數。
19	double atan2(double x, double y)	x/y 的反正切函數值。

以下利用<Math.h>函數庫提供的函數來做數學運算。

範例程式7： Math.h函數庫 常用函數

```
 1  // 程式名稱：14_math.c
 2  // 程式功能：math.h函數庫
 3
 4  #include <stdio.h>
 5  #include <math.h>
 6  int main(void)
 7  {
 8      int r;
 9      printf("輸入半徑：");
10      scanf ("%d", &r);
11      printf("\n圓的周長爲：%4.4f", 2*r*3.1415926);
12      printf("\n圓的面積爲：%4.4f", r*r*3.1415926);
13
14      double deg = 90.0;
15      printf("\n正弦值：%4.4f",sin(deg));
16      printf("\n餘弦值：%4.4f",cos(deg));
17      printf("\n正切值：%4.4f",tan(deg));
18
19      double v1 = 89.63, v2 = -15.14;
20      printf("\n\n大於 %4.4f 的最小整數 = %4.4f",v1, ceil(v1));
21      printf("\n大於 %4.4f 的最小整數 = %4.4f",v2, ceil(v2));
22      printf("\n小於 %4.4f 的最大整數 = %4.4f",v1, floor(v1));
23      printf("\n小於 %4.4f 的最大整數 = %4.4f",v2, floor(v2));
24      printf("\nsqrt(v1^2+v2^2)= %4.4f",hypot(v1, v2));
25
26      printf("\n\n10x2^5= %4.4f", ldexp(10, 5));
27      printf("\n10 mod 3 = %4.4f ",fmod(10, 3));
28      printf("\ne 的 5 次方爲 = %d",exp(5));
29      printf("\nlog 以 e 爲底的 100 爲 = %4.4f",log(100));
30      printf("\nlog 以 2 爲底的 256 爲 = %4.4f",log10(256)/log10(2));
31      printf("\n2 的 8 次方爲 = %4.4f",pow(2, 8));
32      printf("\n36的平方根爲 = %4.4f",sqrt(36));
33      system("PAUSE");
34  }
```

【執行結果】

```
輸入半徑：50

圓的周長為：314.1593
圓的面積為：7853.9815
正弦值：0.8940
餘弦值：-0.4481
正切值：-1.9952

大於 89.6300 的最小整數 = 90.0000
大於 -15.1400 的最小整數 = -15.0000
小於 89.6300 的最大整數 = 89.0000
小於 -15.1400 的最大整數 = -16.0000
sqrt(v1^2+v2^2)= 90.8997

10x2^5= 320.0000
10 mod 3 = 1.0000
e 的 5 次方為 = -1720700017
log 以 e 為底的 100 為 = 4.6052
log 以 2 為底的 256 為 = 8.0000
2 的 8 次方為 = 256.0000
36的平方根為 = 6.0000
```

【程式說明】

1. 第5行，將<Math.h>工具箱打開，並且將裡面所有的函數包含進來。

2. 第11行，計算輸入半徑的圓周長。

3. 第15行，利用sin()函數，計算deg的正弦值。

4. 第16行，利用cos()函數，計算deg的餘弦值。

5. 第20行，利用ceil()函數，取得比v1大的最小整數。

6. 第26行，利用ldexp()函數，計算10x2^5的值。

7. 第27行，利用fmod()函數，取得10/3的餘數。

8. 第30行，計算log函數，取得以2為底，以256為真數的log值，因為C語言沒有提供以2為底的log函數，故以log10(256)/log10(2)來計算log2(256)的值。

14.5 工具函數庫

接著介紹一些常用的工具函數，例如，將字串轉成整數數值atoi()、字串轉成浮點數atof()、絕對值abs()等。這些函數都是放在<stdlib.h>函數庫中。

表14.2 stdlib.h 內常用的函數

項次	函數名稱	說明
1	int abs(int x)	傳回x的絕對值。
2	double atof(const char* s)	將字串s 轉換成浮點數。
3	int atoi(const char* s)	將字串s 轉換成整數。
4	long atol(const char* s)	將字串s 轉換成長整數。
5	void exit(int status)	結束程式，並傳回系統狀態值。若傳回 0表示正常。
6	int system(const char* s)	執行s指令。
7	int rand(void)	傳回亂數值。
8	void srand(unsigned int seed)	設定亂數種子，預設的種子為1。

範例程式8： stdlib.h函數庫 常用函數

```
 1 // 程式名稱：14_stdlib.c
 2 // 程式功能：stdlib.h函數庫常用函數
 3
 4 #include <stdio.h>
 5 #include <stdlib.h>
 6 int main(void)
 7 {
 8     int v = -15;
 9     printf("%d 的絕對值 = %d",v, abs(v));
10     char * s1 = "125";
11     char * s2 = "99.87";
12     printf("\n%s 轉成整數數值為 = %d", s1, atoi(s1));
13     printf("\n%s 轉成浮點數數值為 = %f", s2, atof(s2));
14
15     system("rename results.txt a.txt");
16     printf("\nresults.txt 檔案已經更名為 a.txt");
17
18     printf("\n第一個產生的亂數為 %d",  rand());
19     printf("\n第二個產生的亂數為 %d",  rand());
20
21     printf("\n設定亂數種子後");
22     srand(99);
23     printf("\n第一個產生的亂數為 %d",  rand());
24     printf("\n第二個產生的亂數為 %d",  rand());
25
26     system("PAUSE");
27 }
```

【執行結果】

```
-15 的絕對值 = 15
125 轉成整數數值為 = 125
99.87 轉成浮點數數值為 = 99.870000
```

```
results.txt 檔案已經更名為 a.txt
第一個產生的亂數為 41
第二個產生的亂數為 18467
設定亂數種子後
第一個產生的亂數為 361
第二個產生的亂數為 23235
```

【程式說明】

1. 第5行，將 <stdlib.h> 工具箱打開，並且將裡面所有的函數包含進來。

2. 第9行，利用abs()函數取絕對值。

3. 第12行，利用atoi()函數將字串 s1 轉成整數。

4. 第13行，利用atof()函數將字串 s2 轉成浮點數。

5. 第15行，執行DOS指令，將results.txt的檔案名稱，更改為a.txt。

6. 第18行，利用rand()函數取得亂數。

7. 第22行，設定亂數種子為99。

14.6 前置處理器

上面使用#include指令將一些常用的函數庫包含到程式裡面，使得我們不需要重複撰寫程式，直接使用即可。

而#include稱之為C語言的**前置處理器(preprocessor)**，其主要的功能是告訴編譯器，在執行程式前，必須要事先處理的動作。例如，

```
#include <stdio.h>
```

就是在程式執行前，先告知編譯器要將<stdio.h>包含進來，如此編譯才不會有問題。

　　除了#include之外，#define也是C語言提供的前置處理器。當程式中有些資料會不斷重複使用時，就可以利用#define事先定義這些資料，以方便程式的使用。例如，在計算圓周、圓面積時，常會使用到圓周率3.1415926這個數值，我們就可以將3.1415926以一個常數變數取代，即

```
#define PI 3.1415926
```

　　如此，常數變數PI即代表3.1415926。下面舉一個例子，說明如何利用前置處理器定義常數。

範例程式9： 前置處理器

```
1  // 程式名稱:14_preprocessor.c
2  // 程式功能:前置處理器
3
4  #include <stdio.h>
5  #define PI 3.1415926
6  #define threshold 70
7  #define sch1 "朝陽科技大學"
8  #define sch2 "逢甲大學"
9
10 int main(void)
11 {
12    int r;
13    printf("輸入半徑:");
14    scanf ("%d", &r);
15    printf("\n圓的周長為:%4.4f", 2*r*PI);
16    printf("\n圓的面積為:%4.4f", r*r*PI);
17
18    int student [] = {90, 88, 75, 67, 34, 99};
19    char * school [] = {"台大", sch1, "中正", sch1, sch2, sch1};
20    int i;
21    for (i=0; i <6; i++){
22       if (student[i] < threshold){
23          printf("\n第 %d 位同學 %d 分 學校  %s 不及格", i, student[i],
```

```
school[i]);
24        }else {
25            printf("\n第 %d 位同學 %d 分 學校  %s 及格", i, student[i],
                   school[i]);
26        }
27   }
28   system("PAUSE");
29 }
```

【執行結果】

```
輸入半徑：20

圓的周長爲：125.6637
圓的面積爲：1256.6370
第 0 位同學 90 分 學校   台大  及格
第 1 位同學 88 分 學校   朝陽科技大學 及格
第 2 位同學 75 分 學校   中正  及格
第 3 位同學 67 分 學校   朝陽科技大學 不及格
第 4 位同學 34 分 學校   逢甲大學 不及格
第 5 位同學 99 分 學校   朝陽科技大學 及格
```

【程式說明】

1. 第5行，定義PI代表3.1415926，表示圓周率。

2. 第6行，定義threshold 代表70，表示及格的門檻值。

3. 第7-8行，定義sch1及sch2分別代表 "朝陽科技大學" 及 "逢甲大學"。

4. 第15行，利用PI求得圓周長。

5. 第19行，宣告一個字串陣列，其中第二個元素是預設爲sch1，表示 school = "朝陽科技大學"。

6. 第22行，判斷每位同學的成績是否比門檻值threshold還低，如果比較低，則顯示不及格；反之，則顯示及格。

14.7 綜合練習

下面利用猜拳遊戲來說明如何使用亂數函數。

●14.7.1 猜拳遊戲

範例程式10： 猜拳遊戲

```
1  // 程式名稱：14_game.c
2  // 程式功能：猜拳遊戲
3
4  #include <stdio.h>
5  #include <stdlib.h>
6  int main(void)
7  {
8      printf("請輸入你的選擇(0.剪刀 1.石頭 2.布 4.離開)：");
9      char c;
10
11      while ( (c = getchar()) != '4' ){
12      getchar();
13      int computer = fmod(rand(), 3);
14      switch (computer){
15          case 0:
16              printf("\n電腦出剪刀");
17              break;
18          case 1:
19              printf("\n電腦出石頭");
20              break;
21          case 2:
22              printf("\n電腦出布");
23              break;
24      }
25      int you = c -48;
26      switch (you){
```

```
27              case 0:
28                  printf("\n你出剪刀");
29                  break;
30              case 1:
31                  printf("\n你出石頭");
32                  break;
33              case 2:
34                  printf("\n你出布");
35                  break;
36          }
37
38          int dis = you -computer;
39
40          if ( dis == 0 ){
41              printf("\n平手!!");
42          }else if( dis == -1 || dis == 2){
43              printf("\n電腦贏!!");
44          }else {
45              printf("\n你贏!!");
46          }
47          printf("\n請輸入你的選擇(0.剪刀 1.石頭 2.布 4.離開) :");
48      }
49      printf("遊戲結束!");
50 }
51
```

```
【執行結果】
```

請輸入你的選擇(0.剪刀 1.石頭 2.布 4.離開) :0

電腦出布
你出剪刀
你贏!!
請輸入你的選擇(0.剪刀 1.石頭 2.布 4.離開) :1

電腦出布
你出石頭
電腦贏!!
請輸入你的選擇(0.剪刀 1.石頭 2.布 4.離開) :1

```
電腦出石頭
你出石頭
平手!!
請輸入你的選擇(0.剪刀 1.石頭 2.布 4.離開)：2

電腦出石頭
你出布
你贏!!
請輸入你的選擇(0.剪刀 1.石頭 2.布 4.離開)：4
遊戲結束!
```

【程式說明】

1. 第11行，利用getchar()讓使用者輸入0-2及4的選項，如果輸入的值不等於4，則遊戲開始；反之，若等於4，則遊戲結束。

2. 第13行，利用亂數函數 rand()取得一個亂數，因為我們希望取得的亂數是介於0-2之間，所以利用fmod()取rand()/3的餘數。

3. 第25行，因為 c 是字元符號，要將字元轉成整數就將 c 的ASCII碼減掉48即可得到相對的整數數值。

4. 第38行，計算電腦的拳與使用者輸入拳的差異。

◑14.7.2　判斷使用者輸入資料是否正確

設計一個程式，讓使用者輸入員工姓名、年齡、電話、e-mail，程式需判斷輸入的年齡是數值、e-mail格式需正確，即e-mail字串內需有@符號。若輸入資料正確，則將資料寫入檔案employee.txt中。

範例程式11： 判斷使用者輸入資料是否正確

```
1 //程式名稱：14_ex_stdio.c
2 //程式功能：使用者輸入員工姓名、年齡、電話、e-mail，需判斷年齡是數值、e-mail格式
正確，輸入正確資料寫入檔案employee.txt中
```

```
3
4  #include <stdio.h>
5  #include <string.h>
6  #include <ctype.h>
7  int main(void)
8  {
9      FILE  *fout = fopen ("employee.txt", "w");  //開啓供寫入的資料檔
10     if (fout == NULL){
11         printf("無法開啓檔案 !!");
12         return 0;
13     }
14
15     struct employee{
16          char name [20];
17          int age;
18          char tel [20];
19          char email [30];
20     }test;
21
22     char t_age[20];
23
24     printf("輸入員工姓名：");
25     gets(test.name);
26
27     printf("年齡：");
28     gets(t_age);
29     puts(t_age);
30
31     int i;
32     int reinput = 0;
33
34     for (i=0; *(t_age+i); i++ ){
35         if ( isalpha(*(t_age+i)) ){
36             reinput = 1;
37         }
```

```
38      }
39      while( reinput == 1 ) {
40          printf("年齡格式不正確，請重新輸入：");
41          gets(t_age);
42          reinput = 0;
43          for (i=0; *(t_age+i); i++ ){
44              if ( isalpha(*(t_age+i)) ){
45                  reinput = 1;
46              }
47          }
48      }
49
50      test.age = atoi(t_age);
51
52      printf("電話：");
53      gets(test.tel);
54
55      printf("email：");
56      gets(test.email);
57      while ( strchr(test.email, '@') == 0 ){
58          printf("email格式不正確，請重新輸入：");
59          gets(test.email);
60      }
61
62      fprintf(fout, "%s %d %s %s\n", test.name, test.age, test.tel,
test.email);
63      fclose(fout);
64
65      FILE  *fptr = fopen ("employee.txt", "r");   //開啟供讀取的資料檔
66      if (fptr == NULL){
67          printf("無法開啟檔案 !!");
68          return 0;
69      }
70      char ch;
71      while( (ch = (char)fgetc(fptr)) != EOF){
```

```
72        printf("%c", ch);
73      }
74      fclose(fptr);                          //關閉檔案*/
75      system("PAUSE");
76  }
```

【執行結果】

```
輸入員工姓名：abc
年齡：d5
d5
年齡格式不正確，請重新輸入：aaaa4
年齡格式不正確，請重新輸入：50
電話：12535556
email：ccccc.cc3c4c.
email格式不正確，請重新輸入：ccccc@cc3.cc4.cy
abc 50 12535556 ccccc@cc3.cc4.cy
```

【程式說明】

1. 第9行，開啓一個檔案employee.txt進行資料寫入。

2. 第15-20行，宣告一個employee結構，用來儲存員工的姓名、年齡、電話、email資料，並宣告test變數為employee結構。

3. 第22行，宣告一個t_age字串，用來暫存使用者所輸入的年齡資料，因不能確定使用者輸入的是否為數值格式，若直接使用scanf("%d", test.age)將資料放入test.age中，會因為使用者輸入字元格式，與%d格式不符，造成程式中斷的問題，因此，這裡我們使用字串變數t_age先暫存使用者輸入的資料。

4. 第25行，利用gets()函數將使用者輸入的字串放到test.name中。

5. 第32行，宣告一個reinput的變數，用來決定使用者是否需要重新輸入資料，若reinput=0則不需要；反之，若reinput=1，則需重新輸入。

6. 第34-38行，將使用者輸入的年齡字串t_age一個字元一個字元進行比對，若為字元格式，即isalpha()回傳true，則表示使用者輸入的字串裡面有字元，則t_age並非正確的數值格式，將reinput設為1，請使用者重新輸入資料。

7. 第39-48行，當reinput=1時，表示使用者輸入的年齡字串非數值格式，使用者需重新輸入，此處我們使用while迴圈讓使用者重新輸入，直到輸入正確資料為止。

8. 第50行，當使用者輸入的年齡字串格式正確時，即t_age裡面沒有字元，則將t_age利用atoi()函數轉換成數值，設定給test.age。

9. 第57-60行，利用strchr()函數判斷使用者輸入的test.email字串中是否有@符號，若strchr()回傳0，表示裡面沒有@符號，並非正確的email格式，使用者必須重新輸入，直到輸入正確格式為止。

⊃14.7.3 清除字串中的空白

範例程式12： 讓使用者輸入一串字串，將裡面的空白清除

```
1    //程式名稱：14_ex_stdio2.c
2    //程式功能：讓使用者輸入一串字串，將裡面的空白清除
3
4 #include <stdio.h>
5 #include <ctype.h>
6 int main(void)
7 {
8    char userinput [100];
9    printf("請輸入字串：");
10    gets(userinput);
11    int i=0,j=0;
12    char modified [100];
13    for (i=0; *(userinput+i); i++ ){
14       if ( ! isspace( *(userinput+i) ) ){
```

```
15          *(modified+j) = *(userinput+i);
16          j++;
17      }
18  }
19  *(modified+j) = '\0';
20  printf("\n去除空白後字串：");
21  puts(modified);
22  system("PAUSE");
23 }
```

【執行結果】

請輸入字串：an apple a day keeps the dr. away.

去除空白後字串：anappleadaykeepsthedr.away.

【程式說明】

1. 第10行，使用者輸入一串字串，將其置入userinput變數中。

2. 第13-18行，判斷userinput字串中，每一個字元是否為空白，此處使用的函數是isspace()，若字元為空白，則回傳true。我們要將非空白的字元串接到另一個字串modified中，所以if判斷式isspace()前會加上一個! not符號，表示若字元非為空白，則將該字元串接到modified字串後面。

3. 第19行，在modified字串後面加入'\0'結尾符號。

●14.7.4 字串加密程式

密碼學中有一個方法是將字串打亂，重新組合成為新的字串。其作法是將字串的奇數字元取出成為奇數字串，再將偶數字元取出成為偶數字串，奇數字串與偶數字串再重新合併，即成為新的字串，如此即可將字串打亂成為密文。需要注意的地方是：字串分析時，空白是不考慮的，也就是若遇到空白字元，就自動忽略。

　　本範例即示範如何實作此方法。

範例程式13： 字串加密程式

```
1  //程式名稱：14_ex_Encryption.c
2  //程式功能：字串加密程式
3
4  #include <stdio.h>
5  #include <ctype.h>
6  int main(void)
7  {
8     char userinput [100];
9     printf("請輸入字串：");
10    gets(userinput);
11    int i=0,o_j=0, e_j=0, nonsapce_i=0;
12    char odd [50];
13    char even [50];
14
15    for (i=0; *(userinput+i); i++ ){
16       if ( ! isspace( *(userinput+i) ) ){
17          int r = fmod(nonsapce_i,2);
18          if (r == 1){
19             *(odd+o_j) = *(userinput+i);
20             o_j++;
21          }else{
22             *(even+e_j) = *(userinput+i);
23             e_j++;
24          }
25          nonsapce_i++;
26       }
27    }
28    *(odd+o_j) = '\0';
29    *(even+e_j) = '\0';
30
```

```
31    printf("奇數字串：");
32    puts(odd);
33    printf("偶數字串：");
34    puts(even);
35
36    for (i=0; *(even+i); i++ ){
37        *(odd+o_j) = *(even+i);
38        o_j++;
39    }
40    *(odd+o_j) = '\0';
41    printf("\n合併後字串：");
42    puts(odd);
43
44    system("PAUSE");
45 }
```

【執行結果】

```
請輸入字串：an apple a day keeps the dr away.
奇數字串：nplaakeshdaa.
偶數字串：aapedyepterwy

合併後字串：nplaakeshdaa.aapedyepterwy
```

【程式說明】

1. 第11行，宣告變數nonspace_i為非空白字元的索引值。

2. 第12-13行，宣告二個字串odd用來存放奇數字串；even用來存放偶數字串。

3. 第17行，利用fmod()函數計算字元是位在奇數還是偶數位置，其算法為：若非空白字元索引值nonspace_i除以2的餘數為1，則為奇數字元；反之，若nonspace_i除以2的餘數為0，則為偶數字元。

4. 第18-21行，若r == 1，即字元為奇數字元，則將目前的字元放到奇數字串odd中，奇數字串的索引值o_j加1。

5.　第31-32行，在odd及even字串後面加入結尾符號'\o'。

6.　第36-39行，將even字串合併到odd字串之後。

14.8　後記

這一章介紹C語言提供的各式好用函數，例如絕對值、開根號值、三角函數、開啟檔案、移除檔案、重新命名檔案、取得字元、寫入字串等。

這些函數都包含在 標準輸入輸出<stdio.h>、工具<stdlib.h>、數學函數<Math.h>、字元檢查<ctype.h>等函數庫中。第十章介紹的<string.h>也是C語言提供的字串函數庫。

當我們要使用包含在函數庫中的函數時，就利用前置處理器#include將函數庫包含進程式中，即可使用函數。

除了#include之外，#define也是C語言提供的前置處理器。當程式中有些資料會不斷重複使用時，就可以利用 #define事先定義這些資料，以方便程式的使用。

若能夠了解及有效應用這些函數，將使程式設計師在撰寫程式上節省許多時間。

14.9 習題

1. 請設計一個讓使用者輸入10個數值資料的程式,並利用<ctype.h>提供的函數判斷使用者輸入的資料是否為數值資料,若不是數值資料,則請使用者重新輸入。

2. 請改寫 [範例程式6],使得程式能夠判斷使用者輸入的資料值是否為0-2或4的值。

3. 請問要如何取得「最靠近而不超過的整數值」?

4. 試設計一個驗證身份証號碼的程式。

5. 請改寫範例程式11,將判斷年齡格式是否輸入正確的程式,改以函數方式呈現。

6. 請改寫範例程式12,讓使用者不斷輸入字串,並將字串去空白結果輸出,直到使用者輸入-1時結束。

C1 附錄

C語言關鍵字(保留字)

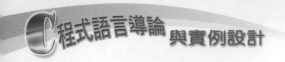

【C語言關鍵字】				
auto	double	inline	sizeof	volatile
break	else	int	static	while
case	enum	long	struct	_Bool
char	extern	register	switch	_Complex
const	float	restrict	typedef	_Imaginary
continue	for	return	union	
default	goto	short	unsigned	
do	if	signed	void	

C2 附錄

ASCII 編碼表

十進位	ASCII		涵義
0	NUL	null	空字元
1	SOH	start of heading	標頭起始字元
2	STX	start of text	文字起始字元
3	ETX	end of text	文字結束字元
4	EOT	end of transmission	傳輸結束字元
5	ENQ	enquiry	查詢
6	ACK	acknowledge	確認
7	BEL	bell	發出嗶一聲
8	BS	backspace	倒退鍵
9	TAB	horizontal tab	水平移位
10	LF/NL	line feed/ new line	換行(游標移動到下一列之首)
11	VT	vertical tab	垂直移位
12	FF/NP	form feed/new page	跳頁
13	CR	carriage return	游標移動到同一列之首
14	SO	shift out	Shift out
15	SI	shift in	Shift in
16	DEL	data link escape	中斷資料鏈結
17	DC1	device contol 1	設備控制字元 1
18	DC2	device contol 2	設備控制字元 2
19	DC3	device contol 3	設備控制字元 3
20	DC4	device contol 4	設備控制字元 4
21	NAK	nagative acknowledge	不確認
22	SYN	synchronous idle	同步字元

十進位	ASCII	涵義	
23	ETB	end of trans. block	區塊傳輸結束字元
24	CAN	cancel	取消
25	EM	end of medium	媒體結束字元
26	SUB	substitute	檔案結束字元
27	ESC	escape	Esc 字元
28	FS	file separator	檔案分隔字元
29	GS	group separator	群組分隔字元
30	RS	record separator	記錄分隔字元
31	US	unit separator	單元分隔字元

十進位	ASCII	十進位	ASCII	十進位	ASCII	十進位	ASCII
		61	=	91	[	121	y
32	SPACE	62	>	92	\	122	z
33	!	63	?	93	]	123	{
34	"	64	@	94	^	124	|
35	#	65	A	95	_	125	}
36	$	66	B	96	`	126	~
37	%	67	C	97	a	127	Delete
38	&	68	D	98	b		
39	'	69	E	99	c		
40	(	70	F	100	d		
41	)	71	G	101	e		
42	*	72	H	102	f		
43	+	73	I	103	g		
44	'	74	J	104	h		
45	-	75	K	105	i		
46	.	76	L	106	j		

十進位	ASCII	十進位	ASCII	十進位	ASCII	十進位	ASCII
47	/	77	M	107	k		
48	0	78	N	108	l		
49	1	79	O	109	m		
50	2	80	P	110	n		
51	3	81	Q	111	o		
52	4	82	R	112	p		
53	5	83	S	113	q		
54	6	84	T	114	r		
55	7	85	U	115	s		
56	8	86	V	116	t		
57	9	87	W	117	u		
58	:	88	X	118	v		
59	;	89	Y	119	w		
60	<	90	Z	120	x		

C3 附錄

安裝及執行 Visual C++ Express Edition

☞安裝Visual C++ Express Edition

步驟1：下載Visual C++ Express Edition安裝程式

進入IE，在網址處輸入

http://msdn.microsoft.com/vstudio/express/visualc/download/default.aspx

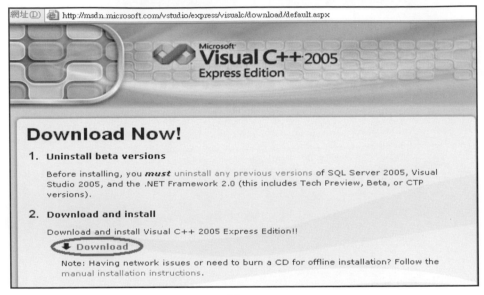

圖a3.1

步驟2：執行 vcsetup.exe

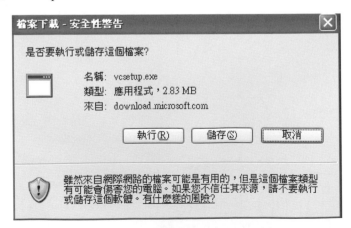

圖a3.2

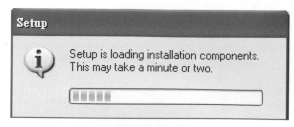

圖a3.3

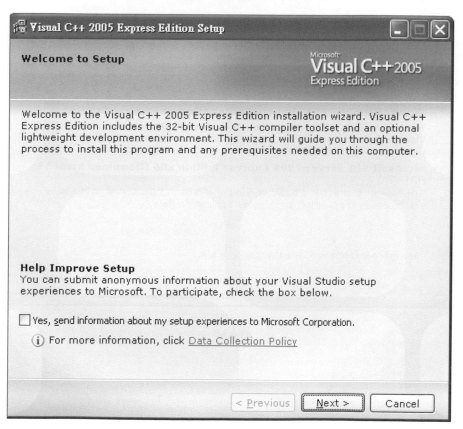

圖a3.4

步驟3：選擇安裝項目

Visual C++ 2005 Express Edition Setup

Installation Options

Microsoft
Visual C++ 2005
Express Edition

Select the optional features you would like to install:

☑ **Graphical IDE**
This feature is required to view the product documentation. You can use the rich integrated development environment (IDE) to manage your projects, use a designer to develop Windows Form applications, debug your code, access Help, and do more with Visual C++ Express Edition.

Select the optional product(s) you would like to install:

☐ **Microsoft MSDN 2005 Express Edition (Download Size: 248 MB)**
The MSDN Express Library contains additional product documentation for all Visual Studio Express Editions. You can choose to install MSDN Express Library at a later time. See the Readme for more information.

☐ **Microsoft SQL Server 2005 Express Edition x86 (Download Size: 55 MB)**
SQL Server Express is a basic version of Microsoft SQL Server that allows you to easily read, write, and deploy application data.

ⓘ For more information, see the Readme file.

[< Previous]　[Next >]　[Cancel]

圖a3.5

步驟4：設定安裝路徑

Visual C++ 2005 Express Edition Setup

Destination Folder

Microsoft
Visual C++ 2005
Express Edition

Select the location where you would like to install Visual C++ 2005 Express Edition.

Install in folder:

C:\Program Files\Microsoft Visual Studio 8\　　　　　　　　　　Browse...

The following products will be downloaded and installed:

* Visual C++ 2005 Express Edition

Disk space requirements: **C: 531 MB**
Total download size: **68 MB**
ⓘ Connect to the Internet before proceeding with the installation.

< Previous　Install >　Cancel

圖**a3.6**

☞執行Visual C++ Express Edition】

步驟1：選擇【File】 → 【New】 → 【Project】

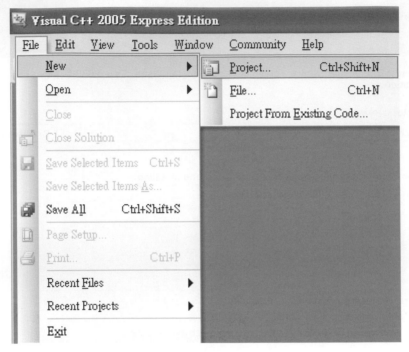

圖a3.7

步驟2：選擇 Win32 的 Win32 Console Application，並在 Name 欄位填入專案
的名稱，及是否要建立一個子目錄用來儲放本專案

圖a3.8

步驟3：出現 Win32 Application Wizard，選擇 Console application 及 Empty project

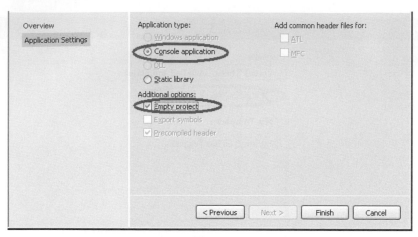

圖a3.9

步驟4：選擇【Project】→【Add New Item】產生一個程式檔，並且加到專案中

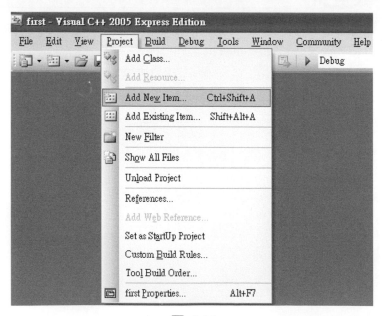

圖a3.10

步驟5：選擇 Code 的 C++ File，並將程式名稱8_avg填入Name欄位

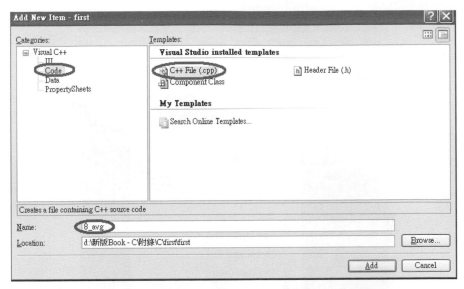

圖a3.11

步驟6：系統會自動產生一個名為 8_avg.cpp 的檔案，將程式撰寫於此

```
8_avg.cpp*
(Global Scope)

// 程式名稱：8_avg.c
// 程式功能：利用函數計算各科成績

int main(void)
{
    int Chinese [] = {90, 20, 30, 80, 35};
    int English [] = {80, 73, 42, 98, 37};
    int Math [] = {100, 84, 99, 66};
    //計算國文成績
    printf("國文平均成績：%d\n", avg(Chinese, 5));
    //計算英文成績
    printf("國文平均成績：%d\n", avg(English, 5));
    //計算數學成績
    printf("數學平均成績：%d\n",avg(Math, 5));
    system("PAUSE");
}

int avg(int value[], int n)
{   int average = 0, i;
    for (i = 0; i < n; i++)
```

圖a3.12

或者選擇【Project】→【Add Existing Item】將已經存在的程式加到專案中

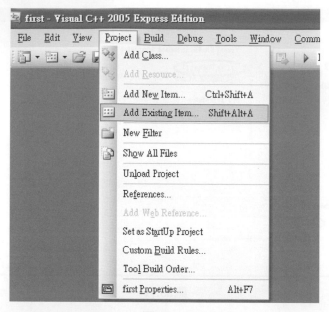

圖a3.13

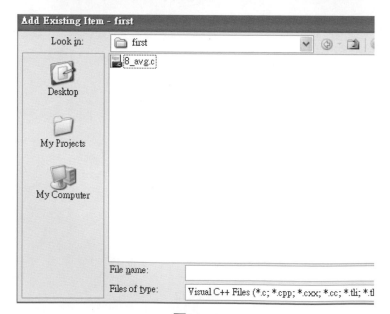

圖a3.14

步驟7：選擇【Build】→【Compile】來編譯程式，

再選【Build】→【Build first】編譯專案，

接著選擇【Build】→【Build Solution】建立first執行檔

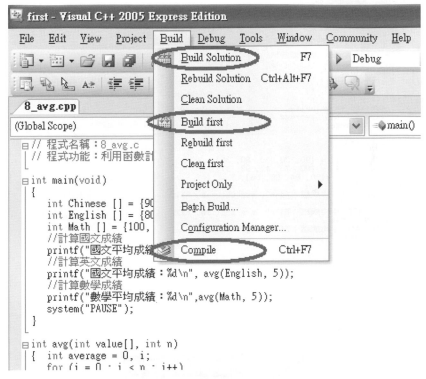

圖a3.15

步驟8：選擇【Debug】→【Start Debugging】來執行程式

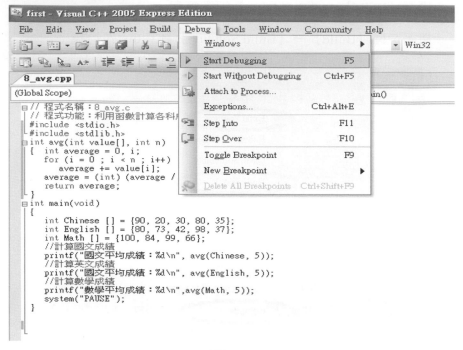

圖a3.16

步驟9：執行結果

圖a3.17

C4 附錄

安裝及執行 Borland C++ Builder

☞安裝Borland C++ Builder

步驟1：放入Borland C++ Builder安裝程式光碟片，選擇 C++ Builder 6 開始
安裝(讀者亦可到Borland官方網站http://www.borland.com/downloads/
download_cbuilder.html下載試用版)

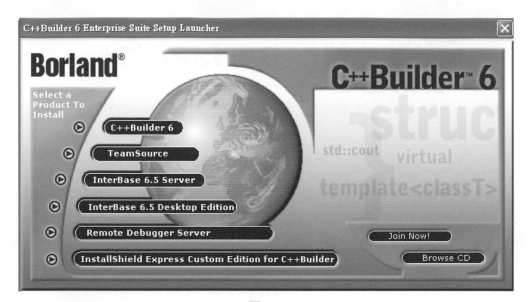

圖a4.1

步驟2：輸入產品序號及認證碼

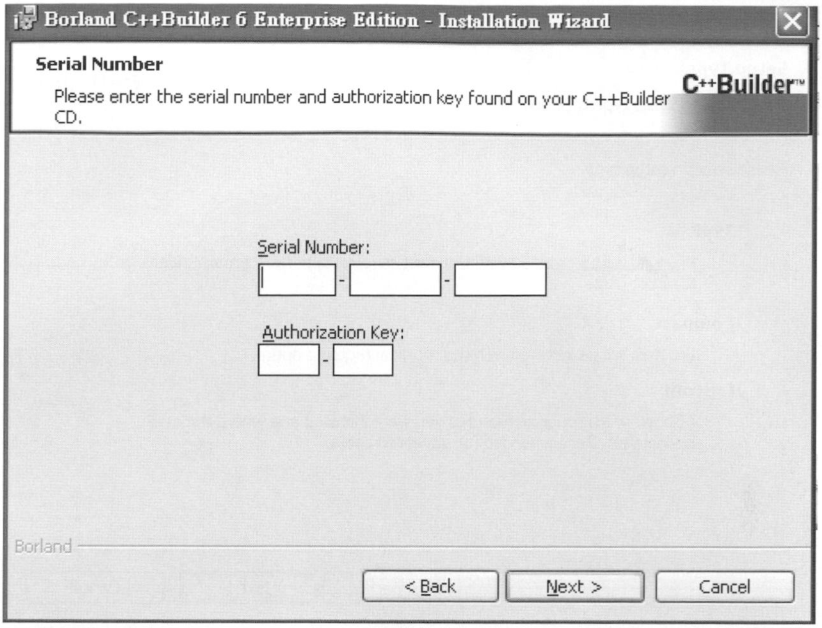
Borland C++Builder 6 Enterprise Edition - Installation Wizard
Serial Number
Please enter the serial number and authorization key found on your C++Builder CD.
C++Builder™
Serial Number:
Authorization Key:
Borland
< Back
Next >
Cancel

圖a4.2

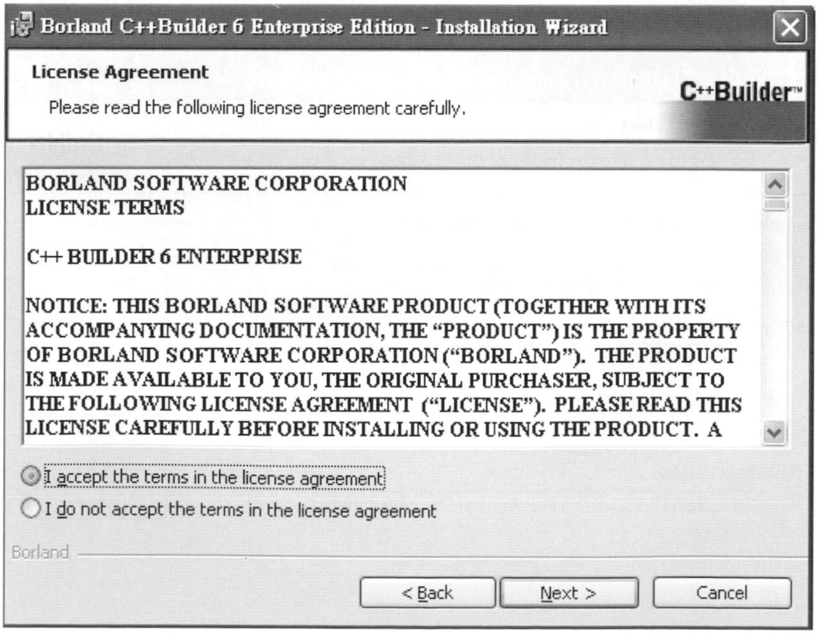
Borland C++Builder 6 Enterprise Edition - Installation Wizard
License Agreement
Please read the following license agreement carefully.
C++Builder™
BORLAND SOFTWARE CORPORATION
LICENSE TERMS
C++ BUILDER 6 ENTERPRISE
NOTICE: THIS BORLAND SOFTWARE PRODUCT (TOGETHER WITH ITS ACCOMPANYING DOCUMENTATION, THE "PRODUCT") IS THE PROPERTY OF BORLAND SOFTWARE CORPORATION ("BORLAND"). THE PRODUCT IS MADE AVAILABLE TO YOU, THE ORIGINAL PURCHASER, SUBJECT TO THE FOLLOWING LICENSE AGREEMENT ("LICENSE"). PLEASE READ THIS LICENSE CAREFULLY BEFORE INSTALLING OR USING THE PRODUCT. A
I accept the terms in the license agreement
I do not accept the terms in the license agreement
Borland
< Back
Next >
Cancel

圖a4.3

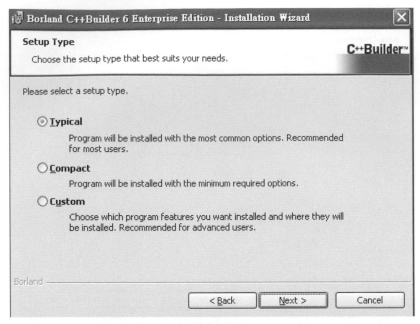

圖a4.4

步驟3：設定路徑

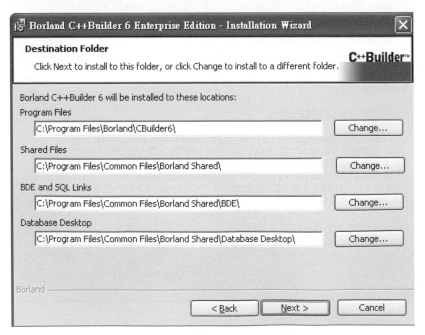

圖a4.5

☞執行Borland C++ Builder

步驟1：選擇【File】→【New】→【Other】

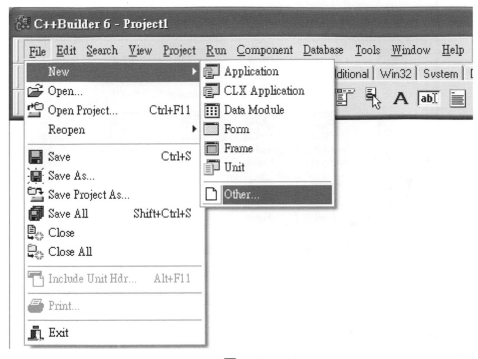

圖a4.6

步驟2：選擇Console Wizard

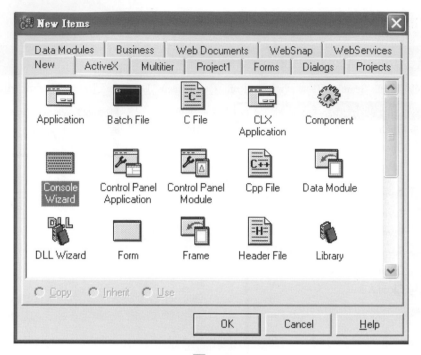

圖a4.7

步驟3：Source Type 選擇 C 語言

圖a4.8

步驟4：系統會自動產生一個 .c 的檔案，將程式撰寫於此

圖a4.9

步驟5：程式編輯完成，選擇【File】→【Save As】將檔案另存新檔

┌───┐
│ 📄 D:\新版Book – C\附錄\D\ch8_avg.c   _ □ ✕   │
├──────────────────────────┬──────────────────────────────────┤
│   ✕   │ ch8_avg.c │   ← ▾ → ▾   │
│ ⊞ 📖 Project2 – Classes ├──────────────────────────────────┤
│   │ // 程式名稱：8_avg.c   ▲ │
│   │ // 程式功能：利用函數計算各科成績 │
│   │ //───────────────────────────── │
│   │ int avg(int value[], int n)   │
│   │ { int average = 0, i;   │
│   │   for (i = 0 ; i < n ; i++)   │
│   │   average += value[i];   │
│   │   average = (int) (average / 5);│
│   │   return average;   │
│   │ }   │
│   │ #pragma argsused   │
│   │ int main(int argc, char* argv[])│
│   │ {   │
│   │   int Chinese [] = {90, 20, 30, 80, 35│
│   │   int English [] = {80, 73, 42, 98, 37│
│   │   int Math [] = {100, 84, 99, 66}; ▼│
│   │ ◀   ▶   │
├──────────────────────────┴──────────────────────────────────┤
│   15: 20   │   Insert   │ \Code/   │
└───┘

圖a4.10

步驟6：選擇【Project】→【Make Project】或者【Project】→【Build Project】來編譯程式

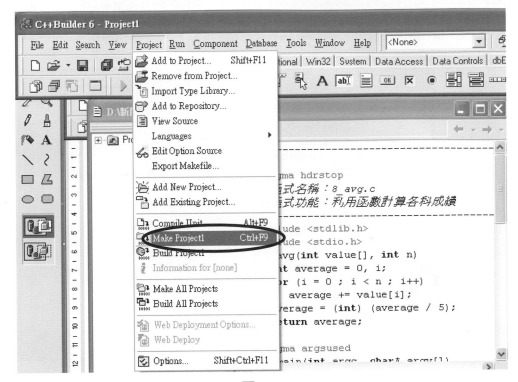

圖a4.11

步驟7：選擇【Run】→【Run】來執行程式

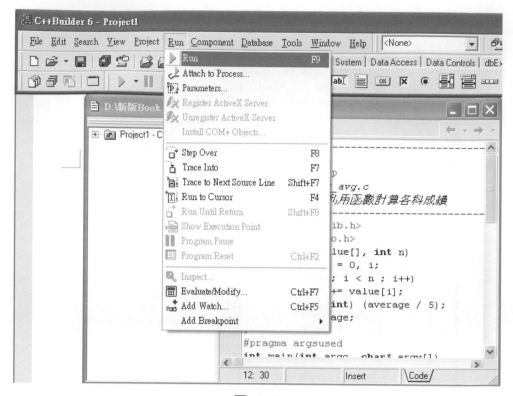

圖a4.12

步驟8：執行結果

圖a4.13

附錄 C5

中英文索引

C程式語言導論與實例設計

![C 程式語言導論 與實例設計]

國家圖書館出版品預行編目資料

C 程式語言導論與實例設計 / 呂慈純、蔡文輝、張眞誠 編著. – 二版. -- 新北市 ： 全華圖書, 2012.09
面 ； 公分

ISBN 978-957-21-8702-9(精裝附光碟片)
1. C(電腦程式語言)

312.32C   101017694

C 程式語言導論與實例設計

作者 / 呂慈純、蔡文輝、張真誠

執行編輯 / 李慧茹

發行人 / 陳本源

出版者 / 全華圖書股份有限公司

郵政帳號 / 0100836-1 號

印刷者 / 宏懋打字印刷股份有限公司

圖書編號 / 05909717

二版一刷 / 2012 年 12 月

定價 / 新台幣 600 元

ISBN / 978-957-21-8702-9(精裝附光碟片)

全華圖書 / www.chwa.com.tw

全華網路書店 Open Tech / www.opentech.com.tw

若您對書籍內容、排版印刷有任何問題，歡迎來信指導 book@chwa.com.tw

臺北總公司(北區營業處)
地址：23671 新北市土城區忠義路 21 號
電話：(02) 2262-5666
傳真：(02) 6637-3695、6637-3696

南區營業處
地址：80769 高雄市三民區應安街 12 號
電話：(07) 381-1377
傳真：(07) 862-5562

中區營業處
地址：40256 臺中市南區樹義一巷 26 號
電話：(04) 2261-8485
傳真：(04) 3600-9806